职业教育公共基础课程精品教材

高等数学实例教程

瞿汇颐　陈承欢　刘丽瑶　编著

电子工业出版社.

Publishing House of Electronics Industry

北京 · BEIJING

内 容 简 介

本书探索"一本多纲"的教材编排模式,满足不同学习要求和课时需求,以"融合专业、注重能力、突出应用"为基本思路,深化"应用导向、问题驱动、案例教学"的教学方法,不断探索"数学知识学习与专业实际应用"融合、"解题技能训练与模块要点考核"结合的教学模式.

本书将高等数学的 9 个核心内容"函数、极限、导数、一元函数微分、二元函数微分、不定积分、定积分、微分方程、级数"设置为 9 个独立的教学模块,形成模块化结构,优选了 120 个具有专业背景的典型应用案例,将高等数学应用案例分为【日常应用】【经济应用】【电类应用】【机类应用】4 类. 每个模块整体上设置了 3 个阶段:知识学习、技能训练、应用实践. 每个模块面向教学全过程设置了 12 个教学环节,教学实例设置了 5 种类型:引导实例、验证实例、方法实例、训练实例、应用实例. 数学知识学习设置了 3 个环节:概念认知、知识疏理、问题解惑. 自主训练设置了 2 个层次:基本训练、提升训练. 全书设置了 9 次模块考核,挖掘了 10 项主要思政元素. 在高等数学教学过程中,有意、有机、有效融入思政元素、数学思维、数学文化,实现知识传授、能力培养和价值塑造三者的有机融合.

本书可作为应用型本科院校、高职院校、职业本科学校及本科院校开办的二级学院各理工科、经贸类、管理类专业的教材,也可作为具有高中文化程度的读者自学用书.

图书在版编目(CIP)数据

高等数学实例教程 / 瞿汇颐, 陈承欢, 刘丽瑶编著.

北京 : 电子工业出版社, 2024. 6. -- ISBN 978-7-121

-48443-8

Ⅰ. O13

中国国家版本馆 CIP 数据核字第 20249F7W84 号

责任编辑:左 雅
印 刷:三河市华成印务有限公司
装 订:三河市华成印务有限公司
出版发行:电子工业出版社
 北京市海淀区万寿路 173 信箱 邮编:100036
开 本:787×1092 1/16 印张:18.75 字数:480 千字
版 次:2024 年 6 月第 1 版
印 次:2024 年 6 月第 1 次印刷
定 价:59.00 元

凡所购买电子工业出版社图书有缺损问题,请向购买书店调换。若书店售缺,请与本社发行部联系,联系及邮购电话:(010)88254888,88258888。

质量投诉请发邮件至 zlts@phei.com.cn,盗版侵权举报请发邮件至 dbqq@phei.com.cn。

本书咨询联系方式:(010)88254580,zuoya@phei.com.cn。

前　言

高等数学是高职院校、职业本科学校各专业必修的一门公共基础课程，在高素质技术技能人才培养综合素质和可持续发展能力中具有重要作用．近年来，高职院校都在大力推进高等数学的教学改革，教学改革成果也在不断涌现，诸多优秀的《高等数学》教材陆续出版，这些成果和教材都让广大高职院校、职业本科学校的师生受益匪浅．湖南铁道职业技术学院数学教学团队在充分调研高等职业教育人才培养目标、教学需求与发展趋势、大学生学习特点和认知规律的基础上，不断地探索教学规律和创新教学模式，打破常规、锐意进取、注重创新，在教材编排模式、教学模式、教学过程、教学方法等方面进行了大胆创新，本书主要特色和创新如下．

1. 需求多样化、结构模块化、应用专业化

根据大学生认知水平和学习要求，筛选和编排教学内容，探索"一本多纲"的编排模式，力求实现基础性、实用性和发展性三方面需求的协调统一，满足多样化、个性化的学习要求和课时需求．

本书将高等数学的 9 个核心内容"函数、极限、导数、一元函数微分、二元函数微分、不定积分、定积分、微分方程、级数"设置为 9 个独立的教学模块，形成模块化结构，其中 6 个模块为各专业的公共学习模块，二元函数微分、微分方程和级数 3 个模块为选修模块，各专业可根据专业培养目标的要求，选修所需的教学内容．

本书优选了 120 个具有专业背景的典型应用案例，将高等数学应用案例分为【日常应用】【经济应用】【电类应用】【机类应用】4 类，其中【日常应用】类为必修内容，其他三类根据专业需求进行合理选用，为大学生学习本专业的课程奠定坚实的数学基础，同时也为了解其他相关专业的应用需求提供方便，有利于拓展大学生的知识面，充分满足大学生的个性化需求和职业发展需求，真正体现以学生为主体的职业教育思想．

2. 教学过程有方法、专业学习有指导、升学考试有帮助

本书充分尊重大学生的认知规律和数学的教学规律，设置"分层渐进"的教学环节和学习路径，降低高等数学的学习难度，有效提升大学生的数学应用能力．

每个模块整体上设置了 3 个阶段：知识学习、技能训练、应用实践．每个模块面向教学全过程设置了 12 个教学环节：【教学导航】—【价值引导】—【引例导入】—【概念认知】—【知识疏理】—【问题解惑】—【方法探析】—【自主训练】—【应用求解】—【应用拓展】—【模块小结】—【模块考核】．教学实例设置了 5 种类型：引导实例、验证实例、方法实例、训练实例、应用实例，共有 877 个实例．数学知识学习设置了 3 个环节：概念认知、知识疏理、问题解惑，共有 27 个基本概念、62 个重要知识点、40 个重点问题．自主训练设置了 2 个层次：基本训练、提升训练．全书设置了 9 个模块考核，共有 234 道考核题，考核题型多样，包括选择题、判断题、填空题、计算题和应用题 5 种题型，每个模块通过扫描【在线测试】二维码，即可打开在线测试页面，进行在线考核．全书的 5 类教学实例和 9 次在线考核，共设置了 1111 次学习、练习、巩固机会，千锤百炼，始终如一，方法技巧得以学习、数学思维得以训练、解题能力得以提升．

3. 与专业情境融合、与工作实际结合、与素质教育契合

本书以"融合专业、注重能力、突出应用"为基本思路，不断探索"数学知识学习与专业实际应用"融合、"解题技能训练与模块要点考核"结合的教学模式，让数学知识与专业情境相融合，数学方法的学习与数学思维的培养相结合，数学应用与素质教育并重．

深入探索专业课程与数学课程有效整合的路径，将专业学习中所需的数学知识、数学应用融为一体，在高等数学中解决专业学习时的数学需求，通过分析专业应用案例，帮助大学生学会用数学知识分析与解决实际问题，让大学生在跨学科的学习中体验数学的广泛应用和实用价值，让大学生认知数学有用，也能预先了解高等数学在专业中的用途，提前认知专业课程中高等数学的应用．

书中的数学案例设置为与大学生的生活或者未来的工作息息相关的问题，减少无实际意义的纯数学计算，尽量将抽象思维转化为形象思维，提升大学生高等数学解决工作、生活、创业过程中的实际问题，激起大学生探究数学应用的愿望，让大学生学好高等数学的同时，也为未来的工作奠定了坚实的基础．

本书注重对大学生的数学思想方法和数学应用能力的培养，让大学生在解决实际问题中学习，培养其创新思维与实践能力，激发大学生学习数学的热情，提高大学生的数学素养，让大学生领会到数学素养也是大学生的基本素养之一，使传授数学知识和培养大学生的数学素养得到很好的契合．

4. 概念认知案例化、理论阐述通俗化、知识应用多元化

通过生活实例和工作实际，引出数学概念，解决入门难的问题，有利于大学生认识数学内容的实际背景和应用价值，使大学生能感受数学源自生活、工作实际，从而增加数学的亲和力．

用通俗易懂的语言描述数学理论知识的本质，采用数形结合方法，尽量借助图形、图像和数表等多种途径将抽象的数学知识形象、直观、生动地呈现出来．

通过大量浅显、贴近生活与专业的数学应用案例，一方面使理论与实践相得益彰，突出用高等数学分析、解释、解决实际问题与实际现象；另一方面可潜移默化地培养大学生创新意识，提升大学生的数学应用能力．

5. 重知识应用、重能力培养、重素质教育

本着重知识应用、重能力培养、重素质教育的思路，以"学用数学"的主线贯穿整个内容体系，注重加强数学的实际应用，深化"应用导向、问题驱动、案例教学"的教学方法，提高学习效率，着力培养大学生举一反三、融会贯通的能力．强化应用高等数学知识解决实际问题的能力，在数学应用中培养思维能力和创新意识，充分发挥高等数学对形成大学生职业能力和职业素养的重要支撑作用．以"引出问题-学习知识-实现应用"的思路呈现教学内容，数学概念的引入力求从实际问题出发，突出问题的实际背景，引导大学生积极参与问题解决的教学过程．以案例教学的方式，用典型实例引出概念，并用通俗简洁的语言阐述概念的内涵和实质，着重讲解基本概念、基本理论和基本方法，对基本概念和基本理念尽量通过实例说明其实际背景和应用价值，由此加深大学生对基本理论和基本概念的理解. 在处理定理和公式推导与证明方面, 避免逢理必证或逢理不证的极端现象, 而是本着量力而行的原则, 合理取舍教学内容, 少一些数学公式的烦琐推导, 部分定理、结论的证明过程以电子活页方面呈现, 结合图形描述直观形象地加以适当解释与推理, 使数学课程的学习由抽象变为形象, 由烦琐变为简单, 由索然无味变为生动有趣, 从而激发每一位大学生学习高等数学的兴趣和热情, 让每一位大学生都饶有兴趣地学习高等数学."创造最适合大学生的教育"应当成为高等教育的共识.

6. 倡导数学精神、坚持立德树人、强化价值引领

高等数学作为大学数学教育的重要组成部分, 不仅培养大学生的数学素养和逻辑思维能力, 同时也蕴含着丰富的思政元素, 本课程挖掘了以下 10 项主要思政元素: 严谨专心、探索精神、数学精神、理性思维、创新意识、钻研精神、辩证思维、审美能力、爱国情怀、责任意识. 在高等数学教学过程中, 有意、有机、有效融入思政元素、数学思维、数学文化, 挖掘数学知识与方法中蕴涵的育德元素与育德功能, 实现知识传授、能力培养和价值塑造三者的有机融合.

（1）培养理性思维与激励探索精神

数学教育的价值不仅仅是数学知识的积累, 还在于对数学思维和数学观念的培养, 更是美育和德育功能的体现.

思政元素之一: 严谨专心 高等数学中的定理、公式和推导都需要严格的证明和计算, 这体现了数学的严谨性. 数学讲究严谨, 例如, 法则的运用、概念的界定、结果的验证都必须根据标准要求来进行, 要求运筹有章、计算有法, 始终要求人们不可违背数学的科学规律. 本书旨在引导大学生科学地进行分析、推理、概括和判断, 并遵循一定的逻辑规律. 通过数学训练, 不断培养大学生严谨的学习作风和专心致志、坚持真理、追根溯源的科学态度.

思政元素之二: 探索精神 高等数学中的许多概念和方法都是经过数学家们长期探索和发现得出的, 通过分享这些背后的故事, 激发大学生的探索精神和求知欲.

（2）倡导数学精神与钻研精神

思政元素之三: 数学精神 所谓数学精神, 既指人类从事数学活动中的思维方式、行为规范、价值取向、理想追求等意向性心理的集中表征, 又指人类对数学经验、数学知识、数学方法、数学思想、数学意识、数学观念等不断概括和内化的产物. 将数学精神贯穿到高等数学的课堂教学中, 培养大学生的理性思维和创新意识, 引导大学生树立正确的价值观, 形成优秀的人文素养.

思政元素之四: 理性思维 高等数学教学要注重培养大学生的理性思维. 例如, 导数、微分、定积分概念的抽象过程, 均是从实际问题出发, 将这些问题的共性抽象概括就得到了相应的概念, 进而解决生产生活中的实际问题. 理性思维不仅体现在数学的抽象性和逻辑性, 也体现在数学家力图用最简洁、最精确的形式化语言刻画现实世界中的各种现象, 以及数学家敢于挑战、勇攀高峰的崇高品质中. 例如, 从极限思想萌芽的产生, 到牛顿和莱布尼茨创立微积分, 再到柯西和威尔斯特拉斯给出极限的精确化定义, 终于使微积分趋于严谨, 整个过程无不体现了数学家追求完美的拼搏精神.

思政元素之五: 创新意识 大胆质疑、勇于挑战的创新意识是数学发展的不竭动力. 纵观数学的发展历程, 每一个悖论的提出、每一个反例的构造、每一个定理的推广、每一个猜想的验证、每一个数学分支的建立等, 无不印证了数学的创新精神. 在高等数学的教学过程中，要有意识地引导大学生大胆质疑，培养大学生的批判性思维.

思政元素之六：钻研精神　数学史不仅仅是单纯的数学成就的编年记录，也是数学家们克服困难和战胜危机的斗争史. 我国数学家陈景润长期过着普通人难以忍受的艰苦生活，遭受疾病折磨，但是始终踏踏实实、坚持不懈地从事数学研究，他在哥德巴赫猜想及其他数论问题上所取得的成就，至今仍处于领先地位. 数学家们的奋斗经历能够感染大学生，鞭策大学生静心学习、潜心钻研，同时对大学生树立正确的价值观、人生观大有裨益.

（3）融入哲学思考与形成正确的世界观

数学中的概念、符号、性质、公理、定理、公式等往往都蕴含着丰富的哲理，数学知识与方法中蕴涵着辩证思维，高等数学中蕴涵着丰富的辩证唯物主义思想.

思政元素之七：辩证思维　高等数学的教学可以培养大学生辩证的思维方法，对提高大学生的认识能力、思维能力都有着重要的作用. 普遍联系的观点、矛盾对立统一的观点、量变到质变、否定之否定的辩证规律在数学中随处可见. 许多公式、法则、公理和定理都是按照"由特殊到一般，再由一般到特殊"或遵循"从实践中来，到实践中去"的认识规律而产生、推导、归纳、概括、发展和应用的.

高等数学中的许多概念、方法、思想都渗透着丰富的辩证唯物主义思想. 在教学中深刻剖析其中体现的那种对立统一、量变到质变的矛盾转化关系，让辩证法在高等数学中的体现充分展示，将会使大学生受到更为深刻、生动、具体的辩证唯物主义思想教育. 对立统一是唯物辩证法的实质与核心，高等数学中的许多概念都是对立统一的，例如，极限中的"无限接近"与"达到"，连续与间断等. 编者希望通过这些概念引导大学生理解辩证法的思想，培养大学生的辩证思维能力.

高等数学中的许多定理和公式揭示了自然界和社会现象的内在规律，例如，微积分在物理学、经济学、电学、机械学等领域的应用，借此引导我们认识数学与世界的联系，形成正确的世界观.

（4）体会和欣赏数学美

思政元素之八：审美能力　数学也有自己的美学特征，通过审美教育，潜移默化地提高大学生的审美能力，激发创造性和求知欲，这样不仅强化了大学生对数学知识的理解，提高了大学生的数学应用能力，同时也培养了大学生的美学修养，促进大学生情感体验和人格个性的和谐发展.

数学中的美学领悟　数学美是无处不在的，数学知识中的数学意识和观念，例如，运动、优化、随机、对称、稳定、周期，等等，都会给人一种美学的领悟. 大学生对数学的喜爱，可能是源自一道平面几何题目的证明. 这种对科学问题的好奇，求解的欲望，解决之后的欢乐，是人生必不可少的体验. 高等数学中的各种数学符号、数学定义的表述、逻辑证明的表达式、计算题的解题过程等，均体现了数学的简洁美与流畅美，例如，导数公式 $(\ln x)' = \dfrac{1}{x}$ 展示了数学的简洁美；连续与间断、无穷大与无穷小、曲线的凹凸等概念，体现了数学概念中的对称美. 不断揭示数学美的特点，有利于大学生在掌握数学知识，培养思维能力、探究能力、创造能力的同时，得到美的熏陶，提升审美能力，有利于促进大学生对美的追求，从而激发大学生的学习热情.

数学中的简约语言　用一个方程表达纷繁的数量关系，用坐标和图象指出问题的特征时，就进行了思想情操的陶冶和简约美的领悟．

（5）激发爱国情怀与培养社会责任感

思政元素之九：爱国情怀　高等数学是现代科学和技术的基础，对于国家的科技创新和经济发展具有重要意义．数学在航天、国防、经济等领域应用广泛，学习数学具有很强的重要性和紧迫性．

思政元素之十：责任意识　高等数学不仅具有学术价值，还具有广泛的社会应用价值，利用数学知识可以有效分析和解决一些社会问题，例如，环境保护、资源利用等，感知数学在实际生活中的应用，体悟数学应用价值，形成数学应用意识，激发大学生兴趣，不断提高大学生的社会责任感和使命感．

本书由郴州思科职业学院瞿汇颐老师、湖南铁道职业技术学院陈承欢教授、刘丽瑶老师共同编著，郴州思科职业学院的罗泽辉等老师、湖南铁道职业技术学院朱彬彬、张丽芳等老师参与了教学案例的设计与部分章节的编写、校对、整理工作．本书是郴州思科职业学院、湖南铁道职业技术学院与电子工业出版社校社合作的教学改革成果之一，本书在编写过程中，也得到了电子工业出版社多位编辑的悉心指导，在此一并表示感谢！

由于编者水平有限，教材中的疏漏之处敬请专家与读者批评指正．

编　者

《高等数学实例教程》课程设计与说明

1. 教学模块设计

教学模块	说明
模块 1 函数及其应用	必修模块
模块 2 极限及其应用	必修模块
模块 3 导数及其应用	必修模块
模块 4 一元函数微分及其应用	必修模块
模块 5 二元函数微分及其应用	选修模块
模块 6 不定积分及其应用	必修模块
模块 7 定积分及其应用	必修模块
模块 8 微分方程及其应用	选修模块
模块 9 级数及其应用	选修模块

2. 教学过程设计

教学环节	说明
环节 1:【教学导航】	明确教学目标,确定教学重点和教学难点
环节 2:【价值引导】	挖掘每个模块中蕴涵的育德元素与育德功能,在各个模块教学过程中有意、有机、有效融入思政元素、数学思维、数学文化
环节 3:【引例导入】	通过分析典型案例引入数学概念和方法,让大学生对基本概念有初步印象,使其在实际问题中学习和理解数学知识,增强学习的趣味性和实用性
环节 4:【概念认知】	集中分析讲解基本概念、基本定义,为后续解题提供理论指导,解题时如果遇到概念问题直接可以在此环节进行查找
环节 5:【知识疏理】	系统讲解基本特性、基本定理、基本性质、基本公式和基本方法
环节 6:【问题解惑】	对出错可能性大的问题进行分析,一方面预防出错,另一方面当出现错误时可以尽快找到解决方法
环节 7:【方法探析】	让大学生进一步理解概念、熟悉公式和方法,有效提高大学生解题能力和考试能力,针对性地探析解题方法和过程
环节 8:【自主训练】	分类设置必要的练习题,让大学生动手练习,验证知识是否熟练掌握、方法是否灵活运用
环节 9:【应用求解】 (1)日常应用 (2)经济应用 (3)电类应用 (4)机类应用	学习数学知识主要目的是应用,运用所学知识解决生活、工作中的实际问题. 这里设置了日常应用、经济应用、电类应用和机类应用 4 个类典型应用问题,其中日常应用为必学内容,其他 3 类根据教学需要进行选择讲解即可,同时也为大学生了解其他相关专业的应用需求提供方便,让大学生在跨学科的学习中体验数学的广泛应用和价值,有利于拓展大学生的知识面
环节 10:【应用拓展】	设置必要的实际应用问题,让大学生自行求解
环节 11:【模块小结】	对本模块关键知识和常用方法进行小结,部分方法绘制了思维导图
环节 12:【模块考核】	每个模块设置一个考核环节,检查知识掌握情况和训练实际问题的解决能力

目　　录

模块 1 函数及其应用

在研究事物内部、事物与事物各因素之间的关系时，我们通常通过对客观事物的分析，建立各因素之间的关系式，这种关系式可以充分揭示各因素之间的数量关系，也是我们揭示事物发展规律、对事物进行分析和研究的重要基础，这种事物各因素之间的关系即可应用函数进行描述．1837年，德国数学家狄利克雷（Dirichlet，1805－1859）提出的函数定义，使函数关系更加明确．函数是微积分学的主要研究对象，它能准确地刻画各事物或各因素之间数量上的依赖关系．

 教学导航

教学目标	（1）理解函数的概念，会求函数的定义域及函数值，会绘制简单分段函数的图象 （2）掌握函数的基本性质，会判断函数的单调性、奇偶性、有界性和周期性 （3）掌握基本初等函数的图象和主要性质 （4）理解复合函数的概念，掌握复合函数的复合过程，能熟练地进行复合函数的分解 （5）理解初等函数的概念 （6）掌握常用函数的典型应用，能根据一些实际问题建立函数
教学重点	集合与函数的概念、求函数的定义域、分段函数、复合函数
教学难点	分段函数、复合函数

价值引导

各类函数图象，有的是直线、有的是折线、有的是双曲线、有的是抛物线等．如同函数图象一样，人生的道路也不是一帆风顺的，有时崎岖，有时平坦，有时低潮绵延，有时高潮跌起，新时代的大学生应始终坚持积极向上的人生态度，去经受成功与失败的考验．

分段函数表现的是一种量变到质变的过程，体现了量变与质变的辩证关系．在生活与工作中，大学生要学会关注细节的变化，培养辩证的思维方法和科学的理性思维．

函数的连续性说的是当自变量变化很小时，因变量的变化也很小．学习上、工作中，我们也应循序渐进，不能急于求成，像气温的变化、植物的生长、知识的积累都应该遵循其自身规律，妄图寻求捷径的想法只能事与愿违，函数的连续性也印证了这一道理，例如，拔苗助长的故事就是违反事物发展的客观规律、急于求成的负面事例．

 引例导入

【引导实例1-1】计算网上购书金额

【引例描述】

张珊同学上京东商城购买了 1 本图书《社交礼仪》，该书原价为 29.8 元，购书优惠为 7 折，即购一本图书实际价格为 20.86，如果购买 x 本该书，计算应付的金额.

【引例求解】

根据问题描述可知：

购买 1 本书，应付金额为 $1 \times 29.8 \times 0.7 = 1 \times 20.86$，

购买 2 本书，应付金额为 2×20.86，

购买 3 本书，应付金额为 3×20.86，

由此可以推断购买 x 本书，应付金额为 $x \times 20.86$.

即在集合 $N = \{0, 1, 2, 3, \cdots\}$ 中任取一个值，按照乘 20.86 的法则，在集合 $M = \{0, 20.86, 41.72, 62.58, \cdots\}$ 中有唯一的一个值与之对应.

如果用 x 表示 N 中的任意一个值，用 y 表示 M 中相对应的值，那么 $y = 20.86x$，反映了实际问题中购买数量 x 和应付金额 y 之间的函数关系.

【引导实例1-2】计算正方形的面积

【引例描述】

已知正方形的边长为 x，求该正方形的面积 y.

【引例求解】

正方形的面积 y 等于其边长的乘积，

对于边长为 1 的正方形，其面积为 $1^2 = 1$，

对于边长为 2 的正方形，其面积为 $2^2 = 4$，

对于边长为 3 的正方形，其面积为 $3^2 = 9$，

对于边长为 4 的正方形，其面积为 $4^2 = 16$，

依次类推，对于边长为 x 的正方形，其面积为 x^2.

即在集合 $L = \{1, 2, 3, 4, \cdots\}$ 中任取一个值，按照其平方的法则，在集合 $A = \{1, 4, 9, 16, \cdots\}$ 中有唯一的一个值与之对应.

如果用 x 表示 L 中的任意一个值，y 表示 A 中相对应的值，那么 $y = x^2$ 反映了正方形的边长 x 与正方形面积 y 之间的函数关系.

概念认知

【概念1-1】常量与变量

我们首先做一个实验，掷同一铅球数次，铅球的质量和体积在掷球过程中都保持稳定

的数值，即为常量，而投掷距离、上抛角度、用力大小在不同的掷球过程中会发生变化，为不同的数值，即为变量.

【定义 1-1】变量

> 在某一过程中始终保持一定数值的量称为常量；在某一过程中可以取不同数值的量称为变量.

例如，商品的购买数量，教室的长、宽、高等都属于常量；教室的温度、汽车运行的速度等都属于变量.

【说明】

① 常量一般用 a、b、c、…等英文字母表示，变量用 x、y、z、u、t、…等英文字母表示.

② 常量为一定值，在数轴上可用定点表示，变量代表该量可能取的任一值，在数轴上表示一个动点，例如，$x \in (a, b)$ 表示 x 可代表 (a, b) 中的任一个数. 常量可以看作是变量的一种特例.

③ 常量与变量是相对而言的，同一量在不同场合下，可能是常量，也可能是变量，例如，在一天或在一年中观察某小孩的身高，从小范围和大范围而言，重力加速度可为常量和变量. 然而，一旦环境确定了，同一量不能既为常量又为变量，二者必居其一.

【概念 1-2】集合

【定义 1-2】集合

> 集合是具有某种特定性质的事物所组成的全体，通常用大写英文字母 A、B、C、…等来表示，组成集合的各个事物称为该集合的元素，形式为 $A=\{x|x$ 所具有的特征$\}$.

【说明】以后不特别说明的情况下，考虑的集合均为数集.

若事物 a 是集合 M 的一个元素，就记 $a \in M$（读 a 属于 M）；若事物 a 不是集合 M 的一个元素，就记 $a \notin M$ 或 $a \bar{\in} M$（读 a 不属于 M）；集合有时也简称为集.

1. 集合的特点

① 对于一个给定的集合，要具有确定性的特征，即对于任何一个事物或元素，能够判断它属于或不属于给定的集合，二者必居其一.

② 对于一个给定的集合，同一个元素在同一个集合里不能重复出现，完全相同的元素，不论数量多少，在一个集合里只算作一个元素.

③ 若一集合只有有限个元素，就称为有限集；否则称为无限集.

2. 集合的基本关系

（1）子集

若集合 A 的元素都是集合 B 的元素，即若有 $x \in A$，必有 $x \in B$，就称 A 为 B 的子集，记为 $A \subset B$ 或 $B \supset A$（读 B 包含 A）.

显然：$\mathbf{N} \subset \mathbf{Z} \subset \mathbf{Q} \subset \mathbf{R}$.

（2）等集

若 $A \subset B$，同时 $B \subset A$，就称 A、B 相等，记为 $A=B$.

（3）空集

不含任何元素的集合称为空集，记为 ϕ，例如，$\{x|x^2+1=0, x \in \mathbf{R}\}=\phi$，$\{x:2^x=-1\}=$ ϕ，空集是任何集合的子集，即 $\phi \subset A$.

3. 集合的表示方法

表示集合的方法，常见的有列举法和描述法两种.

（1）列举法

按任意顺序列出集合的所有元素，并用花括号"﹛﹜"括起来，这种方法称为列举法.

例如，引导实例 1-2 中的正方形边长的集合表示为 $L=\{x|x=1，2，3，4，\cdots\}$，全体自然数的集合表示为 $\mathbf{N}=\{x|x=1，2，3，4，\cdots\}$.

（2）描述法

设 $P(a)$ 为某个与 a 有关的条件或法则，把满足 $P(a)$ 的所有元素 a 构成的集合 A 表示为 $A=\{a| P(a)\}$，这种方法称为描述法. 例如，全体实数构成的集合表示为 $R=\{x|-\infty<x<+\infty\}$.

【验证实例 1-1】求不等式 $x-3>2$ 的解构成的集合

解：由不等式 $x-3>2$ 的解构成的集合 A 可表示为 $A=\{x|x>5\}$.

【验证实例 1-2】求抛物线 $y=x^2+5$ 上的点 $(x，y)$ 构成的集合

解：由抛物线 $y=x^2+5$ 上的点 $(x，y)$ 构成的集合为 B，可表示为 $B=\{(x，y)|y=x^2+5\}$.

4. 应用区间表示集合

（1）区间

区间是介于两个实数之间的全体实数.

（2）开区间

对于实数 a 和 b，且 $a<b$，数集 $\{x|a<x<b\}$ 称为开区间，记作 $(a，b)$，即 $(a，b)=\{x| a<x<b\}$. a 和 b 称为开区间 $(a，b)$ 的端点，这里 $a \notin (a，b)$，$b \notin (a，b)$.

（3）闭区间

对于实数 a 和 b，且 $a<b$，数集 $\{x|a \leqslant x \leqslant b\}$ 称为闭区间，记作 $[a，b]$，即 $[a，b]=\{x|a \leqslant x \leqslant b\}$. a 和 b 称为闭区间 $[a，b]$ 的端点，这里 $a \in [a，b]$，$b \in [a，b]$.

（4）半开区间

类似地可以说明 $[a，b)=\{x|a \leqslant x<b\}$，$(a，b]=\{x|a<x \leqslant b\}$，$[a，b)$ 和 $(a，b]$ 都称为半开区间.

（5）有限区间

以上这些区间都称为有限区间，$b-a$ 称为这些区间的长度. 从数轴上看，这些有限区间是长度为有限的线段，闭区间 $[a，b]$ 与开区间 $(a，b)$ 在数轴上可以表示出来.

（6）无限区间

此外，还有无限区间，引进记号 $+\infty$（读作正无穷大）及 $-\infty$（读作负无穷大），则可类似地表示下面的无限区间：

$[a，+\infty)=\{x|a \leqslant x\}$，$(-\infty，b)=\{x|x<b\}$.

全体实数的集合也可记作（$-\infty$，$+\infty$），它也是无限区间.

常见的区间类型及其表示方法如表 1-1 所示.

表 1-1　常见的区间类型及其表示方法

区间类型	开区间	闭区间	半开区间	无限区间
范围表示法	$(a,\ b)$	$[a,\ b]$	$(a,\ b]$、$[a,\ b)$	$(-\infty,\ +\infty)$
不等式表示法	$a<x<b$	$a\leqslant x\leqslant b$	$a<x\leqslant b$、$a\leqslant x<b$	$-\infty<x<+\infty$

5. 应用邻域表示集合

设 δ 是任一正数，a 为某一实数，把数集 $\{x|\,|x-a|<\delta\}$ 称为点 a 的 δ 邻域，记作 $U(a,\ \delta)$，即 $U(a,\ \delta)=\{x|\,|x-a|<\delta\}$.

点 a 称为这个邻域的中心，δ 称为这个邻域的半径，如图 1-1 所示.

图 1-1　邻域的中心与半径

由于 $a-\delta<x<a+\delta$ 相当于 $|x-a|<\delta$，因此 $U(a,\ \delta)=\{x|\,a-\delta<x<a+\delta\}=(a-\delta,\ a+\delta)$.

因为 $|x-a|$ 表示点 x 与点 a 间的距离，所以 $U(a,\ \delta)$ 表示与点 a 距离小于 δ 的一切点 x 的全体.

例如，$|x-2|<1$，即为以点 $a=2$ 为中心，以 1 为半径的邻域，也就是开区间 $(1,\ 3)$.

有时，用到的邻域需要把邻域中心去掉，点 a 的 δ 邻域去掉中心 a 后，称为点 a 的去心的 δ 邻域，记作 $U(\hat{a},\ \delta)$，即 $U(\hat{a},\ \delta)=\{x|0<|x-a|<\delta\}$，这里 $0<|x-a|$ 就表示 $x\neq a$.

【概念 1-3】函数

在某个变化过程中出现两个变量，通常不是彼此独立地变化，而是其中一个变量的变化会引起另一个变量随它做相应的变化. 其中，一个是主动变化的量，另一个是被动变化的量. 例如，时间的变化，使得温度随之相应地变化，时间是主动变化的量，而温度是被动变化的量，在温度与时间这两个变量之间存在着对应的关系. 实际上，这种对应关系是由某种对应法则所决定的，这种关系被称为变量之间的函数关系.

【定义 1-3】函数

> 设在某一变化过程中有两个变量 x 和 y，当变量 x 在一个给定的非空数集 D 内任意取某一个数值时，按照一定的对应法则 f，变量 y 总有唯一确定的数值与之对应，则称为变量 y 为变量 x 的函数，记作 $y=f(x)$，$x\in D$，其中，x 称为自变量，y 称为函数或因变量，数集 D 称为该函数的定义域.

函数定义的示意图如图 1-2 所示.

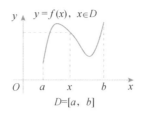

图 1-2　函数定义的示意图

函数的本质是对应法则 f，它反映的是变量 x 与 y 之间的一种依存关系，不同的函数对应法则须使用不同的字母表示，例如，我们考查自变量 x 的两个函数，为了避免混淆，函数可分别记作 $y=u(x)$ 与 $y=g(x)$.

（1）单值函数

在函数定义中，若对每一个 $x \in D$，如果自变量取定值时，对应的函数值 $y=f(x)$ 是唯一的，那么这样的函数叫单值函数，例如，$y=\cos x$ 是单值函数.

（2）多值函数

如果自变量取定值时，对应的函数值 y 有两个或两个以上，那么这样的函数叫多值函数，例如，$\dfrac{x^2}{a^2}+\dfrac{y^2}{b^2}=1$ 是多值函数.

我们这里所讲的函数是指单值函数，也就是说，对于每一个 x 值只能对应变量 y 的一个值. 以后若没有特别声明，讨论的都是单值函数.

知识疏理

【知识 1-1】函数的三要素

函数概念反映着自变量和因变量之间的依赖关系，它涉及函数的定义域、对应法则和值域，函数的定义域、对应法则和值域称为函数的三要素. 很明显，只要定义域和对应法则确定了，值域也就随之确定. 因此，定义域和对应法则是确定函数的两个关键要素.

图 1-3 简明地标注了函数的自变量、因变量、对应法则、定义域、值域等基本要素.

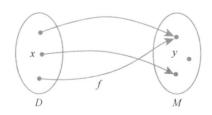

图 1-3　函数的基本要素

1. 对应法则

符号"f"表示自变量 x 与函数 y 的某种对应关系，例如，$y=f(x)=5x^2+3x-1$，它的对应关系"f"是自变量的平方乘 5 加上自变量的 3 倍减去 1，我们不妨简化为 $y=f(\ )=5(\ )^2+3(\ )-1$，当 $x=3$ 时，对应的函数值是 $f(3)=5\times 3^2+3\times 3-1$.

同理，当 $x=a$ 时，对应的函数值是 $f(a)=5a^2+3a-1$.

对于 x 取确定的数值 $x_0 \in D$，依对应法则 f，变量 y 有唯一确定的值 y_0 与之对应，称 y_0 为函数 $y=f(x)$ 在 $x=x_0$ 处的函数值，记作 $f(x_0)$ 或 $y|x=x_0$.

2. 定义域

使函数 $y=f(x)$ 有意义的自变量 x 的取值范围即集合 D 称为函数 $f(x)$ 的定义域.

函数的定义域通常按以下两种情形来确定：

① 对有实际背景的函数，根据自变量的实际意义确定.

【验证实例1-3】求引导实例1-1中函数的定义域

解：引导实例 1-1 中的购买数量与应付金额的函数关系是 $y=20.86x$，其定义域为 $D=(0, +\infty)$.

② 对于不考虑实际意义，只研究用解析法表示的函数，这时我们规定：函数的定义域是使函数解析式有意义时自变量所取的实数集合.

函数的定义域就是自变量所能取的，使算式有意义的一切实数值的全体.

如果函数由若干部分组合而成，则该函数的定义域为各组成部分定义域的交集.

函数的定义域一般使用区间或集合表示. 应注意，对于实际应用问题，除了要根据解析式本身来确定自变量的取值范围以外，还要考虑自变量的实际意义.

3. 值域

如果 x 取数值 $x_0 \in D$，那么函数 $f(x)$ 在 x_0 处有定义，与 x_0 对应的数值 y_0 称为函数 $f(x)$ 在点 x_0 处的函数值，记作 $f(x_0)$ 或 $y|_{x=x_0}$.

所有函数值组成的集合 $M=\{y|y=f(x), x \in D\}$ 称为函数 $y=f(x)$ 的值域，记号为 M. 函数的值域可由定义域和对应法则来确定.

【验证实例1-4】求函数 $y=\dfrac{1}{\sqrt{9-x^2}}$ 的值域

解：对于函数 $y=\dfrac{1}{\sqrt{9-x^2}}$，由于其分母最大为 3，此时自变量 x 为 0，所以其值域为 $\left[\dfrac{1}{3}, +\infty\right\}$.

【知识1-2】函数的表示方法

函数常见的表示法有三种：解析法、列表法和图形法. 其中，解析法较为普遍，它借助于数学式子来表示对应法则.

1. 解析法

解析法的表示形式如图 1-4 所示.

图 1-4 函数的解析法的表示形式

函数记号 $y=f(x)$ 表示将对应法则 f 作用在 x 上，从而将两个变量相联系，它既表明了两个变量之间的相互依赖关系，又表明了把它作用在 x 上，可以得到唯一的 y 值和 x 对应.

解析法的优点是便于数学上的分析和计算，本书主要讨论用解析式表示的函数.

2．列表法

函数关系也可以采用列表法来表示，例如，银行利率表、一天中各个时间点气温变化等. 列表法的优点是简明、直观，一些科技手册常采用这种方法，科学实验的结果也常用这种方法表示，科学研究时，通过数据拟合可以得到函数的解析式.

3．图形法

函数关系还可采用图形法来表示，例如，天气预报图、心电图等. 图形法的优点是直观、容易比较，其缺点是不便于做精细的理论研究.

对于给定的非空数集 D 中任一固定的 x 值，依照法则有一个 y 值与之对应，以 x 值为横坐标，y 值为纵坐标在坐标平面上就确定了一个点. 当 x 取遍 D 中的每一数时，便得到一个点集 $C = \{(x, y) | y = f(x), x \in D\}$，我们称之为函数 $y = f(x)$ 的图形. 换言之，当 x 在非空数集 D 中变动时，点 (x, y) 的轨迹就是 $y = f(x)$ 的图形.

【知识 1-3】函数的性质

1．函数的单调性

（1）函数单调性的定义

设函数 $f(x)$ 在某区间 I 上有定义，对于 I 上任意两点 x_1 及 x_2，当 $x_1 < x_2$ 时，总有：

① $f(x_1) \leqslant f(x_2)$，就称 $f(x)$ 在 I 上单调递增，特别当严格不等式 $f(x_1) < f(x_2)$ 成立时，就称 $f(x)$ 在 I 上严格单调递增，其示意图如图 1-5 所示.

② $f(x_1) \geqslant f(x_2)$，就称 $f(x)$ 在 I 上单调递减，特别当严格不等式 $f(x_1) > f(x_2)$ 成立时，就称 $f(x)$ 在 I 上严格单调递减，其示意图如图 1-6 所示.

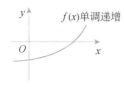

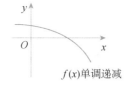

图 1-5　函数的单调递增示意图　　　　图 1-6　函数的单调递减示意图

（2）函数的单调区间

例如，函数 $y = x^2$ 在 $(-\infty, 0)$ 内单调递减，在 $(0, +\infty)$ 内单调递增，$(-\infty, 0)$ 称为函数的单调递减区间，$(0, +\infty)$ 称为函数的单调递增区间，它们统称为函数 $y = x^2$ 的单调区间，如图 1-7 所示.

例如，$y = \dfrac{1}{x}$ 在 $(0, +\infty)$ 上是严格单调递减函数.

（3）单调函数特征

单调递增函数的图形沿着 x 轴的正向而上升，单调递减函数的图形沿着 x 轴的正向而下降.

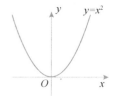

图 1-7　函数 $y = x^2$ 的图形

（4）判断函数单调性的方法

判断函数单调性的方法一般可用"作差法"或"作商法".

① "作差法". 在定义域内任取 $x_1 < x_2$ ，判断 $f(x_1) - f(x_2) < 0$ 或 $f(x_1) - f(x_2) > 0$.

② "作商法". 在定义域内任取 $x_1 < x_2$ ，判断 $\dfrac{f(x_1)}{f(x_2)} < 1$ 或 $\dfrac{f(x_1)}{f(x_2)} > 1$.

2. 函数的奇偶性

（1）函数奇偶性的定义

如果函数 $f(x)$ 对于定义域内的任意 x 都有

① $f(-x) = f(x)$ 恒成立，就称 $f(x)$ 为偶函数，偶函数示意图如图 1-8 所示.

② $f(-x) = -f(x)$ 恒成立，就称 $f(x)$ 为奇函数，奇函数示意图如图 1-9 所示.

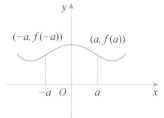

图 1-8　偶函数示意图　　　　　　图 1-9　奇函数示意图

例如，$y = x^2$（如图 1-7 所示）、$y = \cos x$ 是偶函数；$y = x$、$y = \sin x$ 、$y = x^3$、$y = \ln(x + \sqrt{1 + x^2})$ 是奇函数；$y = 2^x$ 、$y = \arccos x$ 、$y = x^2 + x^3$ ，$y = \cos x + \sin x$ 既不是奇函数，也不是偶函数.

特别地，函数 $y = 0$ 既是奇函数也是偶函数.

（2）奇函数和偶函数的图形特征

由定义可知，奇函数的图形关于原点对称，偶函数的图形关于 y 轴对称. 这也是证明一个函数是奇函数还是偶函数必要条件.

（3）奇函数、偶函数的和与积运算

可以证明，两个偶函数的和为偶函数；

两个奇函数的和为奇函数；

两个偶函数的积为偶函数；

两个奇函数的积也为偶函数；

一个奇函数与一个偶函数的积为奇函数.

3. 函数的周期性

设函数 $f(x)$ 的定义域为 D ，如果函数 $f(x)$ 存在一个不为零的常数 l ，使得关系式 $f(x + l) = f(x)$ ，对于定义域 D 内的任何 x 值都成立，则 $f(x)$ 叫作周期函数，l 称为函数 $f(x)$ 的周期.

一个以 l 为周期的周期函数，在定义域内每个长度为 l 的区间上，函数图形为相同的形状，即周期函数在每个周期 $(a + kl, a + (k+1)l)$ （a 为任意数，k 为任意常数）上有相同的形状，其示意图如图 1-10 所示.

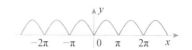

图 1-10　函数的周期性示意图

若 l 为 $f(x)$ 的周期，由定义知 $2l$、$3l$、$4l$、…也都是 $f(x)$ 的周期，所以周期函数有无穷多个周期，通常所说的周期是指最小正周期，并且用 T 表示，然而最小正周期未必都存在．有的周期函数有无穷多个周期，但它没有最小正周期，例如，常数函数 $y=C$．

$y=\sin x$，$y=\cos x$，$y=\tan x$ 分别为周期为 2π、2π、π 的周期函数，函数 $y=x-[x]$ 的周期为 1，函数 $y=\sin^2 x+\cos^2 x\equiv 1$ 则没有最小正周期．

4. 函数的有界性

设函数 $y=f(x)$ 在区间 I 上有定义，如果存在正数 M，使得对于区间 I 上的任何 x 值，对应函数值 $f(x)$ 都满足不等式 $|f(x)|\leqslant M$，那么称函数 $f(x)$ 在区间 I 上有界；反之，如果这样的 M 不存在，则称函数 $f(x)$ 在区间 I 上无界．

有界函数的图形介于两条平行直线 $y=\pm M$ 之间，示意图如图 1-11 所示．例如，$y=\arctan x$ 是有界函数，其图形介于 $y=\pm\dfrac{\pi}{2}$ 两条平行直线之间，而 $y=\log_2 x$ 是一个无界函数．

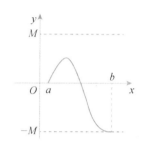

图 1-11　函数的有界性示意图

【知识 1-4】基本初等函数

基本初等函数主要包括幂函数、指数函数、对数函数、三角函数和反三角函数．

1. 幂函数

形如 $y=x^\mu$（μ 为常数）的函数称为幂函数，常见的幂函数图形如图 1-12 所示，其定义域较为复杂，下面做一些简单的讨论：

① 当 μ 为非负整数时，定义域为 $(-\infty,+\infty)$．

② 当 μ 为负整数时，定义域为 $(-\infty,0)\bigcup(0,+\infty)$．

③ 当 μ 为其他有理数时，要视情况而定．

例如，$y=x^{\frac{1}{3}}$ 的定义域为 $(-\infty,+\infty)$；

$y=x^{\frac{1}{2}}$，$y=x^{\frac{3}{4}}$ 的定义域为 $[0,+\infty)$；

$y=x^{-\frac{1}{2}}$ 的定义域为 $(0,+\infty)$．

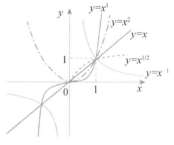

图 1-12　幂函数图形

④ 当 μ 为无理数时，规定其定义域为 $(0,+\infty)$，其图形也很复杂，但不论 μ 取何值，图形总过（1，1）点，当 $\mu>0$ 时，还过（0，0）点．

2. 指数函数

形如 $y=a^x$（a 是常数，且 $a>0$，$a\neq 1$）的函数称为指数函数，其定义域为 $(-\infty,+\infty)$，值域为 $(0,+\infty)$，其图形总在 x 轴上方，且过（0，1）点，其图形如图 1-13 所示．

① 当 $a > 1$ 时，$y = a^x$ 是单调递增的.

② 当 $0 < a < 1$ 时，$y = a^x$ 是单调递减的.

以后我们会经常遇到这样一个指数函数 $y = e^x$. 特别地，$y = a^x$ 与 $y = a^{-x}$ 关于 y 轴对称.

3. 对数函数

形如 $y = \log_a x$（a 是常数，且 $a > 0$，$a \neq 1$）的函数称为对数函数，其定义域为 $(0, +\infty)$，值域为 $(-\infty, +\infty)$. 对数函数 $y = \log_a x$ 的图形总在 y 轴右方，且过 $(1, 0)$ 点，如图 1-14 所示.

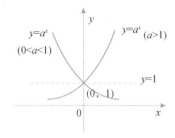

图 1-13　指数函数的图形

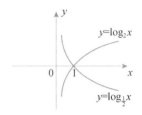

图 1-14　对数函数的图形

① 当 $a > 1$ 时，$y = \log_a x$ 单调递增，且在 $(0, 1)$ 上为负，$(1, +\infty)$ 上为正.

② 当 $0 < a < 1$ 时，$y = \log_a x$ 单调递减，且在 $(0, 1)$ 上为正，$(1, +\infty)$ 上为负.

特别地，当 $a = e$ 时，函数记为 $y = \ln x$，称为自然对数函数.

4. 三角函数

三角函数主要有正弦函数、余弦函数、正切函数、余切函数.

① 正弦函数：$y = \sin x$，正弦函数的图形如图 1-15 所示.

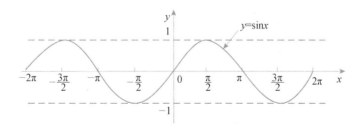

图 1-15　正弦函数的图形

② 余弦函数：$y = \cos x$，余弦函数的图形如图 1-16 所示.

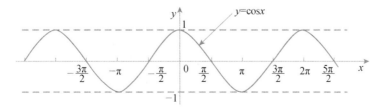

图 1-16　余弦函数的图形

③ 正切函数：$y=\tan x$，正切函数的图形如图 1-17 所示.

④ 余切函数：$y=\cot x$，余切函数的图形如图 1-18 所示.

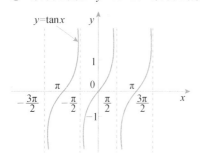

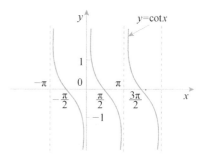

图 1-17　正切函数的图形　　　　　　　图 1-18　余切函数的图形

正弦函数和余弦函数均为周期为 2π 的周期函数，正切函数和余切函数均为周期为 π 的周期函数. 正弦函数、正切函数、余切函数都是奇函数，余弦函数为偶函数. 另外，还有两个函数：正割函数 $y=\sec x=\dfrac{1}{\cos x}$ 和余割函数 $y=\csc x=\dfrac{1}{\sin x}$.

三角函数的主要特性如表 1-2 所示.

表 1-2　三角函数的主要特性

特性	$y=\sin x$	$y=\cos x$	$\tan x$	$\cot x$
定义域	$x\in\mathbf{R}$	$x\in\mathbf{R}$	$x\in\mathbf{R}$ 且 $x\neq k\pi+\dfrac{\pi}{2}$，$k\in\mathbf{Z}$	$x\in\mathbf{R}$ 且 $x\neq k\pi$，$k\in\mathbf{Z}$
值域	$y\in[-1，1]$	$y\in[-1，1]$	$y\in\mathbf{R}$	$y\in\mathbf{R}$
周期性	$T=2\pi$	$T=2\pi$	$T=\pi$	$T=\pi$
奇偶性	奇函数	偶函数	奇函数	奇函数
单调递增区间	$\left[2k\pi-\dfrac{\pi}{2}，2k\pi+\dfrac{\pi}{2}\right]$	$[2k\pi-\pi，2k\pi]$	$\left(k\pi-\dfrac{\pi}{2}，k\pi+\dfrac{\pi}{2}\right)$	—
单调递减区间	$\left[2k\pi+\dfrac{\pi}{2}，2k\pi+\dfrac{3\pi}{2}\right]$	$[2k\pi，2k\pi+\pi]$	—	$(k\pi，k\pi+\pi)$

5. 反三角函数

反三角函数是三角函数的反函数，它们分别为反正弦函数、反余弦函数、反正切函数、反余切函数.

① 反正弦函数：$y=\arcsin x$，$x\in[-1，1]$，$y\in\left[-\dfrac{\pi}{2}，\dfrac{\pi}{2}\right]$.

② 反余弦函数：$y=\arccos x$，$x\in[-1，1]$，$y\in[0，\pi]$.

③ 反正切函数：$y=\arctan x$，$x\in(-\infty，+\infty)$，$y\in\left[-\dfrac{\pi}{2}，\dfrac{\pi}{2}\right]$.

④ 反余切函数：$y=\operatorname{arccot} x$，$x\in(-\infty,\ +\infty)$，$y\in[0,\ \pi]$.

$\arcsin x$ 和 $\arctan x$ 是单调递增的，$\arccos x$ 和 $\operatorname{arccot} x$ 是单调递减的.

【知识 1-5】复合函数

在实际问题中，我们经常会遇到由几个较简单的函数组合成较复杂的函数. 例如，由函数 $y=u^2$ 和 $u=\sin x$ 可以组合成 $y=\sin^2 x$；又如，由函数 $y=\ln u$ 和 $u=\mathrm{e}^x$ 可以组合成 $y=\ln \mathrm{e}^x$，这种组合称为函数的复合.

【定义 1-4】复合函数

如果 y 是 u 的函数 $y=f(u)$，而 u 又是 x 的函数 $u=\varphi(x)$，并且 $\varphi(x)$ 的函数值的全部或部分在 $f(u)$ 的定义域内，那么 y 通过 u 的联系也是 x 的函数. 从而得到一个以 x 为自变量，y 为因变量的函数，这个函数称为由函数 $y=f(u)$ 及 $u=\varphi(x)$ 复合而成的函数，简称为复合函数，其中 u 叫作中间变量.

记作

$$y = f[\varphi(x)]$$

因变量 　外层函数 　内层函数 　自变量

例如，$y=\cos x^2$ 就是 $y=\cos u$ 和 $u=x^2$ 复合而成的.

复合函数也可以由两个以上的函数复合成一个函数. 例如，$y=\ln u$，$u=\sin v$ 及 $v=\sqrt{x}$ 可以复合成函数 $y=\ln\sin\sqrt{x}$；$y=\tan(\ln x)^2$ 就是 $y=\tan u$，$u=v^2$，$v=\ln x$ 复合成的.

正确分析复合函数的构成是相当重要的，它在很大程度上决定了以后是否能熟练掌握微积分的方法和技巧. 分解复合函数的方法是将复合函数分解成基本初等函数或基本初等函数之间（或与常数）的和、差、积、商.

【知识 1-6】初等函数

我们把幂函数、指数函数、对数函数、三角函数和反三角函数统称为基本初等函数. 由基本初等函数和常数经过有限次四则运算和有限次复合后所得到的，并能用一个解析式子表示的函数，称为初等函数.

例如，$y=\arccos\sqrt{\dfrac{1}{x+2}}$，$y=x\ln \mathrm{e}^x-3x+2$，$y=\tan^3\dfrac{x^2+3}{2}$ 等都是初等函数. 在本书中所讨论的函数绝大多数都是初等函数.

【知识 1-7】分段函数

由于使用解析式表示的函数不一定总是用一个解析式子表示的，有时在定义域的不同区间上要用不同的式子来表示对应关系，这种在自变量的不同变化范围中，对应法则用不同式子来表示的函数，称为分段函数.

下面列举几个常用的分段函数.

1. 绝对值函数

$$y=|x|=\begin{cases} x, & x \geqslant 0, \\ -x, & x < 0. \end{cases}$$

其定义域 $D=(-\infty, +\infty)$，值域 $M=[0, +\infty)$

绝对值函数的图形如图 1-19 所示.

2. 符号函数

$$y = \operatorname{sgn} x = \begin{cases} -1, & x < 0, \\ 0, & x = 0, \\ 1, & x > 0. \end{cases}$$

其定义域 $D=(-\infty, +\infty)$，值域 $M=\{-1, 0, 1\}$.

符号函数的图形如图 1-20 所示.

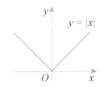

图 1-19　绝对值函数的图形

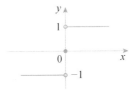

图 1-20　符号函数的图形

3. 单位阶跃函数

$$y = u(t) = \begin{cases} 1, & t \geqslant 0, \\ 0, & t < 0. \end{cases}$$

单位阶跃函数是电学中的一个常用函数.

4. 取整函数

$y=[x]$，其中 $[x]$ 表示不超过 x 的最大整数.

例如，$\left[\dfrac{3}{5}\right]=0, [\sqrt{3}]=1, [\pi]=3, [-1]=-1, [-3.5]=-4$，把 x 看作变量，则函数 $y=[x]$ 的定义域 $D=(-\infty, +\infty)$，值域 $M=\mathbf{Z}$，其图形称为阶梯曲线，如图 1-21 所示. 在 x 为整数值处图形发生跳跃，跃度为 1，该函数称为取整函数.

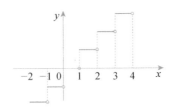

图 1-21　取整函数的图形

【知识 1-8】反函数

对于函数 $y = f(x)$，其定义域为 D，值域为 M. 如果将 y 当作自变量，x 当作因变量

（函数），则由关系式 $y = f(x)$ 所确定的函数 $x = \varphi(y)$ 叫作函数 $y = f(x)$ 的反函数，而 $f(x)$ 叫作直接函数．反函数 $x = \varphi(y)$ 的定义域为 M，值域为 D．

由于习惯上采用字母 x 表示自变量，而用字母 y 表示函数，因此，往往把函数 $x = \varphi(y)$ 改写成 $y = \varphi(x)$．事实上函数 $y = \varphi(x)$ 与 $x = \varphi(y)$ 表示的是同一函数，因为，表示函数关系的字母"φ"没变，仅自变量与因变量的字母变了，这没什么关系．所以说，若 $y = f(x)$ 的反函数为 $x = \varphi(y)$，那么 $y = \varphi(x)$ 也是 $y = f(x)$ 的反函数，且后者较常用．

【验证实例1-5】求函数 $y = ax + b$，$y = x^2$，$y = x^3$ 的反函数

解：函数 $y = ax + b$，$y = x^2$，$y = x^3$ 的反函数分别为：

$$x = \frac{y - b}{a}, \quad x = \pm\sqrt{y}, \quad x = y^{\frac{1}{3}}$$

或分别为 $y = \dfrac{x - b}{a}$，$y = \pm\sqrt{x}$，$y = x^{\frac{1}{3}}$．

若在同一坐标平面上绘制直接函数 $y = f(x)$ 和反函数 $y = \varphi(x)$ 的图形，则这两个图形关于直线 $y = x$ 对称．

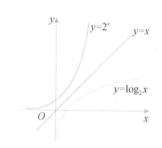

指数函数 $y = a^x$ 的反函数，记为 $y = \log_a x$（a 为常数，$a > 0$，$a \neq 1$），称为对数函数，其定义域为 $(0, +\infty)$．

由前面反函数的概念知，$y = a^x$ 的图形和 $y = \log_a x$ 的图形是关于 $y = x$ 对称的，如图 1-22 所示．

图 1-22　指数函数与对数函数的图形

 问题解惑

【问题1-1】如何判断两个函数是否相同？

定义域和对应法则是确定函数的两个关键要素，只要两个函数的定义域和对应法则都相同，那么，这两个函数就相同；如果定义域或对应法则有一个不相同，那么这两个函数就不相同．

判断两个函数是否相同，取决于函数的定义域和对应法则两个要素是否相同，如果两个函数的两个要素都相同，则两个函数表示的是同一个函数．

例如，函数 $f(x) = \sqrt{x^2}$ 与 $g(x) = |x|$ 的定义域和对应法则都相同，所以它们是同一函数，只是表示形式不同而已．

但函数 $y = \ln x^2$ 与 $y = 2\ln x$ 不是同一函数，尽管对应法则相同，但它们的定义域不同．

例如，函数 $f(x) = \dfrac{x}{x}$ 与 $g(x) = 1$，因为 $f(x)$ 的定义域为 $(-\infty, 0) \cup (0, +\infty)$，而 $g(x)$ 的定义域为 $(-\infty, +\infty)$，所以 $f(x)$ 与 $g(x)$ 是不同的函数．

【问题1-2】任何两个函数都可以复合成一个函数吗？

并非任何两个函数都可以复合成一个函数，例如，$y = \arccos u$ 和 $u = 2 + x^2$ 就不能复合

成一个函数，因为对于 $u = 2 + x^2$ 中的任何 u 值，都不能使 $y = \arccos u$ 有意义.

再例如，$y = \sqrt{u}$ 和 $u = -1 - x^2$ 也不能复合成一个函数.

【问题 1-3】分段函数是否一定为初等函数？

分段函数不一定是初等函数，例如，取整函数不是初等函数，符号函数也不是初等函数. 以下函数是分段函数，但不是初等函数

$$f(x) = \begin{cases} 1, & x \geqslant 0, \\ -1, & x < 0. \end{cases}$$

因为它不可以由基本初等函数经过有限次的四则运算或有限次的复合得到.

但是以下分段函数

$$f(x) = \begin{cases} x, & x \geqslant 0, \\ -x, & x < 0 \end{cases}$$

可以表示为 $f(x) = \sqrt{x^2}$，它可以看作是 $f(x) = \sqrt{u}$ 和 $u = x^2$ 函数复合而成的复合函数，因此它是初等函数.

【问题 1-4】单值函数和多值函数都有反函数吗？

只有单值函数才具有反函数，即使 $y = f(x)$ 为单值函数，其反函数却未必是单值函数.

 方法探析

【方法 1-1】求函数定义域的方法

对于由实际问题得到的函数，其定义域应该由问题的具体条件来确定. 例如，求圆面积的函数 $S = \pi r^2$ 中，自变量 r 是圆的半径，故此函数的定义域就是（0，$+\infty$）. 求销售收入的函数 $R = px$，自变量 x 表示销售数，故此函数的定义域是全体自然数.

若函数只由解析式子给出，而不考虑函数的实际意义，这时函数的定义域就是使式子有意义的自变量的一切实数值. 应注意，对于实际应用问题，除了要根据解析式本身来确定自变量的取值范围以外，还要考虑变量的实际意义.

函数的定义域一般使用区间或集合表示，如果函数由若干部分组合而成，则该函数的定义域为各组成部分定义域的交集.

求函数定义域时，通常要考虑以下几方面：

① 分式的分母不为零.

② 偶次根式中被开方式大于或等于 0.

③ 对数函数的真数大于零，底数大于 0 且不等于 1.

④ 正切符号下的式子不等于 $k\pi + \dfrac{\pi}{2}$（$k \in \mathbf{Z}$）.

⑤ 余切符号下的式子不等于 $k\pi$（$k \in \mathbf{Z}$）.

⑥ 反正弦、反余弦符号下的式子的绝对值小于或等于 1.

【方法1-1-1】求函数表达式中包含分母的函数定义域

【方法实例1-1】求函数 $y=\dfrac{1}{x}$ 的定义域

解：对于函数 $y=\dfrac{1}{x}$，由于分母不能为零，即 $x\neq0$，所以其定义域为 $D=(-\infty，0)\bigcup(0，+\infty)$.

【方法实例1-2】求函数 $y=\dfrac{3x}{x^2-2x}$ 的定义域

解：要使函数 $y=\dfrac{3x}{x^2-2x}$ 有意义，由于分母不能为零，必须使 $x^2-2x\neq0$，即 $x\neq2$ 且 $x\neq0$，所以该函数的定义域为 $(-\infty，0)\bigcup(0，2)\bigcup(2，+\infty)$.

【方法1-1-2】求函数表达式中包含偶次根式的函数定义域

【方法实例1-3】求函数 $y=\sqrt{9-x^2}$ 的定义域

解：对于函数 $y=\sqrt{9-x^2}$，由于偶次根式中被开方式不能小于零，即 $9-x^2\geq0$，所以其定义域为 $D=[-3，+3]$.

【方法1-1-3】求函数表达式中包含分母和偶次根式的函数定义域

【方法实例1-4】求函数 $y=\dfrac{1}{\sqrt{9-x^2}}$ 的定义域

解：对于函数 $y=\dfrac{1}{\sqrt{9-x^2}}$，由于该函数同时要满足分母不为零和偶次根式中被开方式大于或等于 0，即 $\begin{cases}\sqrt{9-x^2}\neq0,\\ 9-x^2\geq0,\end{cases}$ 所以其定义域为 $(-3，+3)$.

【方法实例1-5】求函数 $y=\sqrt{4-x^2}+\dfrac{x}{x+1}$ 的定义域

解：要使函数 $y=\sqrt{4-x^2}+\dfrac{x}{x+1}$ 有意义，则应同时满足分母不为零和偶次根式中被开方式大于或等于 0，即必须使 $\begin{cases}4-x^2\geq0,\\ x+1\neq0\end{cases}$ 成立，即 $\begin{cases}-2\leq x\leq2,\\ x\neq-1.\end{cases}$

这两个不等式的公共解为 $-2\leq x\leq2$ 且 $x\neq-1$.

所以该函数的定义域为 $[-2，-1)\bigcup(-1，2]$.

【方法1-1-4】求函数表达式中包含两条以上规则的函数定义域

【方法实例1-6】求函数 $y=\dfrac{\sqrt{x-2}}{(x-1)\ln(x+3)}$ 的定义域

解：要使函数 $y=\dfrac{\sqrt{x-2}}{(x-1)\ln(x+3)}$ 有意义，则该函数应同时满足 a. 分式的分母不为零；

b. 偶次根式中被开方式大于或等于 0；c. 对数的真数大于零，

即必须使 $\begin{cases} x-2 \geqslant 0, \\ x-1 \neq 0, \\ \ln(x+3) \neq 0, \\ x+3 > 0 \end{cases}$ 成立，即 $\begin{cases} x \geqslant 2, \\ x \neq 1, \\ x \neq -2, \\ x > -3, \end{cases}$

所以该函数的定义域为 $[2, +\infty)$。

【方法实例 1-7】求函数 $y = \arcsin\dfrac{x-1}{5} + \dfrac{1}{\sqrt{25-x^2}}$ 的定义域

解：要使函数 $y = \arcsin\dfrac{x-1}{5} + \dfrac{1}{\sqrt{25-x^2}}$ 有意义，则该函数应同时满足 a. 分式的分母不为零；b. 偶次根式中被开方式大于或等于 0；c. 反正弦符号下的式子的绝对值小于或等于 1，

即必须使 $\begin{cases} |\dfrac{x-1}{5}| \leqslant 1, \\ 25-x^2 > 0 \end{cases}$ 成立，即 $\begin{cases} -4 \leqslant x \leqslant 6, \\ -5 < x < 5, \end{cases}$ 也就是 $-4 \leqslant x < 5$，

所以该函数的定义域为 $D = [-4, 5)$。

【方法 1-2】求函数值的方法

【方法 1-2-1】将常量值直接代入函数表达式

【方法实例 1-8】已知 $f(x) = \dfrac{x+1}{x+5}$，求 $f(3)$.

解：因为 $f(x) = \dfrac{x+1}{x+5}$，所以 $f(3) = \dfrac{3+1}{3+5} = \dfrac{1}{2}$.

【方法 1-2-2】将包含变量的表达式替换函数表达式中的变量

【方法实例 1-9】已知 $f(x) = \dfrac{x+1}{x+5}$，求 $f\left(\dfrac{1}{x}\right)$.

解：因为 $f(x) = \dfrac{x+1}{x+5}$，所以 $f\left(\dfrac{1}{x}\right) = \dfrac{\dfrac{1}{x}+1}{\dfrac{1}{x}+5} = \dfrac{x+1}{5x+1}$.

【方法实例 1-10】已知 $f(x) = x^2$，$\varphi(x) = \lg x$，求 $f(\varphi(x))$，$\varphi(f(x))$，$f(f(x))$，$\varphi(\varphi(x))$

解：因为 $f(x) = x^2$，$\varphi(x) = \lg x$，

所以 $f(\varphi(x)) = (\lg x)^2 = \lg^2 x$，

$\varphi(f(x)) = \lg x^2$，

$f(f(x)) = (x^2)^2 = x^4$，

$\varphi(\varphi(x)) = \lg(\lg x)$.

【**方法 1-2-3**】先凑因式，然后替换自变量表达式

【**方法实例 1-11**】已知 $f(x+1)=x^2+3x+5$，求 $f(x)$ 和 $f(x-1)$

解：因为 $f(x+1)=x^2+3x+5=(x+1)^2+(x+1)+3$，所以 $f(x)=x^2+x+3$，

$\quad\quad F(x-1)=(x-1)^2+(x-1)+3=x^2-2x+1+x-1+3=x^2-x+3$.

【方法 1-3】将基本初等函数组合为复合函数的方法

在实际问题中，经常将几个较简单的函数组合成较复杂的函数，设 y 是 u 的函数，$y=f(u)$，而 u 又是 x 的函数，$u=\varphi(x)$，将 $u=\varphi(x)$ 代入 $y=f(u)$，即为所求的复合函数 $y=f(\varphi(x))$.

【**方法实例 1-12**】将以下基本初等函数组合为复合函数：$y=u^3$，$u=\sin x$

解：$y=u^3$，$u=\sin x$ 组合为复合函数 $y=\sin^3 x$.

【**方法实例 1-13**】将以下基本初等函数组合为复合函数：$y=\ln u$，$u=3^v$，$v=\dfrac{1}{x}$

解：$y=\ln u$，$u=3^v$，$v=\dfrac{1}{x}$ 组合为复合函数 $y=\ln 3^{\frac{1}{x}}$.

【方法 1-4】分解复合函数为基本初等函数的方法

在实际问题中，有时也需要将复合函数分解为基本初等函数，分解复合函数的方法是将复合函数分解成基本初等函数或基本初等函数之间（或与常数）的和、差、积、商.

【**方法实例 1-14**】将复合函数 $y=\sin 2^x$ 分解为基本初等函数

解：$y=\sin 2^x$ 是由 $y=\sin u$，$u=2^x$ 复合而成的.

【**方法实例 1-15**】将复合函数 $y=\ln\cos 3x$ 分解为基本初等函数

解：$y=\ln\cos 3x$ 是由 $y=\ln u$，$u=\cos v$，$v=3x$ 复合而成的.

【**方法实例 1-16**】将复合函数 $y=\cos^2(3x+1)$ 分解为基本初等函数

解：$y=\cos^2(3x+1)$ 是由 $y=u^2$，$u=\cos v$，$v=3x+1$ 复合而成的.

【**方法实例 1-17**】将复合函数 $y=a^{\ln\sqrt{1+2x}}$ 分解为基本初等函数

解：$y=a^{\ln\sqrt{1+2x}}$ 是由 $y=a^u$，$u=\ln v$，$v=\sqrt{t}$，$t=1+2x$ 复合而成的.

【方法 1-5】求反函数的方法

求函数 $y=f(x)$ 的反函数的方法如下：

a. 从 $y=f(x)$ 中解出 $x=f^{-1}(y)$；

b. 将 x 和 y 交换，得到反函数 $y=f^{-1}(x)$.

【**方法实例 1-18**】求函数 $y=3x-5$ 的反函数

解：函数 $y=3x-5$ 的反函数 $y=\dfrac{x+5}{3}$.

【方法实例1-19】求函数 $y=\dfrac{ax+b}{cx+d}$（$bc-ad\neq0$）的反函数

解：函数 $y=\dfrac{ax+b}{cx+d}$ 的反函数 $y=\dfrac{b-dx}{cx-a}$．

▶ 自主训练

本模块的自主训练题包括基本训练和提升训练两个层次，未标注*的为基本训练题，标注*的为提升训练题．

【训练实例1-1】求下列函数的定义域

（1）$y=\sqrt{5-x}$

（2）$y=\sqrt{\dfrac{1+x}{1-x}}$

（3）$y=\sqrt{4-x^2}+\dfrac{1}{x-1}$

（4）$y=\sqrt{x+2}+\ln(1-x)$

*（5）$y=\dfrac{x}{\tan x}$

【提示】：a. 分式的分母不为零；b. 正切符号下的式子不等于 $k\pi+\dfrac{\pi}{2}$（$k\in\mathbf{Z}$）．

*（6）$y=\lg\sqrt{\dfrac{1-x}{1+x}}$

【提示】：a. 分式的分母不为零；b. 偶次根式中被开方式大于或等于0；c. 对数的真数大于零．

*（7）$y=\arcsin\sqrt{5x}$

【提示】：a. 偶次根式中被开方式大于或等于0；b. 反正弦符号下的式子的绝对值小于或等于1．

*（8）$y=\sqrt{\sin x}+\dfrac{1}{\ln(2+x)}$

【提示】：a. 分式的分母不为零；b. 偶次根式中被开方式大于或等于0；c. 对数的真数大于零．

【训练实例1-2】判断下列函数的奇偶性

（1）$f(x)=2x^2-5\cos x$

（2）$f(x)=\sin x-\cos x$

*（3）$f(x)=x\cos\dfrac{1}{x}$

*（4）$f(x)=\ln(x-\sqrt{x^2+1})$

【训练实例1-3】指出下列函数的复合过程

（1）$y=\sqrt[3]{2x-1}$

（2）$y=\mathrm{e}^{-x}$

（3）$y=\cos^2(2x+1)$

*（4）$y=\arccos(1-x^2)$

*（5）$y=\ln\tan3x$

*（6）$y=\ln\ln\ln^4x$

【训练实例1-4】写出下列函数的复合函数

（1）$y=u^2$，$u=\sin v$，$v=\dfrac{x+1}{2}$

（2）$y=\sin u$，$u=x^2$

*（3）$y=\dfrac{2^x}{2^x+1}$

*（4）$y=1+\log_{\frac{1}{2}}(x+2)$

【训练实例1-5】求下列函数的反函数

（1）$y=\sqrt[3]{2x-1}$

（2）$y=\dfrac{1-x}{1+x}$

应用求解

【日常应用】

【应用实例1-1】使用函数解析式表示自由落体运动方程

【实例描述】

在自由落体运动中，物体下落的距离 s 随下落时间 t 的变化而变化，使用函数关系式描述下落距离 s 与时间 t 之间的依赖关系.

【实例求解】

在物体的自由落体运动中，从开始下落时算起，经过的时间设为 t，在这段时间内物体的下落距离为 s，如果不计空气阻力，那么 s 与 t 之间的依赖关系可以使用以下函数关系式表示：

$s=\dfrac{1}{2}gt^2$（其中 g 为重力加速度，是一个常量），

该函数的定义域为 $D=[0，+\infty)$.

如果物体在 $t=0$ 时从高度为 h_0 处自由落下，时间 t 的范围为 0 至 $\sqrt{\dfrac{2h_0}{g}}$，其定义域为 $[0$，$\sqrt{\dfrac{2h_0}{g}}]$，值域 $M=[0，h_0]$.

【经济应用】

【应用实例1-2】使用函数解析式描述常见的经济函数

【实例描述】

经济活动中往往会涉及许多经济量，这些量之间存在着各种相关的关系，这些关系用数学模型进行描述，就形成了各种经济函数.

（1）使用函数解析式描述需求函数与供给函数

假设某商品的供给函数和需求函数分别是 $Q_d = 25p - 10$ 和 $Q_s = 200 - 5p$，求该商品的市场均衡价格和市场均衡数量.

（2）使用函数解析式描述成本函数、收入函数与利润函数

美的电器公司生产一种新产品，根据市场调查得出需求函数为

$$Q(p) = -900p + 45000 .$$

该公司生产该产品的固定成本是 270000 元，而单位的可变成本是 10 元，为获得最大利润，出厂价格应为多少？

【实例求解】

1. 需求函数与供给函数

（1）需求函数

市场上消费者对某种商品的需求量除了与该商品的价格有关外，还与消费者的收入、待用商品的价格、消费者的人数等有关. 现在我们只考虑商品的需求量与价格的关系，而将其他各种量看作常量，这样，商品的需求量 Q 就是价格 P 的函数，称为需求函数，记作 $Q = Q(p)$.

一般来说，当商品的价格增加时，商品的需求量将会减少，因此，通常需求函数是单调递减函数.

常见的需求函数有线性需求函数、二次曲线需求函数、指数需求函数.

① 线性需求函数：$Q = a - bp$（$a > 0$，$b > 0$；a，b 都是常数）.

② 二次曲线需求函数：$Q = a - bp - cp^2$（$a > 0$，$b > 0$，$c > 0$；a，b，c 都是常数）.

③ 指数需求函数：$Q = ae^{-bp}$（$a > 0$，$b > 0$；a，b 都是常数）.

（2）供给函数

市场上影响供给量的主要因素也是商品的价格，因此，商品的供给量 Q 也是价格的函数，称为供给函数，记作 $Q = \varphi(p)$.

一般地，商品的供给量随价格的上升而增加，随价格的下降而减少，因此，供给函数是单调递增函数.

常见的供给函数有：

$Q = ap - b$（$a > 0$，$b > 0$；a，b 都是常数）；

$Q = \dfrac{ap + b}{mP + n}$（$a > 0$，$b > 0$，$m > 0$，$an > bm$）.

（3）市场均衡

对一种商品而言，如果需求量等于供给量，则这种商品就达到了市场均衡. 假设 Q_d，Q_s 分别表示需求函数和供给函数，以线性需求函数和线性供给函数为例，令 $Q_d = Q_s$，

即 $a - bp = cp - d$，得 $p = \dfrac{a + d}{b + c} = p_0$.

这个价格 p_0 称为该商品的市场均衡价格，而 $Q_d = Q_s = Q_0$ 称为该商品的市场均衡数量.

（4）求解给定条件下的市场均衡价格和市场均衡数量

由均衡条件 $Q_\mathrm{d} = Q_\mathrm{s}$，得 $25p - 10 = 200 - 5p$，$30p = 210$，$p = 7$，

从而 $Q_0 = 25p - 10 = 165$，

即市场均衡价格为 7，市场均衡数量为 165.

2. 成本函数、收入函数与利润函数

（1）成本函数

产品成本是指以货币形式表现的企业生产和销售产品的全部费用支出，产品成本可分为固定成本和可变成本两部分. 成本函数表示费用总额与产量（或销售量）之间的相与关系，固定成本（常用 C_1 表示）是尚未生产产品时的支出，在一定限度内是不随产量变动的费用. 例如，厂房费用、机器折旧费用、一般管理费用、管理人员工资等. 可变成本（常用 C_2 表示）是随产品变动而变动的费用，例如，原材料、燃料和动力费用、生产工人的工资等.

以 x 表示产量，C 表示总成本，则 C 与 x 之间的函数关系称为总成本函数，记作

$$C = C(x) = C_1 + C_2, \quad x \geqslant 0.$$

平均成本是平均每个单位产品的成本，平均成本记作 $\overline{C(x)} = \dfrac{C(x)}{x}$ $(x > 0)$.

（2）收入函数

销售某产品的收入 R 等于产品的单位价格 p 与销售量 x 的乘积，即 $R = px$，称其为收入函数.

（3）利润函数

销售利润 L 等于收入 R 减去成本 C，即 $L = R - C$，称为利润函数.

（4）盈亏平衡

当 $L = R - C > 0$ 时，生产者盈利；

当 $L = R - C < 0$ 时，生产者亏本；

当 $L = R - C = 0$ 时，生产者盈亏平衡，使 $L(x) = 0$ 的点 x_0 称为盈亏平衡点，也称为保本点.

（5）在要求利润最大化前提下求产品的出厂价格

以 Q 表示产量，C 表示成本，p 表示价格，则有 $C(Q) = 10Q + 270000$，

而需求函数为 $Q(p) = -900p + 45000$，

代入得 $C(p) = -9000p + 720000$，

收入函数为 $R(p) = pQ = p(-900p + 45000) = -900p^2 + 45000p$，

利润函数为 $L(P) = R(p) - C(p) = (-900p^2 + 45000p) - (-9000p + 720000)$

$$= -900(p - 30)^2 + 90000.$$

由于利润函数是一个二次函数，容易求得：当价格 $p=30$ 元时，利润 $L=90000$ 元为最大利润，在此价格下，可望销售量为 $Q=-900\times30+45000=18000$（单位）.

【应用实例1-3】建立酒店总利润与房间定价之间的函数关系

【实例描述】

新天地酒店有200间客房，如果每间客房定价不超过180元，则可以全部出租．若每间定价高出10元，则会少出租4间．设房间出租后的服务费成本为50元/间，试建立酒店总利润与房间定价之间的函数关系．

【实例求解】

设酒店每间客房定价为x元，酒店总利润为y元．

① 若$x \leqslant 180$元，则可出租200间，每间利润为$x-50$，酒店总利润为$200(x-50)$元．

② 若$x > 180$元，则每高出10元，房间少出租4间，实际出租了$\left[200 - \dfrac{4(x-180)}{10}\right]$间，

每间利润为$x-50$，总利润为$(x-50)\left[200 - \dfrac{4(x-180)}{10}\right]$．

所以，酒店总利润与房间定价之间的函数关系为

$$y = \begin{cases} 200(x-50), & 0 \leqslant x \leqslant 180, \\ (x-50)\left[200 - \dfrac{2(x-180)}{5}\right], & 180 < x \leqslant 680. \end{cases}$$

【电类应用】

【应用实例1-4】使用函数描述电路中电流 I 与电阻 R 之间的关系

【实例描述】

对于如图1-23所示的简单照明电路，电压U保持不变，通常为220V，使用函数关系式描述电流I与电阻R之间的关系．

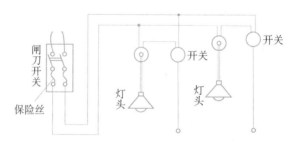

图1-23 简单照明电路示意图

【实例求解】

由电学中的欧姆定律可知，在同一电路中，导体中的电流跟导体两端的电压成正比，跟导体的电阻成反比．

根据欧姆定律可得描述电流I与电阻R之间关系的表达式为$I = \dfrac{U}{R}$．

公式中的 I 表示电流，其单位是安培（A），U 表示电压，单位是伏特（V），R 表示电阻，单位是欧姆（Ω）.

如果照明电路的电压为 220V，则电路中用电器的电阻 R 越大，电路的电流 I 越小.

【机类应用】

【应用实例1-5】使用函数解析式描述曲柄连杆机构中滑块的运动规律

【实例描述】

油泵的曲柄连杆机构示意图如图 1-24 所示，图中 AB 为曲柄，BC 为连杆，曲柄为主动轮，曲柄 AB 转动时，连杆 BC 带动滑块做往复直线运动，即将圆周运动转化为直线运动. 设曲柄长度为 r，其转动的角速度为 ω，连杆长度为 l，求滑块的运动规律，其中 r、ω、l 均为常数.

【实例求解】

图 1-24 所示的曲柄连杆机构示意图使用三角形表示如图 1-25 所示，从 B 点作垂直线，该垂直线与边 AC 相交于 D 点，在该三角形中，$AB=r$，$BC=l$，由于曲柄角速度为 ω，所以 $\angle BAD=\omega t$.

图 1-24　曲柄连杆机构示意图

图 1-25　曲柄连杆机构构成的三角形

由此可计算出 $AD=r\cos\omega t$，$BD=r\sin\omega t$.

在直角三角形 BDC 中，$DC=\sqrt{l^2-r^2\sin^2\omega t}$

所以，滑块的运动规律描述如下：

a. 一般情况下，$AC=AD+DC==r\cos\omega t+\sqrt{l^2-r^2\sin^2\omega t}$；

b. 特殊情况下，当曲柄 AB 与连杆 BC 拉直重合时，$AC=AB+BC=r+l$，当曲柄 AB 与连杆 BC 重叠重合时，$AC=BC-AB=l-r$.

应用拓展

【应用实例1-6】建立鱼缸制作总费用与其底面边长的函数关系式
【应用实例1-7】建立商品总费用与进货批量之间的函数关系式
【应用实例1-8】建立闭合电路中电功率与电阻之间的函数关系式
【应用实例1-9】建立导杆机构运动规律的函数关系式
扫描二维码，浏览电子活页 1-1，完成本模块拓展应用题的求解.

电子活页 1-1

模块小结

1. 基本知识

（1）函数概念

设有两个变量 x 和 y，当变量 x 在一个给定的非空数集 D 内任意取某一个数值时，按照一定的对应法则 f，变量 y 总有唯一确定的数值与之对应，则称为变量 y 为变量 x 的函数，记作 $y=f(x)$，$x \in D$.

（2）函数的定义域

使函数 $y=f(x)$ 有意义的自变量 x 的取值范围，即集合 D.

（3）函数值

与自变量 x_0 对应的函数值 y_0 称为函数 $f(x)$ 在点 x_0 处的函数值，记作 $f(x_0)$ 或 $y|_{x=x_0}$.

（4）函数的三要素

指函数的定义域、对应法则、值域.

（5）函数的基本性质

单调性、奇偶性、周期性和有界性.

（6）复合函数

由两个或两个以上的函数通过中间变量复合而成的函数.

（7）基本初等函数

主要包括幂函数、指数函数、对数函数、三角函数和反三角函数.

（8）初等函数

由基本初等函数经过有限次的四则运算及有限次的复合而成的函数，一般用一个解析式表示.

（9）分段函数

两个变量之间的函数关系要用两个或多于两个的数学式子来表示.

（10）常用经济函数

主要包括需求函数、供给函数、成本函数、收入函数、利润函数等.

2. 基本方法

求函数定义域的基本方法如下.

第 1 步：识别函数中的基本元素——自变量（通常表示为 x），其他数学元素，例如，常数、指数、对数、三角函数等.

第 2 步：分析函数中的限制条件.

分析函数中的限制条件的思维导图如图 1-26 所示.

① 一看是否有"分式"，如果有分式，根据"分式的分母不为零"的规则写出不等式.

② 二看是否有"偶次根式"，如果有偶次根式，根据"偶次根式中被开方式大于或等于零"的规则写出不等式.

③ 三看是否有"对数函数"，如果有对数函数，根据"对数函数的真数大于零，底数大于零且不等于 1"的规则写出不等式.

④ 四看是否有"正切函数"，如果有正切函数，根据"正切符号下的式子不等于 $k\pi+$

$\dfrac{\pi}{2}$（$k \in \mathbf{Z}$）"的规则写出不等式.

⑤ 五看是否有"余切函数"，如果有余切函数，根据"余切符号下的式子不等于 $k\pi$（$k \in \mathbf{Z}$）"的规则写出不等式.

⑥ 六看是否有"反正弦函数"或"反余弦函数"，如果有"反正弦函数"或"反余弦函数"，根据"反正弦、反余弦符号下的式子的绝对值小于或等于 1"的规则写出不等式.

对于复合函数，需要分析各部分的限制条件.

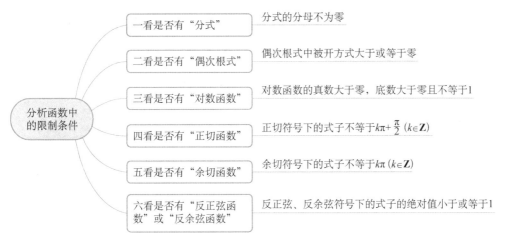

图 1-26 分析函数中的限制条件的思维导图

第 3 步：联立不等式并求解不等式或不等式组.

根据相应的限制条件，列出不等式或不等式组；解这些不等式或不等式组，得到 x 的取值范围.

第 4 步：确定定义域.

将解出的 x 的取值范围转化为定义域的形式.

如果定义域是离散的，则须要明确列出所有可能的 x 值.

如果定义域是连续的，则使用区间方式表示函数定义域.

第 5 步：检查定义域.

将定义域中的元素代入原函数，确保函数有意义. 如果有必要，则可以使用图形进行验证.

注意，对于分段函数，需要分别求出每一段的定义域，然后取并集.

【验证实例 1-6】求函数 $f(x) = \dfrac{1}{\sqrt{x-1}}$ 的定义域.

① 识别函数中的基本元素：自变量 x，常数 1，根式 $\sqrt{x-1}$.

② 分析函数中的限制条件：由于是分母为根式的函数，须要满足两个条件：分母不为 0（但这里显然不会为 0），被开方数为非负数.

③ 解不等式：$x-1 > 0$.

④ 确定定义域：解不等式得 $x>1$，所以定义域为 $(1, +\infty)$.

⑤ 检查定义域：将 $x>1$ 代入原函数，函数有意义.

 模块考核

扫描二维码，浏览电子活页 1-2，完成本模块的在线考核.

扫描二维码，浏览电子活页 1-3，查看本模块考核试题的答案.

电子活页 1-2

电子活页 1-3

模块 2　极限及其应用

极限是揭示变量变化趋势的有力工具，极限思想可以追溯到古代，刘徽的割圆术是早期极限思想的应用，古希腊人的穷竭法也蕴含了极限思想．19 世纪以前，人们用朴素的极限思想计算了圆的面积、球的体积等．19 世纪之后，柯西（Cauchy，1789—1851）以物体运动为背景，结合几何直观，引入了极限概念．后来，维尔斯特拉斯（Weierstrass，1815—1897）给出了形式化的数学语言描述．极限也是高等数学最基本的工具，掌握极限概念及其思想方法是学好高等数学的基础，这样可以为以后的导数、微分、积分的学习奠定良好的基础．

 教学导航

教学目标	（1）理解数列极限的定义及性质
	（2）理解函数极限、函数左、右极限的概念，掌握函数极限的性质
	（3）理解无穷小、无穷大的概念及性质，掌握无穷小与极限之间的关系
	（4）熟悉极限的四则运算法则，会利用极限的四则运算法则求极限
	（5）理解极限存在的两个准则，掌握利用两个重要极限求极限的方法
	（6）掌握无穷小的比较方法，会用等价无穷小求极限
	（7）理解函数连续性（含左连续与右连续）的概念，会判断函数间断点的类型
	（8）了解连续函数的性质和初等函数的连续性，应用函数的连续性求函数的极限
	（9）理解闭区间上连续函数的有界性、最值定理、零点定理与介值定理
教学重点	（1）数列极限的定义及性质
	（2）函数极限，左、右极限的概念，函数极限存在与左、右极限之间的关系
	（3）无穷小、无穷大，无穷小与极限之间的关系
	（4）有理函数极限的计算
	（5）两个重要极限，利用两个重要极限求极限
	（6）无穷小的比较方法，用等价无穷小求极限
	（7）函数连续性的概念，间断点
	（8）连续函数的性质和初等函数的连续性
教学难点	（1）函数极限存在与左、右极限之间的关系
	（2）无穷小、无穷小与极限之间的关系
	（3）极限运算法则成立的条件
	（4）两个重要极限，利用两个重要极限求极限
	（5）用等价无穷小求极限
	（6）左连续与右连续、间断点的类型

价值引导

《庄子》记载"一尺之锤，日取其半，万事不竭"，正是体现了极限思想．我国古代的刘徽和祖冲之计算圆周率时所采用的"割圆术"也是极限思想的一种基本应用，这一思想的发现比欧洲早一千多年．

极限就如同我们最初的理想，诠释的是不忘初心（极限目标）、砥砺前行、精益求精、无限接近、方得始终的过程．极限的精确定义，也蕴含了斟字酌句、一丝不苟、作风严谨．

有限个无穷小的代数和仍为无穷小，但无限个无穷小的代数和不一定是无穷小，无穷小的这个性质说明了量变到质变的道理，正如一滴水的力量很微弱，但是日积月累，便能水滴石穿；再如"只要功夫深，铁杵磨成针""只要人人都献出一点爱，世界将变成美好的人间"等．在生活中，大学生应不以善小而不为，不以恶小而为之，坚信只要持之以恒，一定会有质的飞跃．在知识的学习、技能的训练中，哪怕再小的努力也不嫌少，只要持之以恒，终将有美好的结果．坚持就是胜利，这就是我们从无穷小的性质中得到的启示．

引例导入

【引导实例 2-1】探析庄子的无限分割思想

【引例描述】

"一尺之棰，日取其半，万世不竭．"这句话出自中国古代《庄子·天下篇》一书．其意是 1 尺的木棒，第 1 天取它的一半，即得 $\frac{1}{2}$ 尺；第 2 天再取剩下的一半，即得 $\frac{1}{4}$ 尺；第 3 天再取第 2 天剩下的一半，即得 $\frac{1}{8}$ 尺，如图 2-1 所示．"日取其半"可以一天天地取下去，总有一半留下，故"万世不竭"．一尺之棰是一有限的物体，但它却可以无限地分割下去，这句话蕴含着有限和无限的统一，有限之中有无限，这是辩证的思想．

图 2-1　庄子及他的无限分割思想

试写出分割一尺木棒的过程中，每天截取木棒长度的数列，并探析随着无限次的分割，剩余的木棒长度会趋于多少？

【引例求解】

每天截取的木棒长度数值记录如下：$\dfrac{1}{2}$，$\dfrac{1}{2^2}$，$\dfrac{1}{2^3}$，$\dfrac{1}{2^4}$，$\cdots$，$\dfrac{1}{2^n}$，$\cdots$.

可以看出，随着天数的增加，槌子的长度会越来越短，天数无限增大后，剩余槌子的长度会无限趋于 0，但永远不为 0.

所截取的木棒长度可以表示为数列：$\dfrac{1}{2}$，$\dfrac{1}{4}$，$\dfrac{1}{8}$，$\dfrac{1}{16}$，$\cdots$，$\dfrac{1}{2^n}$. 当 n 无限增大时，$\dfrac{1}{2^n}$ 无限趋于 0. 它反映了两千多年前，我国古人就有了初步的极限思想.

【引导实例 2-2】应用割圆术的方法求圆面积的近似值

【引例描述】

在很长一段时间，人们试图采用各种方法去近似计算圆的面积. 约 263 年，我国的刘徽在《九章算术》一书中提出了"割圆术"，即用圆的内接或外切正多边形穷竭的方法求圆面积. "割圆术"求圆面积的做法和思想如图 2-2 所示. 先做圆的内接正六边形，其面积记为 A_1，再做圆的内接正十二边形，其面积记为 A_3，$\cdots$，把圆的内接正 3×2^n 边形的面积记为 A_n，照此下去，这样便得到一数列 A_1，A_2，A_3，$\cdots$，A_n，试探析使用内接正多边形近似计算圆面积，并从计算过程体会如何运用极限分析方法由近似解得到精确解.

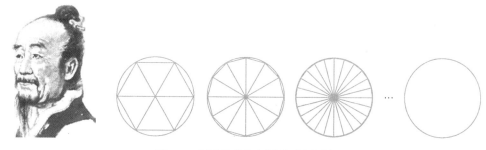

图 2-2　刘徽及他的割圆术求圆面积

【引例求解】

内接正多边形的边数依次为：3×2^1，3×2^2，3×2^3，$\cdots$，3×2^n，$\cdots$. 由正多边形近似表示圆面积所构成的面积数列为 A_1，A_2，A_3，$\cdots$，A_n，$\cdots$. 从图形的几何直观上不难看出：随着圆内接正多边形边数的增加，圆内接正多边形的面积与圆的面积越来越趋于，边数愈大则正多边形的面积越接近于圆的面积. 可以想象：当 n 无限增大时，内接正 3×2^n 边形的面积 A_n 会无限地趋于圆面积的实际大小 A，即圆的面积等于圆的内接正 3×2^n 边形面积所构成的数列 A_1，A_2，A_3，$\cdots$，A_n，$\cdots$的极限. 刘徽称"割之弥细，所失弥少，割之又割，以至于不可割，则与圆合体而无所失矣."

如图 2-3 所示，半径为 R 的圆内接正 n 边形的圆心角为：$\angle AOD = \dfrac{360^\circ}{n} = \dfrac{2\pi}{n}$.

边长为：$a = AB = 2AD = 2(OA \times \sin \angle AOD) = 2R\sin\left(\dfrac{2\pi}{2n}\right) = 2R\sin\left(\dfrac{\pi}{n}\right)$.

$\triangle AOB$ 的面积$=\dfrac{1}{2}R^2\sin\left(\dfrac{2\pi}{n}\right)$.

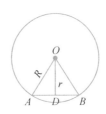

图 2-3　圆的内接正 n 边形

半径为 R 的圆内接正 n 边形的面积为：$S(n)=\dfrac{1}{2}nR^2\sin\left(\dfrac{2\pi}{n}\right)$.

周长 l 为：$l(n)=2nR\sin\left(\dfrac{\pi}{n}\right)$.

根据上面的分析可知，圆的面积求解问题可以形式化地描述成函数：

$S(n)=\dfrac{1}{2}nR^2\sin\left(\dfrac{2\pi}{n}\right)$，当 n 无限增大（记为 $n\to\infty$）时的极限问题.

极限概念产生于求某些实际问题的精确解. 极限的思想和分析方法广泛地应用于社会生活和科学研究的各个方面.

① 在研究复杂问题时，常先用简单算法（例如，以常量代替变量，以直线代替曲线，以匀速代替变速等）求出近似值，然后通过取极限得到精确值.

② 对事物发展做某种预测，例如，用极限研究事物的运动、发展规律、产品销售量的中长期分析及投入与产出的中长期分析等.

 概念认知

【概念 2-1】数列的极限

中学已经接触过数列，例如，等比数列、等差数列等.

【定义 2-1】数列

> 以正整数 n 为自变量的函数 $x_n=f(n)$，$n=1,2,3\cdots$，把它的函数值依次写出来，称为一个数列，即 $x_1,x_2,\cdots,x_n,\cdots$，记作 $\{x_n\}$，有时也简记为 x_n.

数列是定义在自然数集上的函数，由于全体自然数可以从小到大排成一列，因此数列的对应值也可以排成一列：$x_1,x_2,\cdots,x_n,\cdots$，这就是最常见的数列表现形式了. 数列中的每一数称为数列的项，第 n 项 x_n 称为通项或一般项.

例如，数列 $1,\dfrac{1}{2},\dfrac{1}{3},\cdots,\dfrac{1}{n},\cdots$，可记作 $\left\{\dfrac{1}{n}\right\}$，即该数列的通项为 $\dfrac{1}{n}$.

长一尺的棒子，每天截去一半，无限制地进行下去，截取部分的长度便构成一数列：

$\dfrac{1}{2},\dfrac{1}{2^2},\dfrac{1}{2^3},\cdots,\dfrac{1}{2^n},\cdots$，通项为 $\dfrac{1}{2^n}$.

从数列的定义可以看出，数列是一种特殊的函数，其定义域为正整数集.

在数轴上，数列的每项都相应有点对应它. 如果将 x_n 依次在数轴上描出点的位置，根据点的位置的变化趋势，可以看出： $\left\{\dfrac{1}{n}\right\}$，$\left\{\dfrac{1}{2^n}\right\}$ 无限趋于 0.

【验证实例 2-1】 观察以下数列的变化规律，写出其通项公式，随着数列的项数 n 无限增大时，数列的变化趋势如何？

（1）2，4，6，$\cdots$，$2n$，$\cdots$

（2）2，$\dfrac{3}{2}$，$\dfrac{4}{3}$，$\cdots$，$\dfrac{n+1}{n}$，$\cdots$

解： 上述两个数列的通项分别为 $2n$，$\dfrac{n+1}{n}$，显然，随着数列的项数 n 无限增大时，$\{2n\}$ 是无限增大的，而 $\left\{\dfrac{n+1}{n}\right\}$ 无限趋于常数 1.

分析数列 $x_n=\dfrac{1}{n}$，即 1，$\dfrac{1}{2}$，$\dfrac{1}{3}$，$\cdots$，$\dfrac{1}{n}$，$\cdots$ 可以看出：随着数列的项数 n 不断增大，数列 $\left\{\dfrac{1}{n}\right\}$ 无限趋于常数 0.

分析数列 $x_n=(-1)^n$，即 -1，1，-1，1，$\cdots$，$(-1)^n$，$\cdots$ 可以看出：数列 $\{(-1)^n\}$ 在 -1 和 1 两个数之间来回跳动，不趋于任何一个常数.

由此可见，当项数无限增大时，数列的变化趋势有两种情况：要么无限趋于某个确定的常数，要么无法趋于某一个常数. 我们将此现象抽象便可以得到数列极限的描述性定义.

【定义 2-2】 极限

> 设数列 $\{x_n\}$，如果当 n 无限增大时，数列 $\{x_n\}$ 无限趋于一个确定的常数 A，则称常数 A 是数列 $\{x_n\}$ 的极限，或称数列 $\{x_n\}$ 收敛于 A，记作
> $$\lim_{n\to\infty}x_n=A \quad \text{或} \quad x_n\to A(n\to\infty).$$
> 并称数列 $\{x_n\}$ 是收敛的；否则，就称数列 $\{x_n\}$ 是发散的.

由定义 2-2 可知，$\lim\limits_{n\to\infty}x_n=\lim\limits_{n\to\infty}\dfrac{1}{n}=0$，即当 $n\to\infty$ 时，数列 $\left\{\dfrac{1}{n}\right\}$ 是收敛的；而当 $n\to\infty$ 时，数列 $\{(-1)^n\}$ 是发散的.

【注意】 ① 在数列极限中，数项 n 都是趋于正无穷大.

② 只有无穷数列才可能存在极限.

【验证实例 2-2】 观察下列数列的变化趋势，写出它们的极限

（1）$a_n=\dfrac{1}{n}$ （2）$a_n=3-\dfrac{1}{n^3}$ （3）$a_n=\left(-\dfrac{1}{3}\right)^n$ （4）$a_n=100$

解： 计算出数列的前几项，考查当 $n\to\infty$ 时数列的变化趋势如表 2-1 所示.

表2-1　考查当 $n \to \infty$ 时数列的变化趋势

n	1	2	3	4	$\cdots$	∞
（1）$a_n = \dfrac{1}{n}$	$\dfrac{1}{1}$	$\dfrac{1}{2}$	$\dfrac{1}{3}$	$\dfrac{1}{4}$	$\cdots$	0
（2）$a_n = 3 - \dfrac{1}{n^3}$	$3 - \dfrac{1}{1}$	$3 - \dfrac{1}{8}$	$3 - \dfrac{1}{27}$	$3 - \dfrac{1}{64}$	$\cdots$	3
（3）$a_n = \left(-\dfrac{1}{3}\right)^n$	$-\dfrac{1}{3}$	$\dfrac{1}{9}$	$-\dfrac{1}{27}$	$\dfrac{1}{81}$	$\cdots$	0
（4）$a_n = 100$	100	100	100	100	$\cdots$	100

可以看出，它们的极限分别是：

（1）$\lim\limits_{n \to \infty} a_n = \lim\limits_{n \to \infty} \dfrac{1}{n} = 0$

（2）$\lim\limits_{n \to \infty} a_n = \lim\limits_{n \to \infty}\left(3 - \dfrac{1}{n^3}\right) = 3$

（3）$\lim\limits_{n \to \infty} a_n = \lim\limits_{n \to \infty}\left(-\dfrac{1}{3}\right)^n = 0$

（4）$\lim\limits_{n \to \infty} a_n = \lim\limits_{n \to \infty} 100 = 100$

对于数列来说，最重要的是研究其在变化过程中无限趋于某一常数的那种渐趋稳定的状态，这就是常说的数列的极限问题．我们来观察 $\left\{\dfrac{n+1}{n}\right\}$ 的情况，不难发现 $\dfrac{n+1}{n}$ 随着 n 的增大，无限制地趋于 1，亦即 n 无限大时，$\dfrac{n+1}{n}$ 与 1 可以任意地趋于，即 $\left|\dfrac{n+1}{n} - 1\right|$ 可以任意地小．

【概念2-2】函数的极限

我们在研究函数时，常常需要研究在自变量的某个变化过程中，对应的函数值是否无限地趋于某个确定的常数．如果存在这样的常数，则称此常数为函数在自变量的这个变化过程中的极限．由于自变量的变化过程不同，函数极限概念也就表现为不同的形式．

1．自变量趋于无穷大 ∞ 时函数 $f(x)$ 的极限

我们先列表考察当 $x \to \infty$ 时函数 $f(x) = \dfrac{2}{x}$ 的变化趋势，如表2-2所示．

表2-2　当 $x \to \infty$ 时函数 $f(x) = \dfrac{2}{x}$ 的变化趋势

x	$\pm 10^4$	$\pm 10^6$	$\pm 10^8$	$\pm 10^{10}$	$\to \infty$
$\dfrac{2}{x}$	± 0.0002	± 0.000002	± 0.00000002	± 0.0000000002	$\to 0$

由表 2-2 可知，当 $x \to \infty$ 时，$f(x) = \dfrac{2}{x}$ 的值无限趋于零，即当 $x \to \infty$ 时，$f(x) \to 0$．如图 2-4 所示，这种变化趋势是明显的，即当 $x \to \infty$ 时，函数 $f(x) = \dfrac{2}{x}$ 的图形无限趋于 x 轴．

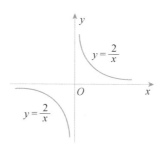

图 2-4　函数 $f(x) = \dfrac{2}{x}$ 的图形

为此有如下的定义：

【定义 2-3】函数的极限（$x \to \infty$）

如果当 x 的绝对值无限增大（即 $x \to \infty$）时，函数 $f(x)$ 无限趋于一个确定的常数 A，那么 A 称为函数 $f(x)$ 当 $x \to \infty$ 时的极限，记为

$$\lim_{x \to \infty} f(x) = A \quad \text{或 当 } x \to \infty \text{ 时，} \quad f(x) \to A.$$

由定义 2-3 知，当 $x \to \infty$ 时，$f(x) = \dfrac{1}{x}$ 的极限是 0，即 $\lim\limits_{x \to \infty} \dfrac{1}{x} = 0$．

在定义 2-3 中，自变量 x 的绝对值无限增大指的是既取正值无限增大（记为 $x \to +\infty$），同时也取负值而绝对值无限增大（记为 $x \to -\infty$）．但有时自变量的变化趋势只能或只需取这两种变化的一种情形，于是有下面的定义：

【定义 2-4】函数的极限（$x \to +\infty$）

如果当自变量 x 取正值并无限增大即 $x \to +\infty$ 时，函数 $f(x)$ 无限趋于一个确定的常数 A，那么常数 A 称为函数 $f(x)$ 当 $x \to +\infty$ 时的极限，记为

$$\lim_{x \to +\infty} f(x) = A \text{ 或当 } x \to +\infty\text{，} \quad f(x) \to A.$$

【定义 2-5】函数的极限（$x \to -\infty$）

如果当自变量 x 取负值并无限增大即 $x \to -\infty$ 时，函数 $f(x)$ 无限趋于一个确定的常数 A，那么常数 A 称为函数 $f(x)$ 当 $x \to -\infty$ 时的极限，记为

$$\lim_{x \to -\infty} f(x) = A \text{ 或当 } x \to -\infty \text{ 时，} \quad f(x) \to A.$$

例如，由图 2-4 可知，$\lim\limits_{x \to +\infty} \dfrac{2}{x} = 0$ 及 $\lim\limits_{x \to -\infty} \dfrac{2}{x} = 0$，这两个极限与 $\lim\limits_{x \to \infty} \dfrac{2}{x} = 0$ 相等，都是 0．

又如，由图 2-5 知，$\lim\limits_{x\to+\infty} \arctan x = \dfrac{\pi}{2}$ 及 $\lim\limits_{x\to-\infty} \arctan x = -\dfrac{\pi}{2}$.

由于当 $x\to+\infty$ 和 $x\to-\infty$ 时，函数 $\arctan x$ 不是无限趋于同一个确定的常数，所以 $\lim\limits_{x\to\infty} \arctan x$ 不存在.

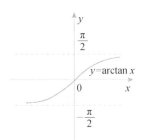

图 2-5　$y=\arctan x$ 函数的图形

由上面的讨论，我们得出下面的定理：

【定理 2-1】函数 $f(x)$ 以 A 为极限的充分必要条件

> 当 $x\to\infty$ 时，函数 $f(x)$ 以 A 为极限的充分必要条件是函数 $f(x)$ 当 $x\to+\infty$ 与 $x\to-\infty$ 时极限存在，且均为 A.
>
> 即　$\lim\limits_{x\to\infty} f(x) = A$ 的充要条件是 $\lim\limits_{x\to+\infty} f(x) = \lim\limits_{x\to-\infty} f(x) = A$.

【验证实例 2-3】求 $\lim\limits_{x\to+\infty} e^{-x}$ 和 $\lim\limits_{x\to-\infty} e^{x}$.

解：由图 2-6 可知，$\lim\limits_{x\to+\infty} e^{-x} = 0$，$\lim\limits_{x\to-\infty} e^{x} = 0$.

【验证实例 2-4】讨论当 $x\to\infty$ 时，函数 $y = \operatorname{arccot} x$ 的极限.

解：由图 2-7 可知，$\lim\limits_{x\to+\infty} \operatorname{arccot} x = 0$，$\lim\limits_{x\to-\infty} \operatorname{arccot} x = \pi$. 这两个极限存在但不相等，所以 $\lim\limits_{x\to\infty} \operatorname{arccot} x$ 不存在.

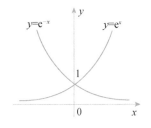

图 2-6　函数 $y = e^{x}$ 和 $y = e^{-x}$ 的图形

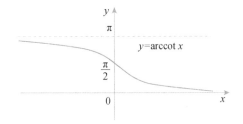

图 2-7　$y = \operatorname{arccot} x$ 函数的图形

2. 自变量趋于有限值 x_0 时函数 $f(x)$ 的极限

先列表考查当 $x\to2$ 时，函数 $f(x) = \dfrac{x}{2} + 5$ 的变化趋势如表 2-3 所示.

表2-3 当 $x \to 2$ 时，函数 $f(x) = \dfrac{x}{2} + 5$ 的变化趋势

x	2.1	2.01	2.001	2.0001	$\cdots$	$\to 2$
$f(x)$	6.05	6.005	6.0005	6.00005	$\cdots$	$\to 6$
x	1.9	1.99	1.999	1.9999	$\cdots$	$\to 2$
$f(x)$	5.95	5.995	5.9995	5.99995	$\cdots$	$\to 6$

由上表可知，当 $x \to 2$ 时，$f(x) = \dfrac{x}{2} + 5$ 的值无限地趋于 6. 如图 2-8 所示，这种变化趋势是明显的，当 $x \to 2$ 时，直线上的点沿着直线从两个方向逼近点(2，6).

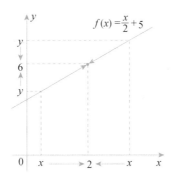

图 2-8 当 $x \to 2$ 时函数 $f(x) = \dfrac{x}{2} + 5$ 的变化趋势

自变量 x 趋于有限值 x_0 时的函数极限可理解为：当 $x \to x_0$ 时，$f(x) \to A$（A 为某常数），即当 $x \to x_0$ 时，$f(x)$ 与 A 无限地趋于，或说 $|f(x) - A|$ 可任意小.

【定义2-6】函数 $f(x)$ 当 $x \to x_0$ 时的极限

> 如果当 x 无限趋于定值 x_0，即 $x \to x_0$ 时，函数 $f(x)$ 无限趋于一个确定的常数 A，那么 A 称为函数 $f(x)$ 当 $x \to x_0$ 时的极限，记为
> $$\lim_{x \to x_0} f(x) = A \quad \text{或 当 } x \to x_0 \text{ 时，} f(x) \to A.$$

当 $x \to x_0$ 时，$f(x)$ 有无极限与 $f(x_0)$ 在 x_0 点是否有定义无关（可以无定义，即使有定义，与 $f(x_0)$ 值也无关）.

由定义 2-6 知，当 $x \to 2$ 时，$f(x) = \dfrac{x}{2} + 5$ 的极限是 6，即 $\lim\limits_{x \to 2}\left(\dfrac{x}{2} + 5\right) = 6$.

【验证实例2-5】考查极限 $\lim\limits_{x \to x_0} C$（$C$ 为常数）和 $\lim\limits_{x \to x_0} x$

解：因为当 $x \to x_0$ 时，$f(x)$ 的值恒为 C，所以 $\lim\limits_{x \to x_0} f(x) = \lim\limits_{x \to x_0} C = C$.

因为当 $x \to x_0$ 时，$\varphi(x) = x$ 的值无限趋于 x_0，所以 $\lim\limits_{x \to x_0} \varphi(x) = \lim\limits_{x \to x_0} x = x_0$.

3. 自变量趋于有限值 x_0 时函数 $f(x)$ 的左、右极限

在函数极限的定义中，x 是既从 x_0 的左边（即从小于 x_0 的方向）趋于 x_0，也从 x_0 的右边（即从大于 x_0 的方向）趋于 x_0。但有时只能或需要 x 从 x_0 的某一侧趋于 x_0 的极限。例如，分段函数及在区间的端点处，等等。这样，就有必要引进单侧极限的定义。

【定义 2-7】函数 $f(x)$ 当 $x \to x_0$ 时的左极限

> 如果当 x 从 x_0 左侧无限趋于 x_0（记为 $x \to x_0 - 0$）时，函数 $f(x)$ 无限趋于一个确定的常数 A，那么 A 称为函数 $f(x)$ 当 $x \to x_0$ 时的左极限，记为
> $$\lim_{x \to x_0 - 0} f(x) = A \ \text{或} \ f(x_0 - 0) = A \ \text{或} \ \lim_{x \to x_0^-} f(x) = A$$

【定义 2-8】函数 $f(x)$ 当 $x \to x_0$ 时的右极限

> 如果当 x 从 x_0 右侧无限趋于 x_0（记为 $x \to x_0 + 0$）时，函数 $f(x)$ 无限趋于一个确定的常数 A，那么 A 称为函数 $f(x)$ 当 $x \to x_0$ 时的右极限，记为
> $$\lim_{x \to x_0 + 0} f(x) = A \quad \text{或} \quad f(x_0 + 0) = A \ \text{或} \ \lim_{x \to x_0^+} f(x) = A$$

由函数 $f(x) = \dfrac{x}{2} + 5$ 当 $x \to 2$ 时的变化趋势可知：

$$f(2 - 0) = \lim_{x \to 2 - 0} f(x) = \lim_{x \to 2 - 0} \left(\frac{x}{2} + 5 \right) = 6,$$

$$f(2 + 0) = \lim_{x \to 2 + 0} f(x) = \lim_{x \to 2 + 0} (\frac{x}{2} + 5) = 6,$$

这时 $f(2 - 0) = f(2 + 0) = \lim\limits_{x \to 2}(\dfrac{x}{2} + 5) = 6$。

由上面讨论，我们得出下面的定理。

【定理 2-2】当 $x \to x_0$ 时，函数 $f(x)$ 以 A 为极限的充分必要条件

> 函数 $f(x)$ 当左极限和右极限各自存在并且相等，并均为 A，即
> $$\lim_{x \to x_0} f(x) = A \text{ 的充要条件是 } \lim_{x \to x_0^+} f(x) = \lim_{x \to x_0^-} f(x) = A$$
> 可以写为 $\lim\limits_{x \to x_0} f(x) = A \Leftrightarrow \lim\limits_{x \to x_0 - 0} f(x) = \lim\limits_{x \to x_0 + 0} f(x) = A$

【验证实例 2-6】考查数列 $x_n = 1 - \dfrac{1}{10^n}$ 当 $n \to \infty$ 时的变化趋势，并写出其极限

解：因为当 $n \to \infty$ 时，$\dfrac{1}{10^n} \to 0$，$1 - \dfrac{1}{10^n} \to 1$，所以 $\lim\limits_{n \to \infty}\left(1 - \dfrac{1}{10^n}\right) = 1$。

数列极限是函数极限的特例，从函数的观点来看，数列 $x_n = f(n)$ 的极限为 A。就是当自变量 n 取正整数无限增大时，对应的函数值 $f(n)$ 无限地趋于确定的常数 A。

 知识疏理

【知识2-1】无穷小与无穷大

在实际问题中, 我们经常遇到极限为零的变量. 例如, 单摆离开铅直位置而摆动, 由于空气阻力和机械摩擦力的作用, 它的振幅随着时间的增加而逐渐减小并趋于零. 又如, 电容器放电时, 其电压随着时间的增加而逐渐减小并趋于零. 对于这样的变量, 我们称为无穷小量.

2.1.1　无穷小

【定义2-9】无穷小

如果当 $x \to x_0$（或 $x \to \infty$ ）时, 函数 $f(x)$ 的极限为零, 那么函数 $f(x)$ 就称为当 $x \to x_0$（或 $x \to \infty$ ）时的无穷小量, 简称为无穷小.

例如, 因为 $\lim\limits_{x \to 1}(x-1) = 0$, 所以函数 $x-1$ 是当 $x \to 1$ 时的无穷小.

又如, 因为 $\lim\limits_{x \to \infty} \dfrac{1}{x} = 0$, 所以函数 $\dfrac{1}{x}$ 是当 $x \to \infty$ 时的无穷小.

但是 $\lim\limits_{x \to 0}(x-1) = -1$, $\lim\limits_{x \to 2} \dfrac{1}{x} = \dfrac{1}{2}$ 都不是无穷小.

【注意】

① 说一个函数 $f(x)$ 是无穷小, 必须指明自变量的变化趋势.

② 无穷小是一个极限为 0 的特殊函数, 而不是一个绝对值很小的数, 不要将无穷小与非常小的数混淆, 因为任一常数不可能任意的小, 除非是 0 函数.

③ 只有 "0" 可以唯一地看成是无穷小的常数, 因为 $\lim\limits_{\substack{x \to \infty \\ (x \to x_0)}} 0 = 0$.

④ 无穷小也可以区分为 $x \to -\infty$, $x \to +\infty$, $x \to x_0 - 0$, $x \to x_0 + 0$ 等多种情形.

例如, 因为 $\lim\limits_{x \to 2}(2x-4) = 2 \times 2 - 4 = 0$, 所以 $2x-4$ 当 $x \to 2$ 时为无穷小.

同理, $\lim\limits_{x \to \infty} \dfrac{\sin x}{x} = 0$, 所以 $\dfrac{\sin x}{x}$ 当 $x \to \infty$ 时为无穷小.

而 $\lim\limits_{x \to 0}(2x-4) = -4 \neq 0$, 所以 $2x-4$ 当 $x \to 0$ 时不是无穷小.

【定理2-3】函数极限与无穷小的关系

在自变量的同一变化过程 $x \to x_0$（或 $x \to \infty$ ）中, 具有极限的函数等于它的极限与一个无穷小之和; 反之, 如果函数可表示为常数与无穷小之和, 那么该常数就是这个函数的极限. 即: A 为 $f(x)$ 的极限 $\Leftrightarrow f(x) - A$ 为无穷小.

【定理2-4】有限个无穷小的和仍为无穷小

$\lim \alpha = 0, \lim \beta = 0 \Rightarrow \lim(\alpha + \beta) = 0$.

【定理 2-5】有界函数与无穷小的乘积仍为无穷小

即设函数 u 为有界函数，$\lim \alpha = 0 \Rightarrow \lim u\alpha = 0$.

【说明】函数 u 与 α 都表示函数 $u(x)$ 与 $\alpha(x)$，而不是常数，"$\lim$"下标没有标注自变量的变化过程，这说明对 $x \to x_0$ 及 $x \to \infty$ 均成立，但须同一过程.

【推论 2-1】常数与无穷小的乘积仍为无穷小

若 k 为常数，$\lim \alpha = 0 \Rightarrow \lim k\alpha = 0$.

【推论 2-2】有限个无穷小的乘积仍为无穷小

$\lim \alpha_1 = \lim \alpha_2 = \cdots = \lim \alpha_n = 0 \Rightarrow \lim(\alpha_1 \alpha_2 \cdots \alpha_n) = 0$.

【推论 2-3】有限个无穷小的代数和仍是无穷小

$\lim \alpha_1 = \lim \alpha_2 = \cdots = \lim \alpha_n = 0 \Rightarrow \lim(\alpha_1 + \alpha_2 + \cdots + \alpha_n) = 0$.

【注意】这里特别强调"有限个"，是因为无限个无穷小之和可能不是无穷小.

【验证实例 2-7】求 $\lim\limits_{x \to 0} x^3 \sin \dfrac{1}{x}$

解：因为 x^3 是当 $x \to 0$ 时的无穷小，而 $\sin \dfrac{1}{x}$ 是一个有界函数，所以 $\lim\limits_{x \to 0} x^3 \sin \dfrac{1}{x} = 0$.

2.1.2　无穷大

【定义 2-10】无穷大

如果当 $x \to x_0$（或 $x \to \infty$）时，函数 $f(x)$ 的绝对值无限增大，那么函数 $f(x)$ 叫作当 $x \to x_0$（或 $x \to \infty$）时的无穷大量，简称为无穷大.

例如，当 $x \to 0$ 时，$\dfrac{1}{x}$ 是一个无穷大．又如，当 $x \to \infty$ 时，$x^2 - 1$ 是一个无穷大.

【注意】

① 无穷大是一个函数，而不是一个绝对值很大的常数，一个无论多大的常数都不是无穷大.

② 说一个函数是一个无穷大，必须指明自变量的变化趋势.

③ 如果函数 $f(x)$ 当 $x \to x_0$（或 $x \to \infty$）时为无穷大，其实它的极限是不存在的，但为了便于描述函数的这种变化趋势，我们也说"函数的极限是无穷大"，并记作 $\lim\limits_{x \to x_0} f(x) = \infty$ 或 $\lim\limits_{x \to \infty} f(x) = \infty$.

2.1.3　无穷大与无穷小的关系

无穷大与无穷小有以下的简单联系.

在自变量的同一变化过程中，如果 $f(x)$ 为无穷大，则 $\dfrac{1}{f(x)}$ 是无穷小；反之，如果 $f(x)$ 为无穷小，且 $f(x) \neq 0$，则 $\dfrac{1}{f(x)}$ 是无穷大.

利用这个关系，可以求一些函数的极限.

【验证实例2-8】求 $\lim\limits_{x \to 1} \dfrac{x+1}{x-1}$

解：因为 $\lim\limits_{x \to 1} \dfrac{x-1}{x+1} = 0$，所以 $\lim\limits_{x \to 1} \dfrac{x+1}{x-1} = \infty$.

【验证实例2-9】求 $\lim\limits_{x \to \infty} \dfrac{x^3 - 2x + 3}{x^2 - 1}$

解：因为 $\lim\limits_{x \to \infty} \dfrac{x^2 - 1}{x^3 - 2x + 3} = \lim\limits_{x \to \infty} \dfrac{\dfrac{1}{x} - \dfrac{1}{x^3}}{1 - \dfrac{2}{x^2} + \dfrac{3}{x^3}} = 0$，所以 $\lim\limits_{x \to \infty} \dfrac{x^3 - 2x + 3}{x^2 - 1} = \infty$.

【知识2-2】极限的运算

2.2.1 极限的运算法则

根据极限的定义用观察的方法来得到极限，只有特别简单的情况下才有可能. 本节将介绍极限的四则运算法则，利用这些法则可以计算一些较为复杂的函数的极限.

【定理2-6】极限的运算法则

如果 $\lim\limits_{x \to x_0} f(x) = A$，$\lim\limits_{x \to x_0} g(x) = B$，那么

① $\lim\limits_{x \to x_0} [f(x) \pm g(x)] = \lim\limits_{x \to x_0} f(x) \pm \lim\limits_{x \to x_0} g(x) = A \pm B$.

② $\lim\limits_{x \to x_0} [f(x)g(x)] = \lim\limits_{x \to x_0} f(x) \cdot \lim\limits_{x \to x_0} g(x) = AB$.

③ $\lim\limits_{x \to x_0} \dfrac{f(x)}{g(x)} = \dfrac{\lim\limits_{x \to x_0} f(x)}{\lim\limits_{x \to x_0} g(x)} = \dfrac{A}{B} \quad (B \neq 0)$.

④ 如果 $\varphi(x) \geqslant \psi(x)$，且 $\lim \varphi(x) = a, \lim \psi(x) = b$，则 $a \geqslant b$.

上述法则对于 $x \to \infty$ 时情形也是成立的，而且法则①和②可以推广到有限个具有极限的函数的情形.

【验证实例2-10】求 $\lim\limits_{x \to 1} \left(\dfrac{x}{2} + 1 \right)$

解：$\lim\limits_{x \to 1} \left(\dfrac{x}{2} + 1 \right) = \lim\limits_{x \to 1} \dfrac{x}{2} + \lim\limits_{x \to 1} 1 = \dfrac{1}{2} \lim\limits_{x \to 1} x + 1 = \dfrac{1}{2} \times 1 + 1 = \dfrac{3}{2}$.

【推论 2-4】常数与函数乘积的极限

$$\lim_{x \to x_0} C \cdot f(x) = C \cdot \lim_{x \to x_0} f(x) = CA \quad (C \text{ 为常数}).$$

【推论 2-5】函数的 **n** 次方的极限

$$\lim[f(x)]^n = [\lim f(x)]^n \quad (n \text{ 为正整数}).$$

【推论 2-6】多项式在点 x_0 的极限

设 $f(x) = a_0 x^n + a_1 x^{n-1} + \cdots + a_{n-1} x + a_n$ 为多项式，则

$$\lim_{x \to x_0} f(x) = a_0 x_0^n + a_1 x_0^{n-1} + \cdots + a_{n-1} x_0 + a_n = f(x_0).$$

【推论 2-7】分子分母包含多项式的分式在点 x_0 的极限

设 $P(x), Q(x)$ 均为多项式，且 $Q(x_0) \neq 0$，则 $\lim\limits_{x \to x_0} \dfrac{P(x)}{Q(x)} = \dfrac{P(x_0)}{Q(x_0)}$.

【说明】若 $Q(x_0) = 0$，则不能用推论 2-7 来求极限，须采用其他手段.

例如，$\lim\limits_{x \to x_0}(ax + b) = \lim\limits_{x \to x_0} ax + \lim\limits_{x \to x_0} b = a \lim\limits_{x \to x_0} x + b = ax_0 + b$.

例如，$\lim\limits_{x \to x_0} x^n = [\lim\limits_{x \to x_0} x]^n = x_0^n$.

2.2.2 两个重要极限

本节将利用极限存在的两个准则得到两个重要极限.

1. $\lim\limits_{x \to 0} \dfrac{\sin x}{x} = 1$

【准则 2-1】

如果

a. 在点 x_0 的某一去心邻域 $\overset{\circ}{U}(x_0, \delta)$ 内，有 $g(x) \leqslant f(x) \leqslant h(x)$；

b. $\lim\limits_{x \to x_0} g(x) = \lim\limits_{x \to x_0} h(x) = A$.

那么 $\lim\limits_{x \to x_0} f(x)$ 存在，且等于 A.

扫描二维码，浏览电子活页 2-1，了解"利用准则 2-1 证明一个重要极限：$\lim\limits_{x \to 0} \dfrac{\sin x}{x} = 1$"

相关内容.

利用上述重要极限求有关函数的极限时要注意：

① 自变量必须趋于 0.

② 式中所有 x 系数必须一致.

电子活页 2-1

③ 式中的 x 也可以是函数.

【验证实例2-11】求极限 $\lim\limits_{x \to 0} \dfrac{\sin 2x}{x}$

解： $\lim\limits_{x \to 0} \dfrac{\sin 2x}{x} = \lim\limits_{x \to 0} \left(\dfrac{\sin 2x}{2x} \cdot 2 \right) = 2 \lim\limits_{x \to 0} \dfrac{\sin 2x}{2x}$,

设 $t = 2x$ ，当 $x \to 0$ 时， $t \to 0$ ，所以 $\lim\limits_{x \to 0} \dfrac{\sin 2x}{x} = 2 \lim\limits_{x \to 0} \dfrac{\sin 2x}{2x} = 2 \lim\limits_{t \to 0} \dfrac{\sin t}{t} = 2 \times 1 = 2$.

此极限也可以利用二倍角公式将其展开来求，即

$\lim\limits_{x \to 0} \dfrac{\sin 2x}{x} = \lim\limits_{x \to 0} \dfrac{2 \sin x \cos x}{x} = 2 \lim\limits_{x \to 0} \dfrac{\sin x}{x} \lim\limits_{x \to 0} \cos x = 2$.

2. $\lim\limits_{x \to \infty} \left(1 + \dfrac{1}{x} \right)^x = \mathrm{e}$

【准则2-2】单调有界数列必有极限.

利用准则2-2，可以证明另一个重要极限： $\lim\limits_{x \to \infty} \left(1 + \dfrac{1}{x} \right)^x = \mathrm{e}$.

这个 e 是无理数，它的值是 e = 2.718 281 828 459 045…．

做代换 $z = \dfrac{1}{x}$ ，当 $x \to \infty$ 时， $z \to 0$ ，于是上述极限又可写成 $\lim\limits_{z \to 0}(1+z)^{\frac{1}{z}} = \mathrm{e}$.

利用上面极限求有关函数的极限时要注意：
① 括号中的第一项必须化为 1.
② 括号内第一项与第二项之间必须用"+"连接.
③ 括号中的第二项与括号外的指数必须互为倒数.
④ 极限中的 x 也可以是函数，即当 $\lim\limits_{\phi(x) \to \infty} \left(1 + \dfrac{1}{\phi(x)} \right)^{\phi(x)} = \mathrm{e}$.
⑤ 重要极限 $\lim\limits_{x \to \infty} \left(1 + \dfrac{1}{x} \right)^x = \mathrm{e}$ 的变换形式为 $\lim\limits_{z \to 0}(1+z)^{\frac{1}{z}} = \mathrm{e}$.

【验证实例2-12】求极限 $\lim\limits_{x \to \infty}(1 - \dfrac{1}{x})^x$

解：令 $t = -x$ ，则当 $x \to \infty$ 时， $t \to \infty$ ，从而

$$\lim_{x \to \infty} \left(1 - \dfrac{1}{x} \right)^x = \lim_{t \to \infty} \left(1 + \dfrac{1}{t} \right)^{-t} = \lim_{t \to \infty} \left[\left(1 + \dfrac{1}{t} \right)^t \right]^{-1} = \dfrac{1}{\lim\limits_{t \to \infty}(1 + \dfrac{1}{t})^t} = \dfrac{1}{\mathrm{e}} .$$

2.2.3　无穷小的比较

我们已经知道，两个无穷小的和、差及积仍然是无穷小. 但是，关于两个无穷小的商，却会出现不同的情况，当 $x \to 0$ 时， x 、 $3x$ 、 x^2 、 $\sin x$ 都是无穷小，而

$$\lim_{x \to 0} \dfrac{x^2}{3x} = \lim_{x \to 0} \dfrac{x}{3} = 0 , \quad \lim_{x \to 0} \dfrac{3x}{x^2} = \lim_{x \to 0} \dfrac{3}{x} = \infty , \quad \lim_{x \to 0} \dfrac{\sin x}{3x} = \dfrac{1}{3} .$$

两个无穷小之比的极限的各种不同情况，反映了不同的无穷小趋向零的快慢程度．例如，从表 2-4 可以看出，当 $x \to 0$ 时，$x^2 \to 0$ 比 $3x \to 0$ 要"快些"，反过来，$3x \to 0$ 比 $x^2 \to 0$ 要"慢些"，而 $\sin x \to 0$ 与 $3x \to 0$ "快慢相近"．

表 2-4　无穷小的变化过程

x	1	0.1	0.01	0.001	→	0
$3x$	3	0.3	0.03	0.003	→	0
x^2	1	0.01	0.0001	0.000001	→	0
$\sin x$	0.8415	0.0998	0.0099998	0.0009999998	→	0

我们还可以发现，趋向零较快的无穷小（x^2）与趋向零较慢的无穷小（$3x$）之商的极限为 0；趋向零较慢的无穷小（$3x$）与趋向零较快的无穷小（x^2）之商的极限为 ∞；趋向零快慢相近的两个无穷小（$\sin x$ 与 $3x$）之商的极限为常数（不为零）．

下面就以两个无穷小之商的极限所出现的各种情况来说明两个无穷小的比较．

【定义 2-11】两个无穷小的比较

设 α 和 β 都是在同一个自变量的变化过程中的无穷小，又 $\lim \dfrac{\beta}{\alpha}$ 也是在这个变化过程中的极限．

① 如果 $\lim \dfrac{\beta}{\alpha} = 0$，就说 β 是比 α 高阶的无穷小，记作 $\beta = o(\alpha)$．

② 如果 $\lim \dfrac{\beta}{\alpha} = \infty$，就说 β 是比 α 低阶的无穷小．

③ 如果 $\lim \dfrac{\beta}{\alpha} = C \neq 0$，就说 β 与 α 是同阶无穷小．

④ 如果 $\lim \dfrac{\beta}{\alpha} = 1$，就说 β 与 α 是等价无穷小，记为 $\alpha \sim \beta$．

例如，在 $x \to 0$ 时，x^2 是比 $3x$ 高阶的无穷小，$3x$ 是比 x^2 低阶的无穷小，$\sin x$ 与 $3x$ 是同阶无穷小，$\sin x$ 与 x 是等价无穷小．

例如，当 $x \to 0$ 时，x^2 是比 x 高阶的无穷小，即 $x^2 = o(x)$；反之，x 是比 x^2 低阶的无穷小；x^2 与 $1 - \cos x$ 是同阶无穷小；x 与 $\sin x$ 是等价无穷小，即 $x \sim \sin x$．

【说明】

① 在无穷小的比较中，自变量的变化趋势必须一致，否则无法比较．

② 高阶无穷小不具有等价代换性，即 $x^2 = o(x)$，$x^2 = o(\sqrt{x})$，但 $o(x) \neq o(\sqrt{x})$，因为 $o()$ 不是一个量，而是高阶无穷小的记号．

③ 等价无穷小具有传递性：即 $\alpha \sim \beta$，$\beta \sim \gamma \Rightarrow \alpha \sim \gamma$．

④ 未必任意两个无穷小量都可进行比较，例如，当 $x \to 0$ 时，$x \sin \dfrac{1}{x}$ 与 x^2 既非同阶，

又无高低阶可比较，因为 $\lim\limits_{x \to 0} \dfrac{x \sin \dfrac{1}{x}}{x^2}$ 不存在．

当 $x \to 0$ 时，常用的等价无穷小有 $\sin x \sim x$，$\tan x \sim x$，$\arcsin x \sim x$，$\arctan x \sim x$，$\ln(1+x) \sim x$，$\mathrm{e}^x - 1 \sim x$，$a^x - 1 \sim x\ln a$（$a > 0$），$(1+x)^a - 1 \sim ax(a \neq 0)$，$\sqrt[n]{1+x} - 1 \sim \dfrac{1}{n}x$，$1 - \cos x \sim \dfrac{1}{2}x^2$.

【验证实例 2-13】比较当 $x \to 0$ 时，无穷小 $\dfrac{1}{1-x} - 1 - x$ 与 x^2 阶数的高低

解：因为 $\lim\limits_{x \to 0} \dfrac{\dfrac{1}{1-x} - 1 - x}{x^2} = \lim\limits_{x \to 0} \dfrac{1 - (1+x)(1-x)}{x^2(1-x)} = \lim\limits_{x \to 0} \dfrac{x^2}{x^2(1-x)} = 1$，

所以 $\dfrac{1}{1-x} - 1 - x \sim x^2$.

利用等价无穷小求极限有时要用到下面的定理.

【定理 2-7】等价无穷小求极限

> 如果 $\alpha \sim \alpha'$，$\beta \sim \beta'$，且 $\lim \dfrac{\beta'}{\alpha'}$ 存在，那么 $\lim \dfrac{\beta}{\alpha} = \lim \dfrac{\beta'}{\alpha'}$.

这是因为 $\lim \dfrac{\beta}{\alpha} = \lim \left(\dfrac{\beta}{\beta'} \cdot \dfrac{\beta'}{\alpha'} \cdot \dfrac{\alpha'}{\alpha} \right) = \lim \dfrac{\beta'}{\alpha'}$. 这个性质表明，求两个无穷小之比的极限，分子与分母都可用等价无穷小来代替. 因此，如果用来代替的无穷小选得适当的话，可以使计算简化.

【验证实例 2-14】求极限 $\lim\limits_{x \to 0} \dfrac{\tan 2x}{\sin 5x}$ 及 $\lim\limits_{x \to 0} \dfrac{\sin x}{x^3 + 3x}$

解：当 $x \to 0$ 时，$\tan 2x \sim 2x$，$\sin 5x \sim 5x$，所以 $\lim\limits_{x \to 0} \dfrac{\tan 2x}{\sin 5x} = \lim\limits_{x \to 0} \dfrac{2x}{5x} = \dfrac{2}{5}$.

当 $x \to 0$ 时，$\sin x \sim x$，所以 $\lim\limits_{x \to 0} \dfrac{\sin x}{x^3 + 3x} = \lim\limits_{x \to 0} \dfrac{x}{x^3 + 3x} = \lim\limits_{x \to 0} \dfrac{1}{x^2 + 3} = \dfrac{1}{3}$.

【注意】

用等价无穷小相互代替时，必须是整个分子或整个分母用一个等价无穷小进行代替，或是将分子、分母分解因式后用一个无穷小来代替其中的一个因式，切不可用等价无穷小分别代替代数和中的各项.

【知识 2-3】函数的连续性

自然界中有许多现象，例如，气温的变化、河水的流动、植物的生长，等等，都在连续地变化着. 这种现象在函数关系上的反映，就是函数的连续性. 下面我们先引入增量的概念，然后运用极限来定义函数的连续性.

2.3.1 函数连续性的判定

1. 函数的增量

设变量 x 从它的初值 x_1 变到终值 x_2，则终值 x_2 与初值 x_1 的差叫作自变量 x 的增量，记为 Δx，即 $\Delta x = x_2 - x_1$.

我们称 $x - x_0$ 为自变量 x 在点 x_0 的增量，记为 Δx ，即 $\Delta x = x - x_0$ 或 $x = x_0 + \Delta x$ ；$x \to x_0 \Leftrightarrow \Delta x \to 0$.

假定函数 $y = f(x)$ 在点 x_0 的某一邻域内有定义，当自变量 x 从 x_0 变到 $x_0 + \Delta x$ 时，函数 y 相应地从 $f(x_0)$ 变到 $f(x_0 + \Delta x)$ ，此时称 $f(x_0 + \Delta x)$ 与 $f(x_0)$ 的差为函数的增量，记为 Δy ，即 $\Delta y = f(x) - f(x_0) = f(x_0 + \Delta x) - f(x_0) = y - y_0$.

即 $f(x) = f(x_0) + \Delta y$ 或 $y = y_0 + \Delta y$ ，$f(x) \to f(x_0) \Leftrightarrow f(x_0 + \Delta x) - f(x_0) \to 0 \Leftrightarrow \Delta y \to 0$.

这个关系式的几何解析如图 2-9 所示.

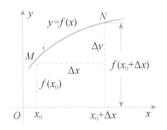

图 2-9　函数的增量的几何解析

【注意】Δ 是表示增量的一个记号，增量可以是正值，也可以是负值，还可以是零.

2. 函数在一点处的连续性

【定义 2-12】函数在一点处的连续性

设函数 $y = f(x)$ 在点 x_0 的某一邻域 $U(x_0, \delta)$ 内有定义，如果当自变量 x 在点 x_0 的增量 $\Delta x = x - x_0$ 趋于零时，对应的函数的增量 $\Delta y = f(x_0 + \Delta x) - f(x_0)$ 也趋于零，那么就称函数 $y = f(x)$ 在点 x_0 连续，用极限来表示，就是

$$\lim_{\Delta x \to 0} \Delta y = 0 \tag{2-1}$$

或 $\lim\limits_{\Delta x \to 0} [f(x_0 + \Delta x) - f(x_0)] = 0$.

上述定义 2-12 也可改用另一种方式来叙述：

设 $x = x_0 + \Delta x$ ，则 $\Delta x \to 0$ ，就是 $x \to x_0$ ；$\Delta y \to 0$ ，就是 $f(x) \to f(x_0)$ ，因此式（2-1）就是 $\lim\limits_{x \to x_0} f(x) = f(x_0)$.

所以，函数 $y = f(x)$ 在点 x_0 连续又可叙述如下.

【定义 2-13】函数在点 x_0 连续

设函数 $y = f(x)$ 在点 x_0 的某一邻域 $U(x_0, \delta)$ 内有定义，如果函数 $f(x)$ 当 $x \to x_0$ 时的极限存在，且等于它在点 x_0 处的函数值 $f(x_0)$ ，

$$即 \lim_{x \to x_0} f(x) = f(x_0) \tag{2-2}$$

那么称函数 $y = f(x)$ 在点 x_0 连续.

判断函数 $y = f(x)$ 在点 x_0 连续的条件也可以描述为：函数 $y = f(x)$ 在点 x_0 的左、右极限存在且相等，并等于其函数值.

连续性是函数的重要特性之一，在实际问题中普遍存在连续性问题，从图形上看，函数的图形连续不断.

【说明】

$f(x)$ 在 x_0 点连续，不仅要求 $f(x)$ 在点 x_0 有意义，即 $\lim\limits_{x \to x_0} f(x)$ 存在，而且要求 $\lim\limits_{x \to x_0} f(x) = f(x_0)$，即极限值等于函数值.

【定理 2-8】连续函数在点 x_0 既左连续，又右连续

$f(x)$ 在点 x_0 连续 $\Leftrightarrow$ $f(x)$ 在点 x_0 既左连续，又右连续.

例如，多项式函数在 $(-\infty, +\infty)$ 上是连续的，所以 $\lim\limits_{x \to x_0} f(x) = f(x_0)$，有理函数在分母不等于零的点是连续的，即在定义域内是连续的.

例如，不难证明 $y = \sin x$，$y = \cos x$ 在 $(-\infty, +\infty)$ 上是连续的.

【验证实例 2-15】证明 $f(x) = |x|$ 在点 $x = 0$ 连续

证：$\lim\limits_{x \to 0-0} |x| = \lim\limits_{x \to 0-0} (-x) = 0$，$\lim\limits_{x \to 0+0} |x| = \lim\limits_{x \to 0+0} x = 0$，又 $f(0) = 0$，所以由定理 2-8 $\Rightarrow f(x) = |x|$ 在点 $x = 0$ 连续，即 $\lim\limits_{x \to 0} |x| = 0 = f(0)$，所以 $f(x) = |x|$ 在点 $x = 0$ 连续.

【验证实例 2-16】讨论函数 $y = \begin{cases} x+2, & x \geqslant 0, \\ x-2, & x < 0 \end{cases}$ 在点 $x = 0$ 的连续性

解：$\lim\limits_{x \to 0-0} y = \lim\limits_{x \to 0-0} (x-2) = 0-2 = -2$，$\lim\limits_{x \to 0+0} y = \lim\limits_{x \to 0+0} (x+2) = 0+2 = 2$，因为 $-2 \neq 2$，所以该函数在点 $x = 0$ 不连续，又因为 $f(0) = 2$，所以为右连续函数.

3. 函数的间断点

通俗地说，若 $f(x)$ 在点 x_0 不连续，就称 x_0 为 $f(x)$ 的间断点，或不连续点. 为方便起见，在此要求 x_0 的任一邻域内均含有 $f(x)$ 的定义域中非 x_0 的点. 间断点有下列三种情形之一：

① $f(x)$ 在 $x = x_0$ 处没有定义.

② 虽然在 $x = x_0$ 处有定义，但 $\lim\limits_{x \to x_0} f(x)$ 不存在.

③ 虽然在 $x = x_0$ 处有定义，且 $\lim\limits_{x \to x_0} f(x)$ 存在，但 $\lim\limits_{x \to x_0} f(x) \neq f(x_0)$.

那么称函数 $f(x)$ 在点 x_0 不连续，而点 x_0 称为函数 $f(x)$ 的不连续点或间断点.

【注意】函数在点 x_0 连续必需满足三个条件：

① 在点 x_0 处有定义.

② 在点 x_0 处的极限存在.

③ 在点 x_0 处的极限值等于这点的函数值.

而当上述三个条件中有任意一条不满足时，即为函数在这点间断.

【验证实例2-17】求函数 $f(x) = \dfrac{x^2-1}{x-1}$ 的间断点

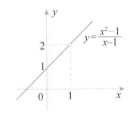

图 2-10　函数 $f(x) = \dfrac{x^2-1}{x-1}$ 的图形

解：由于函数 $f(x)$ 在点 $x=1$ 没有定义，故 $x=1$ 是函数的一个间断点，如图 2-10 所示.

例如，设 $f(x) = \dfrac{1}{x^2}$，当 $x \to 0$，$f(x) \to \infty$，即极限不存在，所以 $x=0$ 为函数 $f(x) = \dfrac{1}{x^2}$ 的间断点. 因为 $\lim\limits_{x \to 0} \dfrac{1}{x^2} = \infty$，所以 $x=0$ 为无穷间断点.

例如，$y = \sin\dfrac{1}{x}$ 在点 $x=0$ 无定义，且当 $x \to 0$ 时，函数值在 -1 与 $+1$ 之间无限次地振荡，而不超于某一定数，这种间断点称为振荡间断点.

例如，$y = \dfrac{\sin x}{x}$ 在点 $x=0$ 无定义，所以 $x=0$ 为其间断点，又 $\lim\limits_{x \to 0} \dfrac{\sin x}{x} = 1$，所以若补充定义 $f(0) = 1$，那么函数在点 $x=0$ 就连续了，故这种间断点称为可去间断点.

例如，验证实例 2-16 的函数在点 $x=0$ 不连续，但左、右极限均存在，且不等于 $f(0)$，这种间断点称为跳跃间断点. $x=0$ 是函数 $y = \operatorname{sgn} x$ 的跳跃间断点.

4. 常见的间断点类型

几种常见的间断点类型归纳如下：

① $\lim\limits_{x \to x_0} f(x) = \infty$，$x_0$ 为无穷间断点.

② $\lim\limits_{x \to x_0} f(x)$ 震荡不存在，x_0 为震荡间断点.

③ $\lim\limits_{x \to x_0} f(x) = A \neq f(x_0)$，$x_0$ 为可去间断点.

④ $\lim\limits_{x \to x_0 - 0} f(x) \neq \lim\limits_{x \to x_0 + 0} f(x)$，$x_0$ 为跳跃间断点.

如果 $f(x)$ 在间断点 x_0 处的左、右极限都存在，就称 x_0 为 $f(x)$ 的第一类间断点，显然它包含③④两种情况；否则就称为第二类间断点.

5. 函数在区间上的连续性

下面先说明函数的左连续与右连续的概念：

设函数 $f(x)$ 在区间 $(a, b]$ 内有定义，如果左极限 $\lim\limits_{x \to b-0} f(x)$ 存在且等于 $f(b)$，即

$\lim\limits_{x \to b-0} f(x) = f(b)$，那么称函数 $f(x)$ 在点 b 左连续；

设函数 $f(x)$ 在区间 $[a, b)$ 内有定义，如果右极限 $\lim\limits_{x \to a+0} f(x)$ 存在且等于 $f(a)$，即

$\lim\limits_{x \to a+0} f(x) = f(a)$，那么称函数 $f(x)$ 在点 a 右连续.

对于点 x_0 也可以改用另一种方式来叙述：

若 $\lim\limits_{x \to x_0-} f(x) = f(x_0 - 0) = f(x)$，就称 $f(x)$ 在点 x_0 左连续；

若 $\lim\limits_{x \to x_0+} f(x) = f(x_0 + 0) = f(x)$，就称 $f(x)$ 在点 x_0 右连续.

在区间 (a, b) 内每一点都连续的函数叫作该区间内的连续函数. 如果 $f(x)$ 在 $[a, b]$ 上有定义，在 (a, b) 内连续，且 $f(x)$ 在右端点 b 左连续，在左端点 a 右连续，即

$$\lim_{x \to b-0} f(x) = f(b)，\qquad \lim_{x \to a+0} f(x) = f(a)，$$

那么就称函数 $f(x)$ 在 $[a, b]$ 上连续.

【验证实例 2-18】讨论函数 $f(x) = \begin{cases} 1+x, & x \geq 1, \\ 2-x, & x < 1 \end{cases}$ 在点 $x=1$ 的连续性

解：函数 $f(x)$ 的定义域是 $(-\infty, +\infty)$，因为

$$\lim_{x \to 1+0} f(x) = \lim_{x \to 1+0} (1+x) = 2，$$

$$\lim_{x \to 1-0} f(x) = \lim_{x \to 1-0} (2-x) = 1，$$

左、右极限存在但不相等，所以 $\lim\limits_{x \to 1} f(x)$ 不存在，即函数 $f(x)$ 在点 $x=1$ 不连续.

【注意】求分段函数的极限时，函数的表达式必须与自变量所在的范围相对应.

2.3.2　初等函数的连续性及性质

1. 连续函数的运算

【定理 2-9】连续函数的四则运算法则

> 若 $f(x)$，$g(x)$ 均在点 x_0 连续，则 $f(x) \pm g(x)$，$f(x) \cdot g(x)$ 及 $\dfrac{f(x)}{g(x)}$ $(g(x_0) \neq 0)$ 都在点 x_0 连续，即有限个连续函数的和、积、商（假定除式不为零）仍是连续函数.

【定理 2-10】反函数的连续性

> 函数 $x = \varphi(y)$ 与它的反函数 $y = f(x)$ 在对应区间内有相同单调性，即如果 $y = f(x)$ 在区间 I_x 上单值、单调递增（递减）且连续，那么其反函数 $x = \varphi(y)$ 也在对应的区间 $I_y = \{y \mid y = f(x), x \in I_x\}$ 上单值、单调递增（递减）且连续.

例如，因为函数 $y = 2^x$ 在区间 $(-\infty, +\infty)$ 内单值、单调递增且连续，所以其反函数 $y = \log_2 x$ 在区间 $(0, +\infty)$ 内单值、单调递增且连续.

【定理 2-11】复合函数的极限

> 设 $u = \varphi(x)$ 当 $x \to x_0$ 时的极限存在且等于 a，即 $\lim\limits_{x \to x_0} \varphi(x) = a$，又设 $y = f(u)$ 在 $u = a$ 处连续，那么，当 $x \to x_0$ 时，复合函数 $y = f(\varphi(x))$ 的极限存在，且等于 $f(a)$，即 $\lim\limits_{x \to x_0} f(\varphi(x)) = f(a)$.

【定理 2-12】两个连续函数复合而成的复合函数仍是连续函数

> 设函数 $u = \varphi(x)$ 在点 $x = x_0$ 连续，且 $\varphi(x_0) = u_0$，函数 $y = f(u)$ 在点 u_0 连续，那么，复合函数 $y = f(\varphi(x))$ 在点 x_0 连续.

【说明】

可类似讨论 $x \to \infty$ 时的情形，定理 2-11、定理 2-12 说明 lim 与 f 的次序可交换.

例如，因为 $u = 2x$ 在 $x = \dfrac{\pi}{4}$ 处连续，$y = \sin u$ 在 $u = \dfrac{\pi}{2}$ 处连续，所以 $y = \sin 2x$ 在 $x = \dfrac{\pi}{4}$ 处连续.

例如，由于 $y = x^m$（m 为正整数）在 $[0, +\infty)$ 上严格单调且连续，由定理 2-10 可知，其反函数 $y = x^{\frac{1}{m}}$ 在 $[0, +\infty)$ 上也严格单调且连续.

进而，有理幂函数 $y = x^\alpha$（$\alpha = \dfrac{q}{p}$，$p \neq 0$，p，q 为正整数）在定义上是连续的.

【验证实例2-19】求 $\lim\limits_{x \to 0} \sqrt{2 - \dfrac{\sin x}{x}}$

解：因为 $\lim\limits_{x \to 0} \dfrac{\sin x}{x} = 1$，及 $\sqrt{2 - u}$ 在点 $u = 1$ 连续，故由定理2-11 可知，原式 $= \sqrt{2 - \lim\limits_{x \to 0} \dfrac{\sin x}{x}} = \sqrt{2 - 1} = 1$.

2. 初等函数的连续性

我们已知道 $y = \sin x$，$y = \cos x$，$y = \arcsin x$，$y = \arccos x$ 在其定义域内是连续的.

可证明指数函数 $y = a^x (a > 0, \ a \neq 1)$，在其定义域 $(-\infty, +\infty)$ 内是严格单调且连续的，进而有对数函数 $y = \log_a x (a > 0, \ a \neq 1)$ 在其定义域 $(0, +\infty)$ 内是连续的.

又 $y = x^\mu = a^{\mu \log_a x}$（$\mu$ 为常数），由定理可知，$y = x^\mu$ 在 $(0, +\infty)$ 内是连续的.

由此可知，基本初等函数在各自定义域内连续，再由连续函数的运算，我们得到下面的定理.

【定理2-13】初等函数的连续性

> 一切初等函数在其定义区间内都是连续的.

【说明】定义区间为包含在定义域内的区间.

初等函数的连续区间就是它的定义区间，分段函数在每一个分段区间内都是连续的，分段点可能是连续点也可能是它的间断点，需要定义考查.

连续函数的图形是一条连续不间断的曲线.

上述初等函数连续性的结论提供了求初等函数极限的一个方法：如果 $f(x)$ 是初等函数，且 x_0 是其定义区间内的点，则 $f(x)$ 在点 x_0 连续，因此有 $\lim\limits_{x \to x_0} f(x) = f(x_0)$.

例如，$x_0 = \dfrac{\pi}{2}$ 是初等函数 $\ln \sin x$ 的一个定义区间（$0, \pi$）内的点，所以

$$\lim_{x \to \frac{\pi}{2}} \ln \sin x = \ln \sin \frac{\pi}{2} = 0 .$$

前面我们是用极限来证明连续，现在可利用函数的连续来求极限.

例如，$\lim\limits_{x \to 1} e^{\sin(2 \arctan x)} = e^{\sin(2 \arctan 1)} = e$.

$$\lim_{x \to 0} \frac{\ln(1+x)}{x} = \lim_{x \to 0} \ln(1+x)^{\frac{1}{x}} = \ln \lim_{x \to 0}(1+x)^{\frac{1}{x}} = \ln e = 1.$$

$$\lim_{x \to a} \frac{\sin x - \sin a}{x - a} = \lim_{x \to a} \frac{2\sin\dfrac{x-a}{2}\cos\dfrac{x+a}{2}}{x-a} = \lim_{x \to a} \frac{\sin\dfrac{x-a}{2}}{\dfrac{x-a}{2}} \cdot \cos\dfrac{x+a}{2}$$

$$\xlongequal[t=\frac{x-a}{2}]{} \lim_{t \to 0} \frac{\sin t}{t} \cdot \cos(t+a) = \cos a.$$

3. 闭区间上连续函数的性质

（1）最大值和最小值性质

【定义 2-14】最大值和最小值性质

> 设函数 $f(x)$ 在区间 I 上有定义，如果存在 $x_0 \in I$，使得对于任何的 $x_0 \in I$，
>
> ① 都有 $f(x) \leqslant f(x_0)$，则称 $f(x_0)$ 是函数 $f(x)$ 在区间 I 上的最大值，称 x_0 为函数 $f(x)$ 的最大值点.
>
> ② 都有 $f(x) \geqslant f(x_0)$，则称 $f(x_0)$ 是函数 $f(x)$ 在区间 I 上的最小值，称 x_0 为函数 $f(x)$ 的最小值点.
>
> 函数的最大值与最小值统称为最值.

【定理 2-14】在闭区间上连续的函数一定有最大值与最小值

> 若函数 $f(x)$ 在闭区间 $[a, b]$ 上连续，则在 $[a, b]$ 上 $f(x)$ 必有最大值和最小值.

这就是说，如果函数 $f(x)$ 在闭区间 $[a, b]$ 上连续，如图 2-11 所示，那么在 $[a, b]$ 上至少有一点 $\xi_1 (a \leqslant \xi_1 \leqslant b)$，使得 $f(\xi_1)$ 为最大值，即 $f(\xi_1) \geqslant f(x) (a \leqslant x \leqslant b)$；

又至少有一点 $\xi_2 (a \leqslant \xi_2 \leqslant b)$，使得 $f(\xi_2)$ 为最小值，即 $f(\xi_2) \leqslant f(x) (a \leqslant x \leqslant b)$.

最值定理给出了函数有最大值及最小值的充分条件，定理中的两个条件（闭区间、连续函数）作为充分条件，缺一不可. 在开区间内，连续的函数不一定具有这一性质.

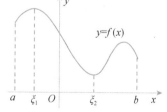

图 2-11 函数的最大值与最小值

例如，$y = x$ 在开区间 $(0, 1)$ 上连续，但是它在该区间内既无最大值，也无最小值. 在闭区间上有间断点的函数也未必有这一性质. 例如，函数

$$y = f(x) = \begin{cases} x+1, & -1 \leqslant x < 0, \\ 0, & x = 0, \\ x-1, & 0 < x \leqslant 1 \end{cases}$$

在闭区间 $[-1, 1]$ 上有定义，但是有间断点 $x = 0$，它在 $[-1, 1]$ 上既无最大值也无最小值，如图 2-12 所示.

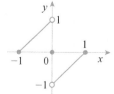

图 2-12 分段函数的图形

【推论2-8】有界性定理

函数 $f(x)$ 在闭区间上连续，则在该闭区间上必有界.

证：设函数 $f(x)$ 在 $[a, b]$ 上连续，由最值定理可知，存在 x_1，$x_2 \in [a, b]$ 使得对于一切的 $x \in [a, b]$，均有 $f(x_1) \leqslant f(x) \leqslant f(x_2)$，即 $f(x_1)$，$f(x_2)$ 分别是 $[a, b]$ 上 $f(x)$ 的最小值及最大值. 取 $M = \max\{|f(x_1)|, |f(x_2)|\}$，则对一切 $x \in [a, b]$，均有 $|f(x)| \leqslant M$. 因此函数 $f(x)$ 在 $[a, b]$ 上有界.

（2）介值性质

【定理2-15】介值定理

如果函数 $f(x)$ 在闭区间 $[a, b]$ 上连续，且 $f(a) \neq f(b)$，则对介于 $f(a)$ 与 $f(b)$ 之间的任何数 μ，在开区间 (a, b) 内至少存在一点 ξ，使得 $f(\xi) = \mu$ 成立 $(a < \xi < b)$.

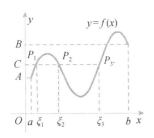

图 2-13　介值定理示意图

介值定理表明，在闭区间 $[a, b]$ 上的连续函数 $f(x)$，当 x 从 a 连续变到 b 时，要经过 $f(a)$ 与 $f(b)$ 之间的一切值，介值定理的几何意义是很明显的. 闭区间 $[a, b]$ 上的连续函数 $f(x)$ 的图形，是从点 $(a, f(a))$ 到点 $(b, f(b))$ 的中间无空隙的连续不断的曲线，如图2-13所示，所以直线 $y = \mu$（μ 介于 $f(a)$ 与 $f(b)$ 之间）至少与曲线 $y = f(x)$ 相交一次. 如果 $f(x)$ 在 $[a, b]$ 上是严格单调的，则仅相交一点.

如果函数在 $[a, b]$ 上有间断点，则介值定理的结论不成立. 例如，函数

$$y = f(x) = \begin{cases} x, & 0 \leqslant x < 1, \\ 2, & x = 1 \end{cases}$$

在闭区间 $[0, 1]$ 上有定义，点 $x = 1$ 是 $f(x)$ 的间断点，数 $\mu = 1.5$ 介于 $f(0) = 0$，$f(1) = 2$ 之间，但对于任意的 $x \in [0, 1]$，都有 $f(x) \neq 1.5$.

【推论2-9】连续的函数的取值范围

在闭区间上连续的函数，必能取得介于最大值与最小值之间的任何值.

证：设 x_1，x_2 分别是闭区间 $[a, b]$ 上连续函数 $f(x)$ 的最小值点和最大值点，即 $f(x_1)$ 为最小值，$f(x_2)$ 为最大值. 不妨设 $f(x_1) < f(x_2)$（$f(x_1) = f(x_2)$ 时结论显然成立），在以 x_1，x_2 为端点的闭区间上应用介值定理，即得此推论.

【定理2-16】零点定理

若函数 $f(x)$ 在闭区间 $[a, b]$ 上连续，且 $f(a)$ 与 $f(b)$ 异号，则在开区间 (a, b) 内至少有一点 ξ 使得 $f(\xi) = 0$ $(a < \xi < b)$.

零点定理的几何意义是：如果连续的曲线弧 $f(x)$ 的两个端点位于 x 轴的上、下两侧，那么这段曲线与 x 轴至少有一个交点 $(\xi, 0)$，即有 $f(\xi) = 0$，如图2-14所示.

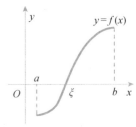

图 2-14　零点定理示意图

【说明】零点定理又叫根的存在定理，在实际问题中经常用来确定方程的根的范围.

【验证实例2-20】证明：方程 $x^3-5x^2+1=0$ 在区间 $(0,1)$ 内至少有一个根

证：因为函数 $f(x)=x^3-5x^2+1$ 是初等函数，所以在闭区间 $[0,1]$ 上连续，且 $f(0)=1>0$，$f(1)=-3<0$，由零点定理知，至少存在一点 $\xi\in(0,1)$ 使得 $f(\xi)=0$.

即 ξ 是方程 $x^3-5x^2+1=0$ 的一个根.

 问题解惑

【问题2-1】如果 $f(x_0)=A$，则 $\lim\limits_{x\to x_0}f(x)=A$ 一定成立吗？

不一定，根据函数极限的定义，函数在一点的极限值不一定等于函数在该点的函数值.

例如，函数 $f(x)=\dfrac{x^2-9}{x-3}$ 在点 $x=3$ 没有定义，但是 $\lim\limits_{x\to3}\dfrac{x^2-9}{x-3}=6$.

【问题2-2】无限个无穷小的"和"一定是无穷小吗？

有限个无穷小的代数和仍是无穷小，但无限个无穷小之和不一定是无穷小.

例如，当 $x\to\infty$ 时，$\dfrac{1}{x}$ 是无穷小，但 $\underbrace{\dfrac{1}{x}+\dfrac{1}{x}+\cdots+\dfrac{1}{x}}_{x\uparrow}$ 的值并不是无穷小，而是 1.

【问题2-3】如何求有理分式函数 $\dfrac{a_0x^n+a_1x^{n-1}+\cdots+a_n}{b_0x^m+b_1x^{m-1}+\cdots+b_m}$ 的极限？

设 $a_0\neq0$，$b_0\neq0$，m，n 为非负整数，当 $x\to\infty$ 时，

$$\lim_{x\to\infty}\frac{a_0x^n+a_1x^{n-1}+\cdots+a_n}{b_0x^m+b_1x^{m-1}+\cdots+b_m}=\lim_{x\to\infty}x^{n-m}\cdot\frac{a_0+\dfrac{a_1}{x}+\cdots+\dfrac{a_n}{x^n}}{b_0+\dfrac{b_1}{x}+\cdots+\dfrac{b_m}{x^m}}$$

$$=\begin{cases}1\cdot\dfrac{a_0+0+\cdots+0}{b_0+0+\cdots+0}, & \text{当}n=m\text{时,}\\[2mm]0\cdot\dfrac{a_0+0+\cdots+0}{b_0+0+\cdots+0}, & \text{当}n<m\text{时,}\\[2mm]\infty\cdot\dfrac{a_0+0+\cdots+0}{b_0+0+\cdots+0}, & \text{当}n>m\text{时,}\end{cases}=\begin{cases}\dfrac{a_0}{b_0}, & n=m,\\[2mm]0, & n<m,\\[2mm]\infty, & n>m.\end{cases}$$

【问题2-4】极限 $\lim\limits_{x\to\infty}\dfrac{\sin x}{x}$ 也等于 1 吗？

重要极限 $\lim\limits_{x\to0}\dfrac{\sin x}{x}=1$，这里的 $x\to0$. 而求极限 $\lim\limits_{x\to\infty}\dfrac{\sin x}{x}$ 时，由于 $x\to\infty$，所以不能套用重要极限公式. 由于 $x\to\infty$ 时，$\dfrac{1}{x}\to0$，即 $\dfrac{1}{x}$ 为无穷小，而 $|\sin x|\leqslant1$，即为有界函数，

根据无穷小的性质：有界函数与无穷小的乘积仍为无穷小，所以 $\lim\limits_{x\to\infty}\dfrac{\sin x}{x}=0$，而不是 1.

 方法探析

【方法2-1】求函数极限的方法

【方法2-1-1】利用函数的左、右极限求函数极限的方法

【方法实例2-1】

设 $f(x)=\begin{cases}1, & x\geq 0,\\ 2x+1, & x<0,\end{cases}$ 求 $\lim\limits_{x\to 0}f(x)$.

解：

显然 $\lim\limits_{x\to 0+0}f(x)=\lim\limits_{x\to 0+0}1=1$，$\lim\limits_{x\to 0-0}f(x)=\lim\limits_{x\to 0-0}(2x+1)=1$.

因为 $\lim\limits_{x\to 0+0}f(x)=\lim\limits_{x\to 0-0}f(x)=1$，所以 $\lim\limits_{x\to 0}f(x)=1$.

【方法实例2-2】

讨论函数 $f(x)=\begin{cases}x-1, & x<0,\\ 0, & x=0,\\ x+1, & x>0\end{cases}$ 当 $x\to 0$ 时的

极限.

解：观察图 2-15 可知，

$f(0-0)=\lim\limits_{x\to 0-0}f(x)=\lim\limits_{x\to 0-0}(x-1)=-1$，

$f(0+0)=\lim\limits_{x\to 0+0}f(x)=\lim\limits_{x\to 0+0}(x+1)=1$.

因此，当 $x\to 0$ 时，$f(x)$ 的左、右极限存在但
不相等，所以极限 $\lim\limits_{x\to 0}f(x)$ 不存在.

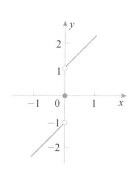

图 2-15　方法实例 2-2 分段函数的图形

【方法2-1-2】利用有界函数与无穷小的乘积仍为无穷小的方法

【方法实例2-3】

求 $\lim\limits_{x\to\infty}\dfrac{\cos x}{x^3}$.

解：$\lim\limits_{x\to\infty}\dfrac{\cos x}{x^3}=0$.

【方法2-1-3】将极限点直接代入函数表达式中求函数极限的方法

【方法实例2-4】

求 $\lim\limits_{x\to 1}(x^2-5x+10)$.

解：$\lim\limits_{x\to 1}(x^2-5x+10)=1^2-5\times 1+10=6$.

【方法实例 **2-5**】

求 $\lim\limits_{x \to 0} \dfrac{x^3 + 7x - 9}{x^5 - x + 3}$.

解：$\lim\limits_{x \to 0} \dfrac{x^3 + 7x - 9}{x^5 - x + 3} = \dfrac{0^3 + 7 \times 0 - 9}{0^5 - 0 + 3} = -3$ （因为 $0^5 - 0 + 3 \neq 0$）.

【方法 2-1-4】利用无穷大与无穷小的关系求函数极限的方法

【方法实例 **2-6**】

求 $\lim\limits_{x \to 2} \dfrac{x^2}{x - 2}$.

解：当 $x \to 2$ 时，$x - 2 \to 0$，故不能直接用定理.

又 $x^2 \to 4$，考虑 $\lim\limits_{x \to 2} \dfrac{x - 2}{x^2} = \dfrac{2 - 2}{4} = 0$，所以 $\lim\limits_{x \to 2} \dfrac{x^2}{x - 2} = \infty$.

【方法 2-1-5】将分子分母同时除以自变量的最高次幂法求函数极限的方法

【方法实例 **2-7**】

求 $\lim\limits_{x \to \infty} \dfrac{2x^3 - x^2 - 1}{5x^3 + x + 1}$.

解：

$$
\lim_{x \to \infty} \frac{2x^3 - x^2 - 1}{5x^3 + x + 1} = \lim_{x \to \infty} \frac{2 - \dfrac{1}{x} - \dfrac{1}{x^3}}{5 + \dfrac{1}{x^2} + \dfrac{1}{x^3}} = \frac{\lim\limits_{x \to \infty} \left(2 - \dfrac{1}{x} - \dfrac{1}{x^3} \right)}{\lim\limits_{x \to \infty} \left(5 + \dfrac{1}{x^2} + \dfrac{1}{x^3} \right)} =
$$

$$
\frac{\lim\limits_{x \to \infty} 2 - \lim\limits_{x \to \infty} \dfrac{1}{x} - \lim\limits_{x \to \infty} \dfrac{1}{x^3}}{\lim\limits_{x \to \infty} 5 + \lim\limits_{x \to \infty} \dfrac{1}{x^2} + \lim\limits_{x \to \infty} \dfrac{1}{x^3}} = \frac{2 - 0 - 0}{5 + 0 + 0} = \frac{2}{5}
$$

【注意】在求极限时，有时分子分母的极限都是无穷大，当分子分母都是多项式时，可将分子分母同时除以自变量的最高次幂后，再按运算法则求其极限.

【方法 2-1-6】先计算数列的前 n 项和，然后进行化简求函数极限的方法

【方法实例 **2-8**】

求 $\lim\limits_{n \to \infty} \left(\dfrac{1}{n^2} + \dfrac{2}{n^2} + \cdots + \dfrac{n}{n^2} \right)$.

解：当 $n \to \infty$ 时，这是无穷多项相加，所以先应进行变形：

$$
\lim_{n \to \infty} \left(\frac{1}{n^2} + \frac{2}{n^2} + \cdots + \frac{n}{n^2} \right) = \lim_{n \to \infty} \frac{1}{n^2} (1 + 2 + \cdots + n)
$$

$$
= \lim_{n \to \infty} \frac{1}{n^2} \cdot \frac{n(n+1)}{2} = \lim_{n \to \infty} \frac{n+1}{2n} = \lim_{n \to \infty} \frac{1 + \dfrac{1}{n}}{2} = \frac{1}{2} .
$$

【方法 2-1-7】将多项式分解因式后，分子分母约去公因式求函数极限的方法

【方法实例2-9】

求 $\lim\limits_{x \to 3} \dfrac{x^2-9}{x-3}$.

解： $\lim\limits_{x \to 3} \dfrac{x^2-9}{x-3} = \lim\limits_{x \to 3} \dfrac{(x+3)(x-3)}{x-3} = \lim\limits_{x \to 3}(x+3) = \lim\limits_{x \to 3} x + \lim\limits_{x \to 3} 3 = 3+3=6$.

【注意】在求极限时，有时分子分母的极限都是零，当分子分母都是多项式时，可将其进行因式分解，约去极限为零的因式后再按运算法则求出其极限.

【方法实例 2-10】

求 $\lim\limits_{x \to 1} \dfrac{x^2+x-2}{2x^2+x-3}$.

解：当 $x \to 1$ 时，分子分母均趋于 0，因为 $x \neq 1$，约去公因子 $(x-1)$，

所以 $\lim\limits_{x \to 1} \dfrac{x^2+x-2}{2x^2+x-3} = \lim\limits_{x \to 1} \dfrac{(x+2)(x-1)}{(2x+3)(x-1)} = \lim\limits_{x \to 1} \dfrac{x+2}{2x+3} = \dfrac{3}{5}$.

【方法 2-1-8】将分式通分后，分子分母先分解因式，后约去公因式求函数极限的方法

【方法实例2-11】

求 $\lim\limits_{x \to -1}(\dfrac{1}{x+1} - \dfrac{3}{x^3+1})$.

解：当 $x \to -1$ 时， $\dfrac{1}{x+1}$， $\dfrac{3}{x^3+1}$ 都没有极限，故不能直接用定理求解，但当 $x \neq -1$ 时，

$\dfrac{1}{x+1} - \dfrac{3}{x^3+1} = \dfrac{(x+1)(x-2)}{(x+1)(x^2-x+1)} = \dfrac{x-2}{x^2-x+1}$ ，

所以 $\lim\limits_{x \to -1}(\dfrac{1}{x+1} - \dfrac{3}{x^3+1}) = \lim\limits_{x \to -1} \dfrac{x-2}{x^2-x+1} = \dfrac{-1-2}{(-1)^2-(-1)+1} = -1$.

【方法 2-1-9】函数的分子分母同乘一个公因式求函数极限的方法

【方法实例2-12】

求 $\lim\limits_{x \to 0} \dfrac{\sqrt{x+1}-1}{x}$.

解：

$\lim\limits_{x \to 0} \dfrac{\sqrt{x+1}-1}{x} = \lim\limits_{x \to 0} \dfrac{(\sqrt{x+1}-1)(\sqrt{x+1}+1)}{x(\sqrt{x+1}+1)} = \lim\limits_{x \to 0} \dfrac{(x+1)-1}{x(\sqrt{x+1}+1)}$

$= \lim\limits_{x \to 0} \dfrac{x}{x(\sqrt{x+1}+1)} = \lim\limits_{x \to 0} \dfrac{1}{\sqrt{x+1}+1} = \lim\limits_{x \to 0} \dfrac{1}{\sqrt{0+1}+1} = \dfrac{1}{2}$.

【方法 2-1-10】利用三角函数公式进行恒等变形后将分子分母约去公因式求

函数极限的方法

【方法实例 2-13】

求 $\lim\limits_{x\to 0}\dfrac{\sin 2x}{\sin x}$.

解：$\lim\limits_{x\to 0}\dfrac{\sin 2x}{\sin x}=\lim\limits_{x\to 0}\dfrac{2\sin x\cos x}{\sin x}=\lim\limits_{x\to 0}2\cos x=2$.

【方法实例 2-14】

求 $\lim\limits_{x\to 0}\dfrac{\tan 2x}{\cos(x-\dfrac{\pi}{2})}$.

解：$\lim\limits_{x\to 0}\dfrac{\tan 2x}{\cos(x-\dfrac{\pi}{2})}=\lim\limits_{x\to 0}\dfrac{\dfrac{\sin x}{\cos x}}{\sin x}=\lim\limits_{x\to 0}\dfrac{\sin x}{\cos x}\times\dfrac{1}{\sin x}=\lim\limits_{x\to 0}\dfrac{1}{\cos x}=1$.

【方法 2-1-11】利用两个重要极限求解规则求极限的方法

【方法实例 2-15】

求极限 $\lim\limits_{x\to 0}\dfrac{\tan x}{x}$.

解：$\lim\limits_{x\to 0}\dfrac{\tan x}{x}=\lim\limits_{x\to 0}\left(\dfrac{\sin x}{x}\cdot\dfrac{1}{\cos x}\right)=\lim\limits_{x\to 0}\dfrac{\sin x}{x}\cdot\lim\limits_{x\to 0}\dfrac{1}{\cos x}=1\times 1=1$.

【方法实例 2-16】

求极限 $\lim\limits_{x\to 0}\dfrac{1-\cos x}{x^2}$.

解：$\lim\limits_{x\to 0}\dfrac{1-\cos x}{x^2}=\lim\limits_{x\to 0}\dfrac{2\sin^2\dfrac{x}{2}}{x^2}=\lim\limits_{x\to 0}\dfrac{1}{2}\dfrac{(\sin\dfrac{x}{2})^2}{\left(\dfrac{x}{2}\right)^2}=\dfrac{1}{2}$.

【方法实例 2-17】

求极限 $\lim\limits_{x\to 0}(1+2x)^{\frac{1}{x}}$.

解：令 $t=2x$，当 $x\to 0$ 时，$t\to 0$，

所以 $\lim\limits_{x\to 0}(1+2x)^{\frac{1}{x}}=\lim\limits_{t\to 0}(1+t)^{\frac{2}{t}}=\lim\limits_{t\to 0}[(1+t)^{\frac{1}{t}}]^2=\mathrm{e}^2$.

【方法实例 2-18】

求极限 $\lim\limits_{x\to\infty}\left(\dfrac{x}{1+x}\right)^{2x}$.

解：$\lim\limits_{x\to\infty}\left(\dfrac{x}{1+x}\right)^{2x}=\lim\limits_{x\to\infty}\left(\dfrac{1+x}{x}\right)^{-2x}=\lim\limits_{x\to\infty}\left[\left(1+\dfrac{1}{x}\right)^x\right]^{-2}=\left[\lim\limits_{x\to\infty}\left(1+\dfrac{1}{x}\right)^x\right]^{-2}=\mathrm{e}^{-2}$.

【方法 2-1-12】利用等阶无穷小规则求极限的方法

【方法实例 2-19】

求 $\lim\limits_{x\to 0}\dfrac{1-\cos x}{\sin^2 x}$.

解：因为当 $x\to 0$ 时， $\sin x \sim x$ ，所以 $\lim\limits_{x\to 0}\dfrac{1-\cos x}{\sin^2 x}=\lim\limits_{x\to 0}\dfrac{1-\cos x}{x^2}=\dfrac{1}{2}$.

【方法实例 2-20】

求 $\lim\limits_{x\to 0}\dfrac{\arcsin 2x}{x^2+2x}$.

解：因为当 $x\to 0$ 时， $\arcsin 2x \sim 2x$ ，所以原式 $=\lim\limits_{x\to 0}\dfrac{2x}{x^2+2x}=\lim\limits_{x\to 0}\dfrac{2}{x+2}=\dfrac{2}{2}=1$.

【方法 2-2】判断函数的连续性与间断点的方法

【方法实例 2-21】

求函数 $f(x)=\begin{cases} x+1, & x>1, \\ 0, & x=1, \\ x-1, & x<1 \end{cases}$ 的间断点.

解：

分界点 $x=1$ 虽在函数的定义域内，但

$\lim\limits_{x\to 1+0}f(x)=\lim\limits_{x\to 1+0}(x+1)=2$ ，

$\lim\limits_{x\to 1-0}f(x)=\lim\limits_{x\to 1-0}(x-1)=0$ ，

$\lim\limits_{x\to 1+0}f(x)\neq\lim\limits_{x\to 1-0}f(x)$ ，

即极限 $\lim\limits_{x\to 1}f(x)$ 不存在，故 $x=1$ 是函数的一个间断点，如图 2-16 所示.

【方法实例 2-22】

求函数 $f(x)=\begin{cases} x+1, & x\neq 1, \\ 0, & x=1 \end{cases}$ 的间断点.

解：函数 $f(x)$ 在点 $x=1$ 处有定义，且 $\lim\limits_{x\to 1}f(x)=\lim\limits_{x\to 1}(x+1)=2$ ，但 $f(1)=0$ ，故 $\lim\limits_{x\to 1}f(x)\neq f(1)$ ，所以 $x=1$ 是函数 $f(x)$ 的一个间断点，如图 2-17 所示.

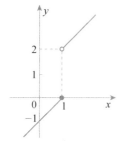

图 2-16　方法实例 2-21 的函数图形

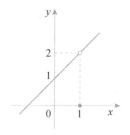

图 2-17　方法实例 2-22 函数图形

【方法2-3】判断方程在指定区间内是否存在根的方法

【方法实例2-23】

判断方程 $x^5 + 3x - 1 = 0$ 在区间 $(0，1)$ 内至少有一个根.

解：设 $f(x) = x^5 + 3x - 1$，它在 $[0，1]$ 上是连续的，并且在区间端点的函数值为

$$f(0) = -1 < 0，\quad f(1) = 3 > 0，$$

根据介值性质可知，在 $(0，1)$ 内至少有一点 ξ，使得

$$f(\xi) = 0，$$

即 $\xi^5 + 3\xi - 1 = 0 \, (0 < \xi < 1)$，

这说明方程 $x^5 + 3x - 1 = 0$ 在 $(0，1)$ 内至少有一个根 ξ.

自主训练

本模块的自主训练题包括基本训练和提升训练两个层次，未标注*的为基本训练题，标注*的为提升训练题.

【训练实例2-1】 观察并求出下列极限值

（1）$\lim\limits_{x \to \infty} \dfrac{1}{x^2}$　　　　（2）$\lim\limits_{x \to +\infty} \left(\dfrac{1}{10}\right)^x$　　　　（3）$\lim\limits_{x \to -\infty} 2^x$

（4）$\lim\limits_{n \to \infty} \dfrac{1}{2^n}$　　　　（5）$\lim\limits_{n \to \infty} \dfrac{n}{n+1}$　　　　（6）$\lim\limits_{x \to \frac{\pi}{4}} \tan x$

【提示】 观察图形的变化趋势，判断函数的极限值.

【训练实例2-2】 无穷小与无穷大

下列函数在自变量怎样变化时是无穷小，怎样变化时无穷大？

（1）$y = \dfrac{1}{x^3}$　　　　（2）$y = \dfrac{1}{x+1}$

（3）$y = \ln x$　　　　（4）$y = \cot x$

【训练实例2-3】 两个无穷小的比较

（1）当 $x \to 0$ 时，$2x - x^2$ 与 $x^2 - x^3$ 相比，哪一个是高阶无穷小？

（2）当 $x \to 1$ 时，无穷小 $1 - x$ 与 $1 - x^3$ 是否为同阶无穷小，是否为等价无穷小？

（3）当 $x \to 1$ 时，无穷小 $1 - x$ 与 $\dfrac{1}{2}(1 - x^2)$ 是否为同阶无穷小，是否为等价无穷小？

【训练实例2-4】 利用函数的左、右极限求函数极限

（1）讨论函数 $f(x) = \begin{cases} x^2 + 1, & x < 1, \\ 1, & x = 1, \\ -1, & x > 1 \end{cases}$ 当 $x \to 1$ 时的极限

（2）讨论函数 $y = \dfrac{x^2 - 1}{x + 1}$ 当 $x \to -1$ 时的极限

【训练实例2-5】有界函数与无穷小的乘积仍为无穷小

（1）求 $\lim\limits_{x\to 0} x^2\sin\dfrac{1}{x}$ 　　　　（2）求 $\lim\limits_{x\to\infty}\dfrac{\arctan x}{x}$

【训练实例2-6】利用极限的运算法则求函数极限

（1）求 $\lim\limits_{x\to 1}(x^2-4x+5)$ 　（2）求 $\lim\limits_{x\to 2}\dfrac{x+2}{x-1}$ 　（3）求 $\lim\limits_{x\to 0}\sqrt{x^2-2x+5}$

（4）求 $\lim\limits_{t\to -2}\dfrac{e^t-1}{t}$ 　＊（5）求 $\lim\limits_{x\to 0}\sin 2x\cdot\tan 3x$ 　＊（6）求 $\lim\limits_{x\to\frac{\pi}{4}}\dfrac{\sin 2x}{2\cos(\pi-x)}$

【训练实例2-7】利用无穷大与无穷小的关系求函数极限

（1）求 $\lim\limits_{x\to 1}\dfrac{x}{x-1}$ 　　　　（2）求 $\lim\limits_{x\to\infty}\dfrac{8x^3-1}{6x^2-5x+1}$

＊（3）求 $\lim\limits_{x\to 2}\dfrac{x^3+2x^2}{(x-2)^2}$ 　　＊（4）求 $\lim\limits_{x\to\infty}(2x^3-x+1)$

【训练实例2-8】将分子分母同时除以自变量的最高次幂法求函数极限

（1）求 $\lim\limits_{x\to\infty}\dfrac{2x^2+x+1}{x^2-5x+3}$ 　　（2）求 $\lim\limits_{x\to\infty}\dfrac{3x^2+1}{x^3+x+7}$

【训练实例2-9】先计算数列的前 n 项和，然后进行化简求函数极限

（1）求 $\lim\limits_{n\to\infty}\left(1+\dfrac{1}{2}+\dfrac{1}{4}+\cdots+\dfrac{1}{2^{n-1}}\right)$

【提示】等比数列求前 n 项和的公式为：$S_n=a_1\dfrac{1-q^n}{1-q}=\dfrac{1-\left(\frac{1}{2}\right)^n}{1-\frac{1}{2}}$.

（2）求 $\lim\limits_{n\to\infty}\dfrac{1+2+3+\cdots+(n-1)}{n^2}$

【提示】等差数列求前 n 项和的公式为：$S_n=n\times a_1+n(n-1)\dfrac{d}{2}=n\times 1+n(n-1)\times\left(\dfrac{1}{2}\right)$.

【训练实例2-10】将多项式分解因式后，分子分母约去公因式求函数极限

（1）求 $\lim\limits_{x\to 3}\dfrac{x^2+x-12}{x-3}$ 　　　（2）求 $\lim\limits_{x\to 4}\dfrac{x-4}{\sqrt{x}-2}$

【训练实例2-11】将分式通分后，分子分母先分解因式，后约去公因式求函数极限

（1）求 $\lim\limits_{x\to 1}\left(\dfrac{1}{1-x}-\dfrac{3}{1-x^3}\right)$

【提示】$1-x^3=(1-x)(1+x+x^2)$.

$\dfrac{1}{1-x}-\dfrac{3}{1-x^3}=\dfrac{1+x+x^2-3}{1-x^3}=\dfrac{x^2+x-2}{1-x^3}=\dfrac{(x-1)(x+2)}{(1-x)(1+x+x^2)}=-\dfrac{(x+2)}{(1+x+x^2)}$.

（2）求 $\lim\limits_{h\to 0}\left[\dfrac{1}{h(x+h)}-\dfrac{1}{hx}\right]$

【训练实例2-12】函数的分子分母同乘一个公因式求函数极限

（1）求 $\lim\limits_{x\to 0}\dfrac{\sqrt{x+1}-1}{x}$　　　　（2）求 $\lim\limits_{x\to 0}\dfrac{x^2}{1-\sqrt{1+x^2}}$　　　　*（3）求 $\lim\limits_{x\to 1}\dfrac{\sqrt{5x-4}-\sqrt{x}}{x-1}$

【训练实例2-13】利用三角函数公式进行恒等变形后将分子分母约去公因式求函数极限

（1）求 $\lim\limits_{x\to 0}\dfrac{1+\cos x}{\cos\dfrac{x}{2}}$　　　　*（2）求 $\lim\limits_{x\to 0}\dfrac{\tan x-\sin x}{\sin^3 x}$

【训练实例2-14】利用两个重要极限求解规则求极限的方法

（1）求 $\lim\limits_{x\to 0}\dfrac{\sin 2x}{\sin 5x}$　　　　（2）求 $\lim\limits_{x\to 0}\dfrac{\tan 3x}{2x}$

*（3）求 $\lim\limits_{x\to 0}\dfrac{x^2}{\sin^2\dfrac{x}{3}}$　　　　*（4）求 $\lim\limits_{x\to 0}\dfrac{1-\cos 2x}{x\sin x}$

*（5）求 $\lim\limits_{x\to\infty}2^x\sin\dfrac{1}{2^x}$　　　　（6）求 $\lim\limits_{x\to 0}(1-3x)^{\frac{1}{x}}$　　　　（7）求 $\lim\limits_{x\to\frac{\pi}{2}}(1+\cot x)^{3\tan x}$

*（8）求 $\lim\limits_{x\to\infty}(1+\dfrac{2}{x})^{3x}$　　　　*（9）求 $\lim\limits_{x\to\infty}\left(\dfrac{2x-1}{2x+1}\right)^{x+\frac{3}{2}}$

【训练实例2-15】利用等阶无穷小规则求极限的方法

【提示】 当 $x\to 0$ 时，常用的等价无穷小有：

$\sin x\sim x$，$\tan x\sim x$，$\arcsin x\sim x$，$\arctan x\sim x$，$\ln(1+x)\sim x$，$\mathrm{e}^x-1\sim x$，

$a^x-1\sim x\ln a$（$a>0$），$(1+x)^a-1\sim ax(a\neq 0)$，$\sqrt[n]{1+x}-1\sim\dfrac{1}{n}x$，$1-\cos x\sim\dfrac{1}{2}x^2$.

（1）求 $\lim\limits_{x\to 0}\dfrac{x}{\sqrt[4]{1+2x}-1}$

【提示】 $\sqrt[n]{1+x}-1\sim\dfrac{1}{n}x$，$\lim\limits_{x\to 0}\dfrac{x}{\sqrt[4]{1+2x}-1}=\lim\limits_{x\to 0}\dfrac{x}{\dfrac{2x}{4}}$

（2）求 $\lim\limits_{x\to 0-0}\dfrac{\sqrt{1-\cos 2x}}{\tan x}$

【提示】 $1-\cos x\sim\dfrac{1}{2}x^2$，$\tan x\sim x$

*（3）求 $\lim\limits_{x\to 0}\dfrac{\cos mx-\cos nx}{x^2}$ （m，$n\in\mathbf{N}$）

【提示】 $1-\cos x\sim\dfrac{1}{2}x^2$

*（4）求 $\lim\limits_{x\to 0}\dfrac{1-\cos x^2}{x^2\sin^2 x}$

【提示】$\sin x \sim x$，$1-\cos x \sim \dfrac{1}{2}x^2$

【训练实例2-16】讨论连续性与连续区间

（1）讨论函数 $f(x)=\begin{cases} x^2-1, & 0\leqslant x\leqslant 1, \\ x+3, & x>1 \end{cases}$ 在 $x=\dfrac{1}{2}$，$x=1$，$x=2$ 各点的连续性

（2）求函数 $f(x)=\dfrac{x^3+3x^2-x-3}{x^2+x-6}$ 的连续区间，并求极限 $\lim\limits_{x\to 0}f(x)$，$\lim\limits_{x\to 2}f(x)$ 及 $\lim\limits_{x\to 3}f(x)$

【训练实例2-17】求下列函数的间断点，并判定其类型

（1）$y=\dfrac{x}{x+2}$ 　　　　　　　（2）$y=\dfrac{x^2-1}{x^2-3x+2}$

（3）$y=\dfrac{1}{(x+2)^2}$ 　　　　　　（4）$y=\dfrac{x}{\sin x}$

【训练实例2-18】求出函数的最大值与最小值

（1）求出函数 $y=\cos x$ 在 $\left[0,\ \dfrac{3\pi}{2}\right]$ 上的最大值与最小值

（2）求出函数 $y=e^x$ 在 $[2,\ 4]$ 上的最大值与最小值

应用求解

【日常应用】

【应用实例2-1】应用求极限的方法求圆面积

【实例描述】

由【引导实例2-2】的分析可知，使用圆的内接正 n 边形的面积近似计算圆面积时，内接正 n 边形的边数越大，则正多边形的面积越接近于圆的面积．即当 n 无限增大时，内接正 3×2^n 边形的面积 A_n 会无限地趋于圆面积的实际大小 A．

半径为 R 的圆内接正 n 边形的面积为 $S(n)=\dfrac{1}{2}nR^2\sin\left(\dfrac{2\pi}{n}\right)$，周长 l 为 $l(n)=2nR\sin\left(\dfrac{\pi}{n}\right)$，试应用极限的方法求圆面积和圆周长．

【实例求解】

当 $n\to +\infty$ 时，$\dfrac{\pi}{n}\to 0$，$\dfrac{2\pi}{n}\to 0$，所以 $\sin\left(\dfrac{\pi}{n}\right)\sim\dfrac{\pi}{n}$，$\sin\left(\dfrac{2\pi}{n}\right)\sim\dfrac{2\pi}{n}$．

$$\lim_{n\to+\infty}\frac{1}{2}nR^2\sin\left(\frac{2\pi}{n}\right)=\lim_{n\to+\infty}\frac{1}{2}nR^2\frac{2\pi}{n}=\pi R^2,$$

即圆面积的计算公式为 πR^2.

$$\lim_{n\to+\infty}2nR\sin\left(\frac{\pi}{n}\right)=\lim_{n\to+\infty}2nR\frac{\pi}{n}=2\pi R,$$

即圆周长的计算公式为 $2\pi R$.

【应用实例2-2】探析影子长度的变化

【实例描述】

若一个人沿直线走向路灯正下方的那一点，如图 2-18 所示，探析其影子长度如何变化.

【实例求解】

设路灯的高度为 u，人的高度为 h，人离路灯正下方那一点的距离为 x，人的影子长度为 y. 由相似三角形对应边成正比例得：$\dfrac{h}{u}=\dfrac{y}{x+y}$.

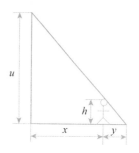

图 2-18 影子长度的变化示意图

于是 $y=\dfrac{h}{u-h}x$，其中 $\dfrac{h}{u-h}$ 为常数，当人越靠近目标，其影子长度越短.

当人越来越接近目标（$x\to0$）时，显然人影长度越来越短，即 y 逐渐趋于 0，即

$$\lim_{x\to0}\frac{h}{u-h}x=0.$$

【经济应用】

【应用实例2-3】求解产品利润中的极限问题

【实例描述】

已知东风轮胎公司生产 x 个汽车轮胎的成本函数为 $C(x)=300+\sqrt{1+10000x^2}$ 元，生产 x 个汽车轮胎的平均成本为 $\dfrac{C(x)}{x}$，当产量很大时，每个轮胎的成本大致接近多少元？

【实例求解】

当产量很大时，每个轮胎的成本大致为极限值 $\lim\limits_{n\to+\infty}\dfrac{C(x)}{x}$.

$$\lim_{n\to+\infty}\frac{C(x)}{x}=\lim_{n\to+\infty}\frac{300+\sqrt{1+10000x^2}}{x}=\lim_{n\to+\infty}\left(\frac{300}{x}+\sqrt{\frac{1}{x^2}+10000}\right)$$

$$=\lim_{n\to+\infty}\frac{300}{x}+\lim_{n\to+\infty}\sqrt{\frac{1}{x^2}+10000}=0+\sqrt{\lim_{n\to\infty}\frac{1}{x^2}+10000}=100.$$

【电类应用】

【应用实例2-4】求RC串联电路中电压的极限值

【实例描述】

在图 2-19 所示的 RC 串联电路中，已知在 $t=0$ 瞬间将开关 S 合上，电路接通直流电源，其电压为 U_S，电压开始对电容元件充电，电容 C 上的电压 U_C 逐渐升高，若 $U_S=20V$，电容 $C=0.5F$，电阻 $R=4.8\,\Omega$，$U_C(0)=0$，则电压 U_C 随时间 t 变化的规律为 $U_C=20\left(1-e^{-\frac{5}{12}t}\right)$，试求充电后 U_C 的极限值.

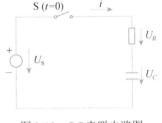

图 2-19　RC 串联电路图

【实例求解】

应用求极限的方法求解 RC 串联电路中电压的极限值：

$$\lim_{n\to+\infty} U_C = \lim_{n\to+\infty} 20\left(1-e^{-\frac{5}{12}t}\right) = \lim_{n\to+\infty} 20\left(1-\frac{1}{e^{\frac{5}{12}t}}\right) = 20.$$

【机类应用】

【应用实例2-5】求渐开线齿廓的极限

【实例描述】

以同一基圆上产生的两条相反的渐开线为齿轮的齿廓，即为渐开线齿轮，如图 2-20 所示.

当直线 AB 沿半径 r_b 的圆做纯滚动时，直线上任一点 K 的轨迹 DKE，称为该圆的渐开线. 该圆称为基圆，该直线称为发生线，如图 2-21 所示.

图 2-20　渐开线齿轮

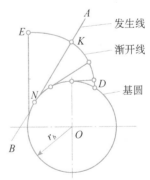

图 2-21　渐开线形成过程

由渐开线的形成可知，渐开线有以下性质：

① 发生线沿基圆滚过的线段长度等于基圆上被滚过的弧的长度，即 $KN=\overset{\frown}{DN}$.

② 渐开线上任意点 K 的法线与基圆相切，同理渐开线上各点的法线都与基圆相切.

③ 渐开线的形状决定于基圆大小. 同一基圆上的渐开线形状完全相同. 基圆越大, 渐开线越平直, 基圆半径越小, 渐开线越弯曲.

请运用极限的概念, 分析当基圆半径 $r_b \to +\infty$ 时的渐开线形状.

【实例求解】

对于如图 2-21 所示的渐开线, 当基圆半径 $r_b \to +\infty$ 时, 渐开线 $\overset{\frown}{KA_3}$ 便成为直线 KA_3, 且 $KA_3 \perp KB_3$, 如图 2-22 所示.

渐开线取极限时的齿轮形状是齿条, 如图 2-23 所示.

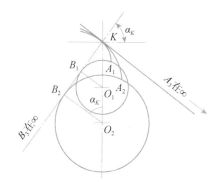

图 2-22 不同基圆大小的渐开线

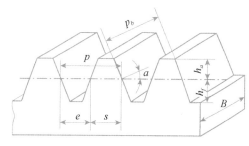

图 2-23 齿条外观

应用拓展

【应用实例 2-6】预测人口数量的变化趋势

【应用实例 2-7】预测游戏的销售量

【应用实例 2-9】求销售产品的利润增长额

【应用实例 2-10】求解电路的平均电流强度与瞬时电流强度

【应用实例 2-11】分析机械振动的连续性

扫描二维码, 浏览电子活页 2-2, 完成本模块拓展应用题的求解.

电子活页 2-2

模块小结

1. 基本知识

（1）函数极限的概念

① 当 $x \to \infty$ 时, 函数 $f(x)$ 的极限: 当 x 的绝对值无限增大时, 函数 $f(x)$ 无限趋于一个确定的常数 A, 则称 A 为函数 $f(x)$ 在 $x \to \infty$ 的极限, 记作 $\lim\limits_{x \to \infty} f(x) = A$.

$\lim\limits_{x \to \infty} f(x) = A$ 的充要条件: $\lim\limits_{x \to -\infty} f(x) = \lim\limits_{x \to +\infty} f(x) = A$.

② 当 $x \to x_0$ 时, 函数 $f(x)$ 的极限: 当 x 无限趋于 x_0 时, 函数 $f(x)$ 无限趋于一个确定的常数 A, 则称常数 A 为函数 $f(x)$ 在 $x \to x_0$ 的极限, 记作 $\lim\limits_{x \to \infty} f(x) = A$.

$\lim\limits_{x \to x_0} f(x) = A$ 充要条件： $\lim\limits_{x \to x_0-0} f(x) = \lim\limits_{x \to x_0+0} f(x) = A$.

（2）无穷小与无穷大

① 无穷小的概念：极限为零的变量，称为无穷小量，简称无穷小.

② 无穷大的概念：当 $x \to x_0$（或 $x \to \infty$）时函数 $f(x)$ 的绝对值无限增大，则称函数 $f(x)$ 为当 $x \to x_0$（或 $x \to \infty$）时的无穷大量，简称无穷大.

③ 无穷小与无穷大的关系：在自变量的同一变化过程中，若 $\lim f(x) = 0$，则 $\lim \dfrac{1}{f(x)} = \infty$.

（3）函数极限的四则运算

设 $\lim f(x) = A$，$\lim g(x) = B$（自变量的变化趋势为 x_0 或 ∞），则

① $\lim f(x) \pm g(x) = \lim f(x) \pm \lim g(x) = A \pm B$.

② $\lim\left[f(x) \cdot g(x) \right] = \lim f(x) \cdot \lim g(x) = A \cdot B$.

③ $\lim \dfrac{f(x)}{g(x)} = \dfrac{\lim f(x)}{\lim g(x)} = \dfrac{A}{B}(B \neq 0)$.

（4）两个重要极限

① 极限 $\lim\limits_{x \to 0} \dfrac{\sin x}{x} = 1$. ② 极限 $\lim\limits_{x \to \infty}\left(1 + \dfrac{1}{x}\right)^x = \mathrm{e}$.

（5）函数的连续性

① 设函数 $y = f(x)$ 在点 x_0 及其附近有定义，如果当自变量的增量趋于零时，函数的相应增量也趋于零，即 $\lim\limits_{\Delta x \to 0} \Delta y = \lim\limits_{\Delta x \to 0}\left[f(x + \Delta x) - f(x)\right] = 0$，则称函数 $y = f(x)$ 在点 x_0 连续；否则 $y = f(x)$ 在点 x_0 间断.

② 如果函数 $y = f(x)$ 在点 x_0 满足：

$y = f(x)$ 在点 x_0 有定义， $\lim\limits_{x \to x_0} f(x)$ 存在， $\lim\limits_{x \to x_0} f(x) = f(x_0)$，则函数 $y = f(x)$ 在点 x_0 连续.

若三个条件中任一条不满足，则函数 $y = f(x)$ 在点 x_0 间断.

（6）间断点的分类

① 第一类间断点： $\lim\limits_{x \to x_0^+} f(x)$， $\lim\limits_{x \to x_0^-} f(x)$ 都存在的间断点.

② 第二类间断点：不为第一类间断点的间断点.

（7）初等函数的连续性

一切初等函数在其定义区间内都是连续的.

（8）连续函数极限的运算方法

x_0 为初等函数 $f(x)$ 定义区间内的点 $\Rightarrow \lim\limits_{x \to x_0} f(x) = f(x_0)$.

2. 基本方法

求函数极限的常用方法有多种，在求解函数极限时，需要根据具体问题的特点选择合适的方法. 有时可能需要结合多种方法才能求出极限.

求函数极限基本方法的思维导图如图 2-24 所示.

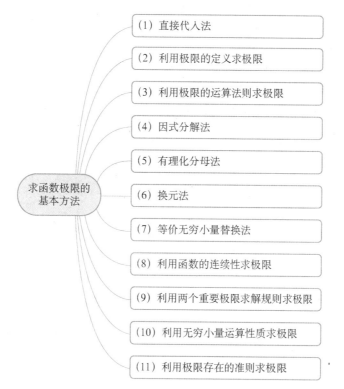

图 2-24 求函数极限基本方法的思维导图

本模块主要运用了以下几种方法求函数极限.

（1）直接代入法

如果函数在极限点处连续，那么可以直接将极限点代入函数表达式中求得极限.

（2）利用极限的定义求极限

对于某些复杂的极限，可能需要直接利用极限的定义（即 $\epsilon-\delta$ 定义）来证明极限的存在性和求值.

（3）利用极限的运算法则求极限

极限的运算法则包括极限的四则运算法则、复合函数的极限运算法则、幂指函数的极限运算法则等. 这些法则可以帮助我们简化计算过程.

（4）因式分解法

对于分式函数，如果分子或分母含有可以因式分解的项，那么可以通过因式分解来简化函数，从而更容易地求出极限.

（5）有理化分母法

对于含有根式的分式函数，可以通过有理化分母（即乘共轭式）来消除根式，从而简化函数表达式.

（6）换元法

通过适当的换元，将复杂的函数转化为简单的函数，从而更容易地求出极限.

（7）等价无穷小量替换法

当函数中的某些部分在极限过程中趋于无穷小量（即 $x \to 0$）时，可以使用等价无穷小量替换来简化计算. 例如, 当 $x \to 0$ 时, $\sin x \sim x$, $\tan x \sim x$, $e^x - 1 \sim x$ 等.

（8）利用函数的连续性求极限

如果函数在某点连续, 那么该点的极限值就等于函数在该点的函数值.

（9）利用两个重要极限求解规则求极限

利用已知的重要极限（$\lim\limits_{x \to 0} \dfrac{\sin x}{x} = 1$, $\lim\limits_{x \to \infty}\left(1 + \dfrac{1}{x}\right)^x = e$）来求解相关极限.

（10）利用无穷小量运算性质求极限

利用无穷小量的运算性质（例如, 有界函数与无穷小量的乘积仍为无穷小量等）来求极限.

（11）利用极限存在的准则求极限

利用极限存在的准则（例如, 单调有界准则、柯西收敛准则等）来判断极限是否存在, 并求出极限值.

模块 3 将会介绍运用洛必达法则（L'Hôpital's Rule）求函数极限.

当函数在极限点处为 $\dfrac{0}{0}$ 或 $\dfrac{\infty}{\infty}$ 型不定式时, 可以使用洛必达法则. 该法则指出, 如果函数 $f(x)$ 和 $g(x)$ 在极限点 a 处可导, 且 $g'(a) \neq 0$, 那么

$$\lim_{x \to a} \frac{f(x)}{g(x)} = \lim_{x \to a} \frac{f'(x)}{g'(x)}$$

注意：洛必达法则可以多次使用, 但必须确保每次使用后极限仍然存在.

以后的模块中还将会介绍以下求函数极限的方法.

（1）夹逼准则（Squeeze Theorem）

如果函数 $f(x)$, $g(x)$ 和 $h(x)$ 在极限点 a 的某个去心邻域内都有定义, 且满足 $g(x) \leqslant f(x) \leqslant h(x)$, 且 $\lim\limits_{x \to a} g(x) = \lim\limits_{x \to a} h(x) = L$, 那么 $\lim\limits_{x \to a} f(x) = L$.

（2）泰勒公式或级数展开

对于某些复杂的函数, 可以通过泰勒公式或级数展开式来近似表示函数, 从而更容易地求出极限.

 模块考核

扫描二维码, 浏览电子活页 2-3, 完成本模块的在线考核.

扫描二维码, 浏览电子活页 2-4, 查看本模块考核试题的答案.

电子活页 2-3

电子活页 2-4

模块 3　导数及其应用

在经济学、物理学、生物学、地质学、社会学、化学等诸多领域中，都有大量与变化率有关的量，它们都可以使用导数表示．例如，经济学中的边际成本、边际利润、产量的变化率、经济增长率等；物理学中的运动速度、加速度、线密度、温度的冷却速度等；生物学中的生长速率、传染病的传播速度等；地质学中的热传导速度等；社会学中的人口出生率、人口增长率、新闻的传播速度等；化学中的压缩系数等．这些实例都是导数在实际问题中的应用．导数的概念从实际问题中抽象出来，能反映函数相对于自变量的变化快慢程度，即函数对自变量的变化率．

教学导航

教学目标	（1）掌握导数的定义，左、右导数的概念，导数几何意义；会求曲线的切线方程；理解函数的可导性与连续性之间的关系 （2）掌握函数的和、差、积、商的求导法则，熟练掌握初等函数的求导公式 （3）掌握复合函数的求导法则，掌握反函数的导数法则 （4）掌握隐函数求导方法、对数求导方法及参数方程求导方法 （5）掌握高阶导数的运算法则，熟记一些常见函数的高阶导数公式 （6）理解并会用罗尔中值定理、拉格朗日中值定理，了解柯西中值定理 （7）掌握洛必达法则，并会求未定式的极限 （8）掌握用导数判断函数的单调性的方法，利用单调性证明不等式 （9）理解函数极值的概念，掌握求函数极值的方法，掌握函数最大值和最小值的求法及其简单应用 （10）理解函数凹凸与拐点的定义，会用导数判断函数图形的凹凸性和函数图形的拐点，会求水平渐近线和铅直渐近线
教学重点	（1）导数的定义，左、右导数的概念，函数的可导性与连续性之间的关系 （2）函数的和、差、积、商的求导法则，初等函数的求导公式 （3）复合函数的求导法则和反函数的导数法则 （3）隐函数导数、参数方程导数、对数求导法则、高阶导数的求导法则 （4）洛必达法则，未定式的极限 （5）判断函数的单调性、凹凸性 （6）求函数的极值和最值
教学难点	（1）导数的定义，计算分段函数导数 （2）复合函数的求导法则 （3）未定式的极限 （4）判断函数的单调性、凹凸性 （5）计算闭区间连续函数的最值

![图标] 价值引导

导数的研究起源于 17 世纪的两个科学问题：由光学透镜的设计及炮弹弹道轨迹的计算引起的有关曲线切线的研究；由力学的发展所涉及的质点变速运动的瞬时速度的计算．这两类问题所刻画的均是有关变化率的问题，即导数的本质．导数定义中蕴含着量变与质变关系，学习导数既要培养人文素养和辩证思维，也要培养科学态度和探索精神．

函数的几何图形就像山岭一样连绵起伏，通过图形可以明显看到极大值在山顶取得，极小值在山谷取得．低谷与高峰只是人生路上的一个转折点，生活中的"低谷"和"高峰"是暂时的，在遭遇挫折处于低谷的时候，我们不要悲观绝望，或许这是生活和事业的新起点．起起落落是成长的需要，要勇往直前不气馁，相信只要肯付出努力克服艰难险阻，就会有更壮美的风景在前方等着．

![图标] 引例导入

【引导实例 3-1】求变速直线运动的瞬时速度

【引例描述】

设一物体做变速直线运动，其运动方程为 $s = s(t)$（t 表示时刻），又设当 t 为 t_0 时刻时，位置在 $s = s(t_0)$ 处，求物体在 t_0 时刻的瞬时速度 $v(t_0)$．

【引例求解】

当物体做匀速直线运动时，它在任意时刻的速度 v 都等于物体经过的路程 s 与时间 t 的比值，即 $v = \dfrac{s}{t}$；而物体做变速直线运动时，它在不同时刻的速度是不同的，物理学中把物体在某一时刻的速度称为瞬时速度，而上式中的速度只能反映物体在某时段内的平均速度．

我们假定这个物体沿数轴的正方向前进，如图 3-1 所示．

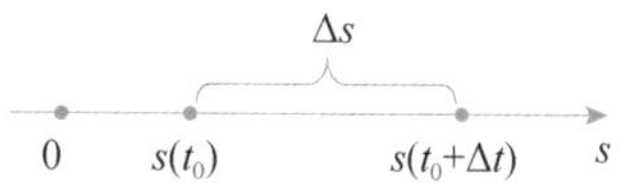

图 3-1 物体的变速直线运动

设当 $t = t_0$ 时，物体的位置为 $s(t_0)$，当 $t = t_0 + \Delta t$ 时，物体的位置为 $s(t_0 + \Delta t)$，物体在 Δt 的时间间隔内，所经过的路程是 $\Delta s = s(t_0 + \Delta t) - s(t_0)$．

在这段时间内，物体运动的平均速度为 $\bar{v} = \dfrac{\Delta s}{\Delta t} = \dfrac{s(t_0 + \Delta t) - s(t_0)}{\Delta t}$．

显然，Δt 越小，$\bar{v}$ 就越接近 t_0 时的瞬时速度 $v(t_0)$，即 Δt 无限趋于 0 时，$\bar{v}$ 无限趋于 $v(t_0)$，所以，若 $\lim\limits_{\Delta t \to 0} \dfrac{s(t_0 + \Delta t) - s(t_0)}{\Delta t}$ 存在，则此极限值即为物体在 t_0 时刻的瞬时速度 $v(t_0)$，即 $v(t_0) = \lim\limits_{\Delta t \to 0} \bar{v} = \lim\limits_{\Delta t \to 0} \dfrac{\Delta s}{\Delta t} = \lim\limits_{\Delta t \to 0} \dfrac{s(t_0 + \Delta t) - s(t_0)}{\Delta t}$．

就是说，物体运动的瞬时速度是路程函数的增量与时间的增量之比当时间的增量趋于零时的极限．

【引导实例3-2】求电路中的电流强度

【引例描述】

带电粒子（电子、离子等）的有序运动形成电流，通过某处的电荷量与所需时间之比称为电流强度，简称为电流．如果在电路闭合后的一段时间 t（秒）内，流过导线横截面的电荷量为 Q（库伦），求时刻 t_0 的电流强度．

【引例求解】

显然，电路中流过导线横截面的电荷量随时间 t 而定，是 t 的函数，即 $Q=Q(t)$．

所以从时刻 t_0 至 $t_0 + \Delta t$ 的一段时间内，流过导线横截面的电荷量为

$$\Delta Q = Q(t_0 + \Delta t) - Q(t_0) .$$

如果是恒定电流（直流），那么在同一时间内流过导线横截面的电荷量都相等，$\dfrac{\Delta Q}{\Delta t}$ 就是单位时间内流过导线横截面的电荷量，是一个常数，称为电流强度．如果电流不是恒定的，那么 $\dfrac{\Delta Q}{\Delta t}$ 称为在 Δt 这段时间内的平均电流强度，记为 $\bar{i}$，即

$$\bar{i} = \frac{\Delta Q}{\Delta t} = \frac{Q(t_0 + \Delta t) - Q(t_0)}{\Delta t} .$$

当 $\Delta t \to 0$ 时，$\bar{i}$ 的极限称为时刻 t_0 时的电流强度，记为 $i(t_0)$，即

$$i(t_0) = \lim_{\Delta t \to 0} \bar{i} = \lim_{\Delta t \to 0} \frac{\Delta Q}{\Delta t} = \lim_{\Delta t \to 0} \frac{Q(t_0 + \Delta t) - Q(t_0)}{\Delta t} .$$

也就是说，电路中的电流强度是电荷量函数的增量与时间的增量之比当时间的增量趋于零时的极限．

【引导实例3-3】求平面曲线的切线斜率

【引例描述】

设曲线 C 所对应的函数为 $y = f(x)$，求曲线 C 在点 $M(x_0,\ f(x_0))$ 处的切线的斜率．

【引例求解】

圆的切线可定义为"与曲线只有一个交点的直线"．但是对于其他曲线，用"与曲线只有一个交点的直线"作为切线的定义就不一定合适．实际上，包括圆在内的各种平面曲线的切线的严格定义为：设 M、N 是曲线 C 上的两点，过这两点做割线 MN，当点 N 沿曲线 C 无限接近于点 M 时，如果割线 MN 绕点 M 旋转而趋于极限位置 MT 时，则称直线 MT 为曲线 C 在点 M 处的切线，如图3-2所示．

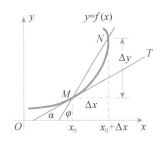

图3-2　平面曲线的切线

根据图3-2可知，曲线 C 的割线 MN 的斜率为

$$\tan\varphi = \frac{\Delta y}{\Delta x} = \frac{f(x_0 + \Delta x) - f(x_0)}{\Delta x} .$$

其中，φ 为割线 MN 的倾斜角.

显然，当点 N 沿曲线 C 趋于点 M 时，$\Delta x \to 0$，此时 $\varphi \to \alpha$，$\tan\varphi \to \tan\alpha$.

如果当 $\Delta x \to 0$ 时，割线的斜率 $\tan\varphi$ 的极限存在，则曲线 C 在点 $M(x_0, y_0)$ 处的切线斜率为

$$\tan\alpha = \lim_{\varphi \to \alpha} \tan\varphi = \lim_{\Delta x \to 0} \frac{\Delta y}{\Delta x} = \lim_{\Delta x \to 0} \frac{f(x_0 + \Delta x) - f(x_0)}{\Delta x}.$$

 概念认知

【概念 3-1】函数在点 x_0 处的导数

前面引例中所讨论的三个问题，虽然实际意义不同，但具有相同的数学表达形式：归结为求函数的增量与自变量的增量之比当自变量的增量趋于零时的极限，即

$$\lim_{x \to x_0} \frac{f(x) - f(x_0)}{x - x_0}.$$

其中，$x - x_0$ 为自变量 x 在 x_0 的增量，$f(x) - f(x_0)$ 为相应的因变量的增量，若该极限存在，我们称它为 $y = f(x)$ 在点 x_0 处的导数.

【定义 3-1】函数 $y = f(x)$ 在点 x_0 处的导数

设函数 $y = f(x)$ 在点 x_0 的某一邻域 $U(x_0, \delta)$ $(\delta > 0)$内有定义，且当自变量 x 在 x_0 处有增量 Δx（$x_0 + \Delta x$ 仍在该邻域中）时，相应的函数 y 也取得增量 Δy，即 $\Delta y = f(x_0 + \Delta x) - f(x_0)$，如果 Δy 与 Δx 之比当 $\Delta x \to 0$ 时的极限

$$\lim_{\Delta x \to 0} \frac{\Delta y}{\Delta x} = \lim_{\Delta x \to 0} \frac{f(x_0 + \Delta x) - f(x_0)}{\Delta x} = \lim_{x \to x_0} \frac{f(x) - f(x_0)}{x - x_0}$$

存在，那么称此极限值为函数 $y = f(x)$ 在点 x_0 处的导数，并且说，函数 $y = f(x)$ 在点 x_0 处可导，记为 $y'\big|_{x=x_0}$，$f'(x_0)$，$\dfrac{\mathrm{d}y}{\mathrm{d}x}\Big|_{x=x_0}$ 或 $\dfrac{\mathrm{d}f(x)}{\mathrm{d}x}\Big|_{x=x_0}$，

即 $f'(x_0) = y'\big|_{x=x_0} = \lim_{\Delta x \to 0} \dfrac{\Delta y}{\Delta x} = \lim_{\Delta x \to 0} \dfrac{f(x_0 + \Delta x) - f(x_0)}{\Delta x} = \lim_{x \to x_0} \dfrac{f(x) - f(x_0)}{x - x_0}$.

这时也称函数 $f(x)$ 在点 x_0 处可导，有时也说成 $f(x)$ 在点 x_0 处具有导数或导数存在.

【说明】

① 导数的常见形式还有：

$$f'(x_0) = \lim_{h \to 0} \frac{f(x_0 + h) - f(x_0)}{h};$$

$$f'(x_0) = \lim_{h \to 0} \frac{f(x_0) - f(x_0 - h)}{h}.$$

② 这里 $\dfrac{\mathrm{d}y}{\mathrm{d}x}\big|_{x=x_0}$ 与 $\dfrac{\mathrm{d}f(x)}{\mathrm{d}x}\big|_{x=x_0}$ 中的 $\dfrac{\mathrm{d}y}{\mathrm{d}x}$ 与 $\dfrac{\mathrm{d}f(x)}{\mathrm{d}x}$ 是一个整体记号，而不能视为分子 $\mathrm{d}y$ 或 $\mathrm{d}f(x)$ 与分母 $\mathrm{d}x$.

③ 在导数定义中，比值 $\dfrac{\Delta y}{\Delta x}$ 反映的是函数 $y = f(x)$ 在区间 $[x_0,\ x_0 + \Delta x]$ 的平均变化率.

导数 $f'(x_0) = \left.\dfrac{\mathrm{d}y}{\mathrm{d}x}\right|_{x=x_0}$ 则是函数 $y = f(x)$ 在点 x_0 处的变化率，它反映了函数随自变量的变化而变化的快慢程度.

④ 若 $\displaystyle\lim_{\Delta x \to 0} \dfrac{\Delta y}{\Delta x}$ 即 $\displaystyle\lim_{x \to x_0} \dfrac{f(x) - f(x_0)}{x - x_0}$ 存在，则称函数 $y = f(x)$ 在点 x_0 处可导. 若极限不存在，则称函数 $y = f(x)$ 在点 x_0 处不可导. 特别地，若 $\displaystyle\lim_{\Delta x \to 0} \dfrac{\Delta y}{\Delta x} = \infty$，也可称 $y = f(x)$ 在 $x = x_0$ 的导数为 ∞，因为此时 $y = f(x)$ 在点 x_0 处的切线存在，它是垂直于 x 轴的直线 $x = x_0$.

有了导数的概念，前面讨论的三个引例可以叙述为：

① 变速直线运动的速度 $v(t_0)$ 是路程 $s = s(t)$ 在 t_0 时刻的导数，即 $v(t_0) = s'(t_0)$.

② 电路中的电流强度 $i(t_0)$ 是电荷量 $Q = Q(t)$ 在 t_0 时刻的导数，即 $i(t_0) = Q'(t_0)$.

③ 曲线 C 在点 $M(x_0, f(x_0))$ 处的切线的斜率等于函数 $f(x)$ 在 x_0 处的导数，即

$$k_{切} = \tan\alpha = f'(x_0).$$

【概念 3-2】函数在点 x_0 处的左导数与右导数

若 x 从 x_0 的左侧趋于 x_0 时，极限 $\displaystyle\lim_{x \to x_0 - 0} \dfrac{f(x) - f(x_0)}{x - x_0}$ 存在，就称其值为 $f(x)$ 在点 $x = x_0$ 处的左导数，并记为 $f_-'(x_0)$，即

$$f_-'(x_0) = \lim_{h \to 0 - 0} \frac{f(x_0 + \Delta x) - f(x_0)}{\Delta x} = \lim_{x \to x_0 - 0} \frac{f(x) - f(x_0)}{x - x_0}.$$

若 x 从 x_0 的右侧趋于 x_0 时，极限 $\displaystyle\lim_{x \to x_0 + 0} \dfrac{f(x) - f(x_0)}{x - x_0}$ 存在，就称其值为 $f(x)$ 在点 $x = x_0$ 处的右导数，并记为 $f_+'(x_0)$，即

$$f_+'(x_0) = \lim_{\Delta x \to 0 + 0} \frac{f(x_0 + \Delta x) - f(x_0)}{\Delta x} = \lim_{x \to x_0 + 0} \frac{f(x) - f(x_0)}{x - x_0}.$$

函数在一点处的左导数、右导数与函数在该点处的导数间有如下关系.

【定理 3-1】函数 $f(x)$ 在点 $x = x_0$ 处可导的充分必要条件

> 函数 $f(x)$ 在点 $x = x_0$ 处的左导数和右导数均存在，且相等，即 $f_-'(x_0) = f_+'(x_0)$.

本定理经常被用于判定分段函数在分段点处是否可导.

【验证实例 3-1】讨论 $f(x) = |x|$ 在点 $x = 0$ 处的导数.

解：$f(x) = \begin{cases} x, & x \geqslant 0, \\ -x, & x < 0, \end{cases}\ f(0) = 0$，

$$f_+'(0) = \lim_{x \to 0 + 0} = \frac{f(x) - f(0)}{x - 0} = \lim_{x \to 0 + 0} \frac{x}{x} = 1,$$

$$f'_-(0) = \lim_{x \to 0-0} = \frac{f(x) - f(0)}{x - 0} = \lim_{x \to 0-0} \frac{-x}{x} = -1,$$

因为 $f(x)$ 的左导数为 -1，右导数为 1，所以 $f(x)$ 在点 $x = 0$ 处不可导.

【说明】

① 即使函数在某点左侧可导且右侧可导，也不能保证函数在该点可导.

② 左、右导数统称为单侧导数.

【概念 3-3】导函数的定义

【定义 3-2】导函数

> 如果函数 $f(x)$ 在开区间 (a, b) 内的每一点都可导，就称函数 $y = f(x)$ 在开区间 (a, b) 内可导. 这时，函数 $f(x)$ 对于开区间 (a, b) 内的每一个确定的 x 的值，都对应着一个确定的导数，这就构成了一个新的函数，这个函数叫作 $f(x)$ 的导函数，记作 y'，$f'(x)$，$\dfrac{dy}{dx}$ 或 $\dfrac{df(x)}{dx}$，即 $y' = f'(x) = \lim\limits_{\Delta x \to 0} \dfrac{\Delta y}{\Delta x} = \lim\limits_{\Delta x \to 0} \dfrac{f(x + \Delta x) - f(x)}{\Delta x}$.

【说明】

① 若函数 $f(x)$ 在开区间 (a, b) 内可导，且在点 $x = a$ 处右可导，在点 $x = b$ 处左可导，即 $f'_+(a)$ 和 $f'_-(b)$ 存在，就称 $f(x)$ 在闭区间 $[a, b]$ 上可导.

② 在不致发生混淆的情况下，导函数也简称为导数.

【验证实例 3-2】设 $f(0) = 0$，证明若 $\lim\limits_{x \to 0} \dfrac{f(x)}{x} = A$，那么 $A = f'(0)$

证：因为 $\dfrac{f(x) - f(0)}{x - 0} = \dfrac{f(x)}{x} \Rightarrow \lim\limits_{x \to 0} \dfrac{f(x) - f(0)}{x - 0} = A$，

所以 $A = f'(0)$.

知识疏理

【知识 3-1】导数的几何意义

1. 切线的斜率

由引导实例 3-3 及导数的定义可知，函数 $y = f(x)$ 在点 $x = x_0$ 处的导数 $f'(x_0)$ 在几何上表示该曲线 $y = f(x)$ 在点 $x = x_0$ 处的切线斜率 k，即 $k = f'(x_0)$ 或 $f'(x_0) = \tan\alpha$，式中 α 为切线的倾斜角.

2. 切线方程

根据导数的几何意义并应用直线的点斜式方程可知，曲线 $f(x)$ 在点 $M(x_0, y_0)$ 处的切线方程为 $y - y_0 = f'(x_0)(x - x_0)$.

3. 法线方程

过切点 $P(x_0, y_0)$，且与点 P 切线垂直的直线称为 $y = f(x)$ 在点 P 的法线. 如果 $f'(x_0) \neq 0$，

法线的斜率为 $-\dfrac{1}{f'(x_0)}$，此时，法线的方程为 $y-y_0=-\dfrac{1}{f'(x_0)}(x-x_0)$．

注意以下特殊情况：

① 若 $f'(x_0)=\infty$，即 $\alpha=\dfrac{\pi}{2}$ 或 $\alpha=-\dfrac{\pi}{2}$，则切线方程为 $x=x_0$，法线方程为 $y=y_0$．

② 若 $f'(x_0)=0$，即 $\alpha=0$ 或 $\alpha=\pi$，则切线方程为 $y=y_0$，法线方程为 $x=x_0$．

【验证实例3-3】求曲线 $f(x)=x^2$ 在点（2，4）处的切线方程和法线方程

解：由导数的几何意义可知，所求切线的斜率为

$$k_1=y'\big|_{x=2}=2x\big|_{x=2}=4,$$

故所求切线方程为 $y-4=4(x-2)$，即 $4x-y-4=0$．

所求法线的斜率为

$$k_2=-\dfrac{1}{k_1}=-\dfrac{1}{4},$$

法线方程为 $y-4=-\dfrac{1}{4}(x-2)$，即 $x+4y-18=0$．

【知识3-2】函数可导性与连续性的关系

可导性与连续性是函数的两个重要概念，它们之间有什么内在的联系呢？

【定理3-2】函数可导性与连续性的关系

> 如果函数 $y=f(x)$ 在点 x_0 处可导，则函数 $y=f(x)$ 在点 x_0 处必连续．

证：因为函数 $y=f(x)$ 在点 x_0 处可导，即极限 $\lim\limits_{\Delta x\to 0}\dfrac{\Delta y}{\Delta x}=f'(x_0)$ 存在，于是

$$\lim\limits_{\Delta x\to 0}\Delta y=\lim\limits_{\Delta x\to 0}\dfrac{\Delta y}{\Delta x}\Delta x=\lim\limits_{\Delta x\to 0}\dfrac{\Delta y}{\Delta x}\cdot\lim\limits_{\Delta x\to 0}\Delta x=f'(x_0)\cdot 0=0,$$

即函数 $y=f(x)$ 在点 x_0 处必连续．

【注意】上述定理的逆定理是不成立的，即如果函数 $y=f(x)$ 在点 x_0 处连续，则在该点不一定可导．

例如，$y=|x|$ 在点 $x=0$ 处连续，但不可导．

【验证实例3-4】讨论图 3-3 所示图形的函数 $y=\sqrt[3]{x}$ 在点 $x=0$ 处的可导性

解：函数 $y=\sqrt[3]{x}$ 在区间 $(-\infty,+\infty)$ 内连续，但在点 $x=0$ 处不可导．这是因为在点 $x=0$ 处，有

$$\lim\limits_{\Delta x\to 0}\dfrac{\Delta y}{\Delta x}=\lim\limits_{\Delta x\to 0}\dfrac{\sqrt[3]{0+\Delta x}-\sqrt[3]{0}}{\Delta x}=\lim\limits_{\Delta x\to 0}(\Delta x)^{-\frac{2}{3}}=\infty.$$

函数 $y=\sqrt[3]{x}$ 在点 $x=0$ 处的导数为无穷大，即极限不存在．这曲线 $y=\sqrt[3]{x}$ 在点 $x=0$ 处具有垂直于 x 轴的切线，如图 3-3 所示．

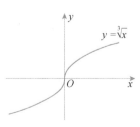

图 3-3　函数 $y=\sqrt[3]{x}$ 的图形

【知识3-3】应用导数的定义求基本初等函数的导数

应用导数的定义求导数时，一般分为三个步骤：

① 求函数值的改变增量，即 $\Delta y = f(x + \Delta x) - f(x)$．

② 计算两个改变量的比值，即 $\dfrac{\Delta y}{\Delta x} = \dfrac{f(x + \Delta x) - f(x)}{\Delta x}$．

③ 求极限，即 $y' = \lim\limits_{\Delta x \to 0} \dfrac{\Delta y}{\Delta x} = \lim\limits_{\Delta x \to 0} \dfrac{f(x + \Delta x) - f(x)}{\Delta x}$．

下面，利用以上三个步骤求一些基本初等函数的导数．

【验证实例3-5】已知函数 $f(x) = x^2$，求其在点 x_0 处的导数 $f'(x_0)$

解：

① 求增量：$\Delta y = f(x_0 + \Delta x) - f(x_0) = (x_0 + \Delta x)^2 - x_0^2 = 2x_0 \Delta x + (\Delta x)^2$．

② 算比值：$\dfrac{\Delta y}{\Delta x} = \dfrac{2x_0 \Delta x + (\Delta x)^2}{\Delta x} = 2x_0 + \Delta x$．

③ 求极限：$f'(x_0) = \lim\limits_{\Delta x \to 0} \dfrac{\Delta y}{\Delta x} = \lim\limits_{\Delta x \to 0} (2x_0 + \Delta x) = 2x_0$．

【验证实例3-6】求 $f(x) = C$（C 是常数）的导数

解：

① 求增量：在 $f(x) = C$ 中，不论 x 取何值，其函数值总为 C，$\Delta y = C - C = 0$．

② 算比值：$\dfrac{\Delta y}{\Delta x} = 0$．

③ 求极限：$f'(x) = \lim\limits_{\Delta x \to 0} \dfrac{\Delta y}{\Delta x} = \lim\limits_{\Delta x \to 0} 0 = 0$，即 $(C)' = 0$．

【说明】这里是指 $f(x) = C$ 在任一点的导数均为 0，即导函数为 0．

【知识3-4】基本初等函数的求导公式

前面根据导数的定义，求出了一些简单函数的导数，但是对于比较复杂的函数，直接根据定义来求其导数往往很困难．在本节里，我们将介绍一些基本初等函数的求导公式，利用这些公式，就能比较方便地求出常见初等函数的导数．

基本初等函数的求导数公式总结如表 3-1 所示．

表3-1　基本初等函数的求导数公式

函数类型	求导数公式
常数函数	（1）$(C)' = 0$
幂函数	（2）$(x^\mu)' = \mu x^{\mu - 1}$
指数函数	（3）$(\mathrm{e}^x)' = \mathrm{e}^x$
指数函数	（4）$(a^x)' = a^x \ln a$

续表

函数类型	求导数公式
对数函数	（5）$(\ln x)' = \dfrac{1}{x}$
	（6）$(\log_a x)' = \dfrac{1}{x \ln a}$
三角函数	（7）$(\sin x)' = \cos x$
	（8）$(\cos x)' = -\sin x$
	（9）$(\tan x)' = \sec^2 x = \dfrac{1}{\cos^2 x}$
	（10）$(\cot x)' = -\csc^2 x = -\dfrac{1}{\sin^2 x}$
	（11）$(\sec x)' = \sec x \cdot \tan x$
	（12）$(\csc x)' = -\csc x \cdot \cot x$
反三角函数	（13）$(\arcsin x)' = \dfrac{1}{\sqrt{1-x^2}}$
	（14）$(\arccos x)' = -\dfrac{1}{\sqrt{1-x^2}}$
	（15）$(\arctan x)' = \dfrac{1}{1+x^2}$
	（16）$(\operatorname{arccot} x)' = -\dfrac{1}{1+x^2}$

【知识3-5】导数的四则运算法则

【定理3-3】导数的四则运算法则

设函数 $u = u(x)$ 和 $v = v(x)$ 在点 x 处都可导，则它们的和、差、积、商（分母不为零）构成的函数在点 x 处也都可导，且有以下法则：

（1）和差法则：$(u \pm v)' = u' \pm v'$

（2）常数法则：$(Cu)' = Cu'$（C 是常数）

（3）乘法法则：$(uv)' = u'v + uv'$

（4）除法法则：$\left(\dfrac{u}{v}\right)' = \dfrac{u'v - uv'}{v^2}$

特别地，$\left[\dfrac{C}{v}\right]' = \dfrac{-Cv'}{v^2}$（$v(x) \neq 0$）.

【说明】

定理 3-3 中的（1）、（3）均可推广到有限多个函数运算的情形.

例如，设 $u = u(x)$ ， $v = v(x)$ ， $w = w(x)$ 均可导，则有

$$(u - v + w)' = u' - v' + w' ,$$

$$(uvw)' = u'vw + uv'w + uvw' .$$

定理 3-3 可利用导数的定义进行证明，扫描二维码，阅读电子活页 3-1，了解"证明函数积的求导公式 $(uv)' = u'v + uv'$ "的相关内容.

【验证实例 3-7】已知 $f(x) = x^3 - \dfrac{3}{x^2} + 2x - \ln x$ ，求 $f'(x)$

电子活页 3-1

解： $f'(x) = \left(x^3 - \dfrac{3}{x^2} + 2x - \ln x \right)' = (x^3)' - \left(\dfrac{3}{x^2} \right)' + (2x)' - (\ln x)'$

$\qquad = 3x^2 + \dfrac{6}{x^3} - \dfrac{1}{x} + 2$.

【验证实例 3-8】已知 $f(x) = \tan x$ ，求 $f'(x)$

解： $f'(x) = (\tan x)' = \left(\dfrac{\sin x}{\cos x} \right)' = \dfrac{(\sin x)' \cos x - \sin x (\cos x)'}{\cos^2 x}$

$\qquad = \dfrac{\cos x \cdot \cos x - \sin x (-\sin x)}{\cos^2 x} = \dfrac{1}{\cos^2 x} = \sec^2 x$.

即 $(\tan x)' = \sec^2 x$.

类似可得 $(\cot x)' = -\csc^2 x$ ， $(\sec x)' = \sec x \tan x$ ， $(\csc x)' = -\csc x \cot x$.

【知识 3-6】复合函数的求导法则（链式法则）

【验证实例 3-9】求函数 $y = \sin 2x$ 的导数

解：因为 $y = \sin 2x = 2 \sin x \cos x$ ，所以

$y' = (2 \sin x \cos x)' = 2[(\sin x)' \cos x + \sin x (\cos x)']$

$\quad = 2(\cos^2 x - \sin^2 x) = 2 \cos 2x$

由验证实例 3-9 的计算结果发现： $(\sin 2x)' \neq \cos 2x$ ，所以求函数 $y = \sin 2x$ 的导数不能直接应用基本的求导公式.

对于函数 $y = \sin 2x$ ，很显然它是复合函数，是由 $y = \sin u$ 和 $u = 2x$ 复合而成的.

而 $y = \sin u$ 的导数 $\dfrac{dy}{du} = \cos u$ ， $u = 2x$ 的导数 $\dfrac{du}{dx} = 2$.

显然函数 $y = \sin 2x$ 的导数 $\dfrac{dy}{dx} = \dfrac{dy}{du} \cdot \dfrac{du}{dx} = 2 \cos u = 2 \cos 2x$.

对于复合函数的求导问题，有如下定理.

【定理 3-4】复合函数的求导法则

设 $y = f(u)$ ，而 $u = \phi(x)$ ，若函数 $u = \phi(x)$ 在 x 处可导，而函数 $y = f(u)$ 在 u 处可导，则复合函数 $y = f[\phi(x)]$ 在 x 处可导，且有

$$\frac{\mathrm{d}y}{\mathrm{d}x} = \frac{\mathrm{d}y}{\mathrm{d}u} \cdot \frac{\mathrm{d}u}{\mathrm{d}x} \ \text{或} \ y'_x = y'_u \cdot u'_x \ \text{或} \ y'_x = f'(u) \cdot \phi'(x).$$

上式就是复合函数的导数公式，即

复合函数的导数等于已知函数对中间变量的导数乘中间变量对自变量的导数.

扫描二维码，阅读电子活页 3-2，了解"证明复合函数的求导法则"的相关内容.

电子活页 3-2

【说明】

① 注意区别复合函数的求导与函数乘积的求导.

② 复合函数求导可推广到有限个函数复合的复合函数中去，例如，设 $y=f(u)$，$u=g(v)$，$v=\varphi(x)$，则复合函数 $y = f\{g[\varphi(x)]\}$ 的导数为 $y'_x = f'_u \cdot g'_v \cdot \varphi'_x$.

【验证实例 3-10】求 $y = x^{\mu}$（μ 为常数）的导数

解：$y = x^{\mu} = \mathrm{e}^{\mu\ln x}$ 是 $y = \mathrm{e}^u$，$u = \mu \cdot v$，$v = \ln x$ 复合而成的.

所以 $y' = (x^{\mu})' = (\mathrm{e}^u)' \cdot (\mu v)' \cdot (\ln x)' = \mathrm{e}^u \cdot \mu \cdot \dfrac{1}{x} = \mu \cdot \dfrac{1}{x} \cdot x^{\mu} = \mu \cdot x^{\mu-1}$.

这就验证了前面幂函数的求导公式.

【验证实例 3-11】求 $y = \arctan\dfrac{1}{x}$ 的导数

解：$y = \arctan\dfrac{1}{x}$ 可看成由 $y = \arctan u$ 与 $u = \dfrac{1}{x}$ 复合而成，

$(\arctan u)' = \dfrac{1}{1+u^2}$，$\left(\dfrac{1}{x}\right)' = -\dfrac{1}{x^2}$，所以

$$y' = \left(\arctan\frac{1}{x}\right)' = \frac{1}{1+\left(\dfrac{1}{x}\right)^2} \cdot \left(-\frac{1}{x^2}\right) = -\frac{1}{1+x^2}.$$

【验证实例 3-12】求函数 $y = \tan x^2$ 的导数

解：$\dfrac{\mathrm{d}y}{\mathrm{d}x} = (\tan x^2)' = \sec^2 x^2 \cdot (x^2)' = 2x\sec^2 x^2$.

【验证实例 3-13】求函数 $y = \mathrm{e}^{\cos\frac{1}{x}}$ 的导数

解：$y'_x = \left(\mathrm{e}^{\cos\frac{1}{x}}\right)' = \mathrm{e}^{\cos\frac{1}{x}}\left(\cos\dfrac{1}{x}\right)' = \mathrm{e}^{\cos\frac{1}{x}} \cdot \left(-\sin\dfrac{1}{x}\right) \cdot \left(\dfrac{1}{x}\right)' = \dfrac{1}{x^2} \cdot \mathrm{e}^{\cos\frac{1}{x}} \cdot \sin\dfrac{1}{x}$.

【验证实例 3-14】求函数 $y = \sin^2(x^3+1)$ 的导数

解：$y'_x = [\sin^2(x^3+1)]' = 2\sin(x^3+1) \cdot [\sin(x^3+1)]'$

$\qquad = 2\sin(x^3+1) \cdot \cos(x^3+1) \cdot (x^3+1)' = 3x^2\sin[2(x^3+1)]$.

由此可见，初等函数的求导数必须熟悉以下内容：

① 基本初等函数的求导.

② 复合函数的分解.

③ 复合函数的求导公式.

只有这样, 才能做到准确. 在解题时, 若对复合函数的分解非常熟悉, 可不必写出中间变量, 而直接写出结果.

【知识3-7】反函数的求导法则

【定理3-5】反函数的求导法则

设 $y=f(x)$ 为 $x=\phi(y)$ 的反函数, 如果函数 $x=\phi(y)$ 在某一区间内单调、可导, 且 $\phi'(y)\neq 0$, 则它的反函数 $y=f(x)$ 在对应区间内单调、可导, 则反函数的导数为 $f'(x)=\dfrac{1}{\phi'(y)}$ ($\phi'(y)\neq 0$) 或 $\dfrac{\mathrm{d}y}{\mathrm{d}x}=\dfrac{1}{\left(\dfrac{\mathrm{d}x}{\mathrm{d}y}\right)}$.

也就是说, 反函数的导数等于直接函数导数的倒数.

【说明】

① 其中 $\dfrac{\mathrm{d}y}{\mathrm{d}x}$, $\dfrac{\mathrm{d}x}{\mathrm{d}y}$ 均为整体记号, 各代表不同的意义.

② $f'(x)$ 和 $\phi'(y)$ 的 "′" 均表示求导, 但意义不同.

③ 注意区别反函数的导数与商的导数公式.

【验证实例3-15】求函数 $y=\arcsin x$ 的导数

解: 函数 $x=\sin y$ 在区间 $\left(-\dfrac{\pi}{2}, \dfrac{\pi}{2}\right)$ 内单调、可导, 且 $(\sin y)'=\cos y>0$.

由定理 3-5 可知, 它的反函数 $y=\arcsin x$ 在对应区间 $(-1,1)$ 内单调、可导, 且

$$(\arcsin x)'=\frac{1}{(\sin y)'}=\frac{1}{\cos y}.$$

而当 $y\in\left(-\dfrac{\pi}{2}, \dfrac{\pi}{2}\right)$ 时, $\cos y=\sqrt{1-\sin^2 y}=\sqrt{1-x^2}$, 因此 $(\arcsin x)'=\dfrac{1}{\sqrt{1-x^2}}$.

类似可得 $(\arccos x)'=-\dfrac{1}{\sqrt{1-x^2}}$.

【知识3-8】隐函数的求导法则

在此之前, 我们所接触的函数, 其因变量大多是由其自变量的某个算式来表示的, 例如, $y=x^2+5$, $y=x\sin\dfrac{2}{x}+\mathrm{e}^x$ 等, 类似函数都是 $y=f(x)$ 的形式, 这样的函数叫作显函数. 有些函数的表达方式却不是这样, 例如, 方程 $\cos(xy)+\mathrm{e}^y=y^2$ 也表示一个函数, 因为自变量 x 在某个定义域内取值时, 变量 y 有唯一确定的值与之对应, 这样由方程 $f(x, y)=0$ 的形式所确定的函数叫作隐函数.

【验证实例3-16】求由方程 $x^3+y^3-3=0$ 所确定的隐函数 $y=f(x)$ 的导数

解: 方程两边同时对 x 求导, 注意 y 是 x 的函数, 得 $(x^3)'+(y^3)'-(3)'=0$, 即

$$3x^2 + 3y^2 y' = 0.$$

从中解出隐函数的导数为 $y'_x = -\dfrac{x^2}{y^2}$ （$y^2 \neq 0$）.

【验证实例3-17】$5x^2 + 4y - 1 = 0$，求 $\dfrac{\mathrm{d}y}{\mathrm{d}x}$

解：在方程的两边同时对 x 求导，得

$$10x + 4\frac{\mathrm{d}y}{\mathrm{d}x} = 0 \Rightarrow \frac{\mathrm{d}y}{\mathrm{d}x} = -\frac{10}{4}x = -\frac{5}{2}x$$

【知识3-9】对数求导法

幂指函数 $y = u(x)^{v(x)}$ 是没有求导公式的，对于这类函数，可以先在函数两边取自然对数，化幂指函数为隐函数，然后在等式两边同时对自变量 x 求导，最后解出所求导数 y'. 我们把这种求导法称为对数求导法.

同时有些由几个因子通过连乘、连除、开方或乘方所构成的比较复杂的函数时，虽然可以用运算法则来求导数或微分，但往往比较麻烦，我们也可以通过对数求导法来求.

【验证实例3-18】求函数 $y = x^{\sin x}(x > 0)$ 的导数

解法1：利用对数求导法求导

方程两边同时取对数，得 $\ln y = \sin x \ln x$，

上式两边同时对 x 求导，得

$$\frac{1}{y} y' = \cos x \ln x + \sin x \cdot \frac{1}{x},$$

于是 $y' = y(\cos x \ln x + \dfrac{\sin x}{x}) = x^{\sin x}(\cos x \ln x + \dfrac{\sin x}{x})$.

解法2：将幂指函数变成复合函数，再求导

$y = \mathrm{e}^{\sin x \ln x}$，由复合函数求导法可得

$$y' = (\mathrm{e}^{\sin x \ln x})' = \mathrm{e}^{\sin x \ln x}(\sin x \cdot \ln x)'$$

$$= \mathrm{e}^{\sin x \ln x}(\cos x \cdot \ln x + \frac{1}{x}\sin x)$$

$$= x^{\sin x}(\cos x \cdot \ln x + \frac{1}{x}\sin x).$$

【知识3-10】由参数方程所确定函数的求导法则

设由参数方程 $\begin{cases} x = \varphi(t), \\ y = f(t) \end{cases}$ 确定 y 与 x 之间的函数关系，若函数 $x = \varphi(t)$，$y = f(t)$ 都可导，且 $\varphi'(t) \neq 0$，$x = \varphi(t)$ 具有单调连续的反函数 $t = \varphi^{-1}(x)$，则函数 $y = f(x)$ 可看作 $y = f(t)$，$t = \varphi^{-1}(x)$ 的复合函数. 由复合函数和反函数的求导法则，就有

$$\frac{\mathrm{d}y}{\mathrm{d}x} = \frac{\mathrm{d}y}{\mathrm{d}t} \cdot \frac{\mathrm{d}t}{\mathrm{d}x} = f'(t) \cdot \frac{1}{\dfrac{\mathrm{d}x}{\mathrm{d}t}} = \frac{f'(t)}{\varphi'(t)} = \frac{y'_t}{x'_t},$$

这就是由参数方程所确定的函数的导数公式.

【验证实例3-19】设 $\begin{cases} x = \ln(1+t^2), \\ y = t - \arctan t, \end{cases}$ 求 $\dfrac{\mathrm{d}y}{\mathrm{d}x}$

解：$\dfrac{\mathrm{d}y}{\mathrm{d}x} = \dfrac{y'_t}{x'_t} = \dfrac{(t - \arctan t)'}{[\ln(1+t^2)]'} = \dfrac{1 - \dfrac{1}{1+t^2}}{\dfrac{2t}{1+t^2}} = \dfrac{t}{2}$.

【知识3-11】高阶导数

3.7.1　高阶导数的定义

前面讲过，若物体的运动方程 $s = s(t)$，则物体的运动速度为 $v(t) = s'(t)$，或 $v(t) = \dfrac{\mathrm{d}s}{\mathrm{d}t}$，而加速度 $a(t)$ 是速度 $v(t)$ 对时间 t 的变化率，即 $a(t)$ 是速度 $v(t)$ 对时间 t 的导数：

$$a = a(t) = \frac{\mathrm{d}v}{\mathrm{d}t} = \frac{\mathrm{d}}{\mathrm{d}t}\left(\frac{\mathrm{d}s}{\mathrm{d}t}\right) \text{ 或 } a = v'(t) = (s'(t))',$$

由上可见，加速度 a 是 $s(t)$ 的导函数的导数，这样就产生了高阶导数.

【定义3-3】二阶导数

> 如果函数 $y = f(x)$ 的导数仍是 x 的可导函数，那么 $y' = f'(x)$ 的导数就叫作原来的函数 $y = f(x)$ 的二阶导数，记作 $f''(x)$，y''，$\dfrac{\mathrm{d}^2 y}{\mathrm{d}x^2}$ 或 $\dfrac{\mathrm{d}^2 f(x)}{\mathrm{d}x^2}$，
>
> 即 $y'' = (y')'$ 或 $\dfrac{\mathrm{d}^2 y}{\mathrm{d}x^2} = \dfrac{\mathrm{d}}{\mathrm{d}x}\left(\dfrac{\mathrm{d}y}{\mathrm{d}x}\right)$.

相应地，把 $y = f(x)$ 的导数 $y' = f'(x)$ 称为函数 $y = f(x)$ 的一阶导数.

类似地，二阶导数的导数叫作三阶导数，三阶导数的导数叫作四阶导数……一般地，$n-1$ 阶导数的导数叫作 n 阶导数，分别记作 y'''，$y^{(4)}$，$\cdots$，$y^{(n)}$ 或 $\dfrac{\mathrm{d}^3 y}{\mathrm{d}x^3}$，$\dfrac{\mathrm{d}^4 y}{\mathrm{d}x^4}$，$\cdots$，$\dfrac{\mathrm{d}^n y}{\mathrm{d}x^n}$.

二阶及二阶以上的导数统称为高阶导数.

由上述可知，求函数的高阶导数，只要逐阶求导，直到所求的阶数即可，所以仍用前面的求导方法来计算高阶导数.

【验证实例3-20】$y = ax^2 + bx + c$，求 y''，y'''，$y^{(4)}$

解：$y' = 2ax + b \Rightarrow y'' = 2a \Rightarrow y''' = 0$，$y^{(4)} = 0$.

【验证实例3-21】$y = a^x$，求 $y^{(n)}$

解：$y' = a^x \ln a \Rightarrow y'' = a^x \ln^2 a \Rightarrow y''' = a^x \ln^3 a$，

一般地，我们有 $y^{(n)} = a^x \ln^n a$.

特殊地，令 $a = \mathrm{e}$ 时，我们有 $(\mathrm{e}^x)^{(n)} = \mathrm{e}^x$.

【验证实例3-22】$y = \sin x$，求各阶导数

解：$y' = \cos x = \sin\left(x + \dfrac{\pi}{2}\right)$

$$y'' = -\sin x = \sin(x + \pi) = \sin\left(x + 2 \cdot \frac{\pi}{2}\right)$$

$$y''' = -\cos x = -\sin\left(x + \frac{\pi}{2}\right) = \sin\left(x + \frac{\pi}{2} + \pi\right) = \sin\left(x + 3 \cdot \frac{\pi}{2}\right)$$

$$y^{(4)} = \sin x = \sin(x + 2\pi) = \sin\left(x + 4 \cdot \frac{\pi}{2}\right)$$

......

一般地，有 $y^{(n)} = \sin\left(x + n\dfrac{\pi}{2}\right)$，即 $(\sin x)^{(n)} = \sin\left(x + n\dfrac{\pi}{2}\right)$.

同样可求得　$(\cos x)^{(n)} = \cos\left(x + n\dfrac{\pi}{2}\right)$.

【验证实例3-23】$y = \ln(1 + x)$，求各阶导数

解：$y' = \dfrac{1}{1 + x}$，$y'' = -\dfrac{1}{(1 + x)^2}$，$y''' = \dfrac{1 \cdot 2}{(1 + x)^3}$，$y^{(4)} = -\dfrac{1 \cdot 2 \cdot 3}{(1 + x)^4}$ ......

一般地，有 $y^{(n)} = (-1)^{n-1}\dfrac{(n-1)!}{(1 + x)^n}$，即 $(\ln(1 + x))^{(n)} = (-1)^{n-1}\dfrac{(n-1)!}{(1 + x)^n}$.

【验证实例3-24】$y = x^{\mu}$，μ 为任意常数，求各阶导数

解：$y' = \mu x^{\mu-1}$，$y'' = \mu(\mu-1)x^{\mu-2}$，$y''' = \mu(\mu-1)(\mu-2)x^{\mu-3}$，

$$y^{(4)} = \mu(\mu-1)(\mu-2)(\mu-3)x^{\mu-4},$$

一般地，$y^{(n)} = \mu(\mu-1)(\mu-2)\cdots(\mu-n+1)x^{\mu-n}$

即 $(x^{\mu})^{(n)} = \mu(\mu-1)(\mu-2)\cdots(\mu-n+1)x^{\mu-n}$.

3.7.2　二阶导数的物理意义

我们知道，物体做变速直线运动时，若其运动方程为 $s = s(t)$，则物体在某一时刻的运动速度 $v(t)$ 是路程 $s(t)$ 对时间 t 的一阶导数，即 $v(t) = s'(t)$.

而加速度 a 又是速度 v 对时间 t 的变化率，即速度 v 对时间 t 的一阶导数，所以加速度是路程 $s(t)$ 对时间 t 的二阶导数，即 $a = v'(t) = s''(t)$.

【验证实例3-25】已知物体做变速直线运动，其运动方程为 $s = A\cos(\omega t + \varphi)$（$A$，$\omega$，$\varphi$ 是常数），求物体运动的速度和加速度

解：因为 $s = A\cos(\omega t + \varphi)$，所以

$$v = s' = -A\omega\sin(\omega t + \varphi),$$
$$a = s'' = -A\omega^2\cos(\omega t + \varphi).$$

3.7.3　高阶导数的运算法则

高阶导数的运算法则如下：

（1）$[u(x) \pm v(x)]^{(n)} = u^{(n)}(x) \pm v^{(n)}(x)$

（2）$(uv)' = u'v + uv'$，$(uv)'' = u''v + 2u'v' + uv''$，$(uv)''' = u'''v + 3u''v' + 3u'v'' + uv'''$，……，一般有如下公式

$$[u(x)v(x)]^{(n)} = u^{(n)}v^{(0)} + C_n^1 u^{(n-1)}v' + C_n^2 u^{(n-2)}v'' + \cdots + C_n^k u^{(n-k)}v^{(k)} + \cdots + u^{(0)}v^{(n)}.$$ 其中 $u^{(0)} = u$，$v^{(0)} = v$，称为 Leibinz 公式

【验证实例 3-26】验证 $y = c_1 e^{\lambda x} + c_2 e^{-\lambda x}$ 满足关系式：$y'' - \lambda^2 y = 0$（其中 c_1, c_2 为任意常数）

解：$y' = \lambda c_1 e^{\lambda x} - \lambda c_2 e^{-\lambda x}$　　$\Rightarrow$　　$y'' = \lambda^2 c_1 e^{\lambda x} + \lambda^2 c_2 e^{-\lambda x}$

所以 $y'' = \lambda^2 (c_1 e^{\lambda x} + c_2 e^{-\lambda x}) = \lambda^2 y$　　$\Rightarrow$　　$y'' - \lambda^2 y = 0$．

【知识 3-12】中值定理

本节介绍的三个定理都是微分学的基本定理，包括罗尔中值定理、拉格朗日中值定理和柯西中值定理．在学习过程中，可以借助于几何图形的帮助来理解定理的条件、结论及其思想．其中拉格朗日中值定理尤为重要．

3.8.1 罗尔中值定理

试绘制一条闭区间上连续、相应开区间内光滑且两端点连线水平的曲线，从其图象可以看出：至少有一个最高点或一个最低点，且在最高点或最低点处有一条水平切线，如图 3-4 所示，这就是下面要介绍的罗尔中值定理的几何解释．

【定理 3-6】罗尔（Rolle）中值定理

如果函数 $y = f(x)$ 满足以下三个条件：

① 在闭区间 $[a, b]$ 上连续．

② 在开区间 (a, b) 内可导．

③ $f(a) = f(b)$．

那么在开区间 (a, b) 内至少存在一点 ξ，使得 $f'(\xi) = 0$（$a < \xi < b$）．

罗尔定理的几何意义是：如果连续曲线 $y = f(x)$ 除端点外处处具有不垂直于 x 轴的切线，且两端点的纵坐标相等，如图 3-4 所示，那么我们不难发现，在该曲线上至少有一点 C，使该点 C 的切线平行于 x 轴．设点 C 的横坐标为 ξ，则有 $f'(\xi) = 0$（$a < \xi < b$）．

【说明】

① 罗尔中值定理的条件有三个，如果缺少其中任何一个条件，定理将不成立．

② 罗尔中值定理中的 ξ 点不一定唯一．事实上，若可导函数 $f(x)$ 在点 ξ 处取得最大值或最小值，则有 $f'(\xi) = 0$．

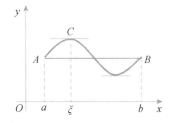

图 3-4　罗尔中值定理的几何解释

【验证实例3-27】验证函数 $f(x)=x^3-3x$ 在 $[-\sqrt{3},\ \sqrt{3}]$ 上满足罗尔定理的条件，并求出使 $f'(\xi)=0$ 的 ξ 值

解：因为 $f(x)=x^3-3x$ 是初等函数，且在 $[-\sqrt{3},\ \sqrt{3}]$ 上有定义，所以在该区间上连续. 又 $f'(x)=3x^2-3$ 在 $[-\sqrt{3},\sqrt{3}]$ 内存在，且 $f(-\sqrt{3})=f(\sqrt{3})$.

所以函数 $f(x)=x^3-3x$ 在 $[-\sqrt{3},\ \sqrt{3}]$ 上满足罗尔中值定理的条件，

令 $f'(x)=0$ ，即 $3x^2-3=0$ ，

解得 $x=\pm1$ ，即 $f'(-1)=0$ ， $f'(1)=0$. 所以，在 $[-\sqrt{3},\ \sqrt{3}]$ 内，使得 $f'(\xi)=0$ 的 ξ 有两个： $\xi_1=-1$ ， $\xi_2=1$.

3.8.2　拉格朗日中值定理

在罗尔定理中，如果函数 $f(x)$ 满足条件（1）（2），而不满足条件（3），即 $f(a)\neq f(b)$ ，那么由图3-5易看出：在曲线 $y=f(x)$ 上（只要把弦 AB 平行移动）至少可以找到一点 $C(\xi,\ f(\xi))$ ，使得曲线在该点 C 的切线平行于弦 AB ，因此，切线的斜率 $f'(\xi)$ 与弦 AB 的斜率相等，即 $k_{AB}=f'(\xi)$.

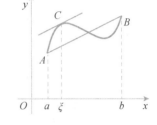

图 3-5　拉格朗日中值定理的几何解释

由点 $A(a,\ f(a))$ ， $B(b,\ f(b))$ 及斜率公式，得

$$k_{AB}=\frac{f(b)-f(a)}{b-a} .$$

于是，得

$$f'(\xi)=\frac{f(b)-f(a)}{b-a} \quad (a<(\xi)<b) .$$

由此可得下面的定理.

【定理3-7】拉格朗日（**Lagrange**）中值定理

如果函数 $y=f(x)$ 满足以下两个条件：

① 在闭区间 $[a,\ b]$ 上连续.

② 在开区间 $(a,\ b)$ 内可导.

那么在开区间 $(a,\ b)$ 内至少存在一点 ξ ，使得

$$f'(\xi)=\frac{f(b)-f(a)}{b-a} \quad (a<(\xi)<b) . \tag{3-1}$$

容易看出，罗尔中值定理是拉格朗日中值定理的特殊情况（增加条件 $f(a)=f(b)$ 即可），而拉格朗日中值定理是罗尔中值定理的推广. 拉格朗日中值定理是研究函数曲线性态的理论依据.

【验证实例3-28】验证函数 $f(x)=x^3+2x$ 在区间 $[0,\ 1]$ 上满足拉格朗日中值定理的条件，并求 ξ 的值

解：因为初等函数 $f(x)=x^3+2x$ 在区间 $[0,\ 1]$ 上有定义，所以在区间 $[0,\ 1]$ 上连续；又 $f'(x)=3x^2+2$ 在开区间 $(0,\ 1)$ 内存在，所以函数 $f(x)=x^3+2x$ 在区间 $[0,\ 1]$ 上满足拉格朗

日中值定理的条件.

由 $\dfrac{f(1)-f(0)}{1-0}=f'(\xi)$，得 $\dfrac{3-0}{1}=3\xi^2+2$，解得 $\xi=\pm\dfrac{\sqrt{3}}{3}$.

因为 $\xi=-\dfrac{\sqrt{3}}{3}\notin(0,\ 1)$，所以舍去. 因此 $\xi=\dfrac{\sqrt{3}}{3}\in(0,\ 1)$ 为所求.

作为拉格朗日中值定理的一个应用，推导出以下两个重要的推论.

【推论 3-1】函数 $f(x)$ 在区间 $(a,\ b)$ 内是一常数

> 如果函数 $y=f(x)$ 在区间 $(a,\ b)$ 内的导数 $f'(x)=0$，则在 $(a,\ b)$ 内函数 $f(x)$ 是一个常数，即 $f(x)=C$（C 为常数）.

证：设 x_1，$x_2\in(a,\ b)$ 内任意两点，且 $x_1<x_2$，则由式（3-1）得
$$f(x_2)-f(x_1)=f'(\xi)(x_2-x_1)\quad\xi\in(x_1,x_2)，$$
由推论假设知 $f'(\xi)=0$，所以 $f(x_2)-f(x_1)=0$，即 $f(x_1)=f(x_2)$.

因为 x_1，x_2 是 $(a,\ b)$ 内的任意两点，所以上面的等式表明：$f(x)$ 在区间 $(a,\ b)$ 内函数值总是相等的. 这就是说，$f(x)$ 在区间 $(a,\ b)$ 内是一常数.

【验证实例 3-29】证明 $\arcsin x+\arccos x=\dfrac{\pi}{2}$（$-1\leqslant x\leqslant 1$）

证：令 $f(x)=\arcsin x+\arccos x$，因为 $f'(x)=\dfrac{1}{\sqrt{1-x^2}}-\dfrac{1}{\sqrt{1-x^2}}=0$，

由推论 3-1 知 $f(x)=$ 常数，再由 $f(0)=\dfrac{\pi}{2}$，故 $\arcsin x+\arccos x=\dfrac{\pi}{2}$.

【推论 3-2】函数 $f(x)$ 与 $g(x)$ 只相差某一常数

> 如果函数 $f(x)$ 和 $g(x)$ 均在区间 $(a,\ b)$ 内可导，且 $f'(x)=g'(x)$，则在开区间 $(a,\ b)$ 内 $f(x)$ 与 $g(x)$ 只相差某一常数，即 $f(x)-g(x)=C$（C 为常数）.

3.8.3 柯西中值定理

【定理 3-8】柯西（Cauchy）中值定理

> 如果函数 $f(x)$ 和 $g(x)$ 满足以下四个条件：
> ① 在闭区间 $[a,\ b]$ 上连续.
> ② 在开区间 $(a,\ b)$ 内可导.
> ③ $g'(x)$ 在 $(a,\ b)$ 内恒不为 0，即对任意 $x\in(a,\ b)$，$g'(x)\neq0$.
> ④ $g(a)\neq g(b)$.
> 那么在 $(a,\ b)$ 内至少存在一点 ξ，使得
> $$\dfrac{f(b)-f(a)}{g(b)-g(a)}=\dfrac{f'(\xi)}{g'(\xi)}\text{ 成立.}\tag{3-2}$$

在柯西中值定理中，如果取 $g(x)=x$，那么 $g(b)-g(a)=b-a$，$g'(x)=1$，

于是式（3-2）变成 $\dfrac{f(b)-f(a)}{b-a}=f'(\xi)$.

这就是拉格朗日中值定理，可见柯西中值定理是拉格朗日中值定理的推广.

【知识3-13】洛必达法则及其在求极限中的应用

如果两个函数 $f(x)$，$F(x)$ 当 $x \to x_0$（或 $x \to \infty$）时，都趋于零或无穷大，那么极限 $\lim\limits_{\substack{x \to x_0 \\ (x \to \infty)}} \dfrac{f(x)}{F(x)}$ 可能存在，也可能不存在，而且不能用商的极限法则进行计算，我们把通常这类极限称为未定式，并简记为 $\dfrac{0}{0}$ 型或 $\dfrac{\infty}{\infty}$ 型未定式. 对于这类极限我们将根据柯西中值定理推导出一种计算未定式极限简便且重要的方法，即所谓洛必达（L'Hospital）法则.

3.9.1 $\dfrac{0}{0}$ 型未定式的极限求法

【定理3-9】洛必达法则1（$x \to x_0$）

如果函数 $f(x)$ 与 $g(x)$ 满足以下条件：

① $\lim\limits_{x \to x_0} f(x) = \lim\limits_{x \to x_0} g(x) = 0$.

② 在点 x_0 的某个去心邻域内（点 x_0 除外）可导，即 $f'(x)$ 与 $g'(x)$ 存在，且 $g'(x) \neq 0$.

③ $\lim\limits_{x \to x_0} \dfrac{f'(x)}{g'(x)}$ 存在（或无穷大）.

那么有 $\lim\limits_{x \to x_0} \dfrac{f(x)}{g(x)} = \lim\limits_{x \to x_0} \dfrac{f'(x)}{g'(x)}$ 存在（或无穷大）.

扫描二维码，阅读电子活页 3-3，了解"证明【定理 3-9】洛必达法则 1（$x \to x_0$）"的相关内容.

【说明】

如果 $\dfrac{f'(x)}{g'(x)}$ 当 $x \to x_0$ 时仍为 $\dfrac{0}{0}$ 型，且这时 $f'(x)$ 与 $g'(x)$ 满足定理中 $f(x)$ 与 $g(x)$ 所要满足的条件，则可以继续利用洛必达法则先求出 $\lim\limits_{x \to x_0} \dfrac{f''(x)}{g''(x)}$，从而求出 $\lim\limits_{x \to x_0} \dfrac{f(x)}{g(x)}$，

电子活页 3-3

$$\lim_{x \to x_0} \frac{f(x)}{g(x)} = \lim_{x \to x_0} \frac{f'(x)}{g'(x)} = \lim_{x \to x_0} \frac{f''(x)}{g''(x)}.$$

且可以依次类推.

【验证实例3-30】求 $\lim\limits_{x \to 1} \dfrac{x^3 - 3x + 2}{x^3 - x^2 - x + 1}$

解：此极限为 $\dfrac{0}{0}$ 型未定式，使用两次洛必达法则1，得

$$\lim_{x \to 1} \frac{x^3 - 3x + 2}{x^3 - x^2 - x + 1} = \lim_{x \to 1} \frac{3x^2 - 3}{3x^2 - 2x - 1} = \lim_{x \to 1} \frac{6x}{6x - 2} = \frac{3}{2}.$$

【验证实例3-31】 $\lim\limits_{x \to 0} \dfrac{\sin ax}{\sin bx} (b \neq 0)$

解： $\lim\limits_{x \to 0} \dfrac{\sin ax}{\sin bx} = \lim\limits_{x \to 0} \dfrac{a \cos ax}{b \cos bx} = \dfrac{a}{b}.$

【推论3-3】洛必达法则1的拓展（ $x \to \infty$ ）

> 如果函数 $f(x)$ 与 $g(x)$ 满足下列条件：
>
> ① $\lim\limits_{x \to \infty} f(x) = 0$ ， $\lim\limits_{x \to \infty} g(x) = 0$.
>
> ② 当 $|x|$ 足够大时， $f'(x)$ 与 $g'(x)$ 存在，且 $g'(x) \neq 0$.
>
> ③ $\lim\limits_{x \to \infty} \dfrac{f'(x)}{g'(x)}$ 存在(或无穷大).
>
> 那么 $\lim\limits_{x \to \infty} \dfrac{f(x)}{g(x)} = \lim\limits_{x \to \infty} \dfrac{f'(x)}{g'(x)}.$

【验证实例3-32】求 $\lim\limits_{x \to +\infty} \dfrac{\left(\dfrac{\pi}{2} - \arctan x\right)}{\text{arccot} x}$

解：此极限为 $\dfrac{0}{0}$ 型未定式，由推论3-3得

$$\lim_{x \to +\infty} \frac{\left(\dfrac{\pi}{2} - \arctan x\right)}{\text{arccot} x} = \lim_{x \to +\infty} \frac{-\dfrac{1}{1+x^2}}{-\dfrac{1}{1+x^2}} = 1.$$

【注意】

① 只要属于 $\dfrac{0}{0}$ 型和 $\dfrac{\infty}{\infty}$ 型未定式的极限，无论自变量 $x \to x_0$ ，还是 $x \to \infty$ ，只要满足定理中的全部条件，就可应用洛必达法则.

② 当 $x \to x_0$ 或 $x \to \infty$ 时， $\dfrac{f'(x)}{g'(x)}$ 仍为 $\dfrac{0}{0}$ 型和 $\dfrac{\infty}{\infty}$ 型未定式，且满足洛必达法则的条件，可以有限次地连续使用洛必达法则，

③ 使用洛必达法则在求极限运算中不一定是最有效的，如果与其他方法结合使用，效果更好.

3.9.2 $\dfrac{\infty}{\infty}$ 型未定式的极限求法

【定理3-10】洛必达法则2

> 如果 $f(x)$ 与 $g(x)$ 满足以下条件：
>
> ① $\lim\limits_{x \to x_0} f(x) = \infty$ ， $\lim\limits_{x \to x_0} g(x) = \infty$.

② 在点 x_0 的某个去心邻域内可导，即 $f'(x)$ 与 $g'(x)$ 存在，且 $g'(x) \neq 0$.

③ $\lim\limits_{x \to x_0} \dfrac{f'(x)}{g'(x)}$ 存在(或无穷大).

那么 $\lim\limits_{x \to x_0} \dfrac{f(x)}{g(x)} = \lim\limits_{x \to x_0} \dfrac{f'(x)}{g'(x)}$ 存在（或无穷大）.

【验证实例 3-33】求 $\lim\limits_{x \to +\infty} \dfrac{\ln x}{x^2}$

解：此极限为 $\dfrac{\infty}{\infty}$ 型未定式，由洛必达法则 2，得

$$\lim_{x \to +\infty} \frac{\ln x}{x^2} = \lim_{x \to +\infty} \frac{\dfrac{1}{x}}{2x} = \lim_{x \to +\infty} \frac{1}{2x^2} = 0 .$$

【验证实例 3-34】求 $\lim\limits_{x \to 0^+} \dfrac{\ln\sin 3x}{\ln\sin x}$

解：此极限为 $\dfrac{\infty}{\infty}$ 型未定式，由洛必达法则 2，得

$$\lim_{x \to 0^+} \frac{\ln\sin 3x}{\ln\sin x} = \lim_{x \to 0^+} \left(\frac{3\cos 3x}{\sin 3x} \cdot \frac{\sin x}{\cos x} \right) = 3\lim_{x \to 0^+} \frac{\sin x}{\sin 3x} = 3\lim_{x \to 0^+} \frac{\cos x}{3\cos 3x} = 1 .$$

【思考】如何求 $\lim\limits_{x \to +\infty} \dfrac{e^x + e^{-x}}{e^x - e^{-x}}$？是否可用洛必达法则？

3.9.3　其他未定式的极限求法

除了 $\dfrac{\infty}{\infty}$ 型和 $\dfrac{0}{0}$ 型未定式之外，还有 $0 \cdot \infty$ 型、$\infty - \infty$ 型、1^{∞} 型、0^0 型、∞^0 型五种未定式，在条件允许的情况下，一般可以设法将其他类型的未定式极限转化为 $\dfrac{0}{0}$ 型及 $\dfrac{\infty}{\infty}$ 型未定式，然后使用洛必达法则求值.

【验证实例 3-35】求 $\lim\limits_{x \to +\infty} x\left(\dfrac{\pi}{2} - \arctan x \right)$

解：此极限为 $0 \cdot \infty$ 型未定式，可以通过变形转化为 $\dfrac{0}{0}$ 型未定式，由洛必达法则，得

$$\lim_{x \to +\infty} x\left(\frac{\pi}{2} - \arctan x \right) = \lim_{x \to +\infty} \frac{\left(\dfrac{\pi}{2} - \arctan x \right)}{\dfrac{1}{x}} = \lim_{x \to +\infty} \frac{-\dfrac{1}{1+x^2}}{-\dfrac{1}{x^2}} = \lim_{x \to +\infty} \frac{x^2}{1+x^2} = 1 .$$

【验证实例 3-36】求 $\lim\limits_{x \to 0} \left(\dfrac{1}{x} - \dfrac{1}{e^x - 1} \right)$

解：此极限为 $\infty - \infty$ 型未定式，通过"通分"转化为 $\dfrac{0}{0}$ 型未定式，由洛必达法则，得

$$\lim_{x\to 0}\left(\frac{1}{x}-\frac{1}{e^x-1}\right)=\lim_{x\to 0}\frac{e^x-1-x}{x(e^x-1)}=\lim_{x\to 0}\frac{e^x-1}{e^x-1+xe^x}=\lim_{x\to 0}\frac{e^x}{e^x+e^x+xe^x}=\frac{1}{2}.$$

【验证实例3-37】求 $\lim\limits_{x\to 0^+}x^x$

解：此极限为 0^0 型未定式，设 $y=x^x$，两边取对数得 $\ln y=x\ln x$，因为

$$\lim_{x\to 0^+}\ln y=\lim_{x\to 0^+}(x\ln x)=\lim_{x\to 0^+}\frac{\ln x}{\frac{1}{x}}=\lim_{x\to 0^+}\frac{\frac{1}{x}}{-\frac{1}{x^2}}=\lim_{x\to 0^+}(-x)=0,$$

所以 $\lim\limits_{x\to 0^+}x^x=\lim\limits_{x\to 0^+}y=\lim\limits_{x\to 0^+}e^{\ln y}=e^{\lim\limits_{x\to 0^+}\ln y}=e^0=1.$

【验证实例3-38】求 $\lim\limits_{x\to 1}x^{\frac{1}{1-x}}$

解：此极限为 1^∞ 型未定式，设 $y=x^{\frac{1}{1-x}}$，两边取对数得 $\ln y=\frac{\ln x}{1-x}$，

因为 $\lim\limits_{x\to 1}\ln y=\lim\limits_{x\to 1}\frac{\ln x}{1-x}=\lim\limits_{x\to 1}\frac{\frac{1}{x}}{-1}=-1,$

所以 $\lim\limits_{x\to 1}x^{\frac{1}{1-x}}=\lim\limits_{x\to 1}y=\lim\limits_{x\to 1}e^{\ln y}=e^{\lim\limits_{x\to 1}\ln y}=e^{-1},$

即 $\lim\limits_{x\to 1}x^{\frac{1}{1-x}}=e^{-1}.$

【知识3-14】函数单调性的判定

单调性是函数的重要性质之一．前面，我们给出了单调函数的定义，即对于函数 $y=f(x)$，若对于任意的 $x_1<x_2\in[a,\ b]$，有 $f(x_1)<f(x_2)$（或 $f(x_1)>f(x_2)$），则称函数 $y=f(x)$ 在区间 $[a,\ b]$ 上单调增加（或减少）．利用函数单调性的定义来判定函数的单调性往往是比较困难的．本节我们将利用导数来研究函数单调性的判定方法．

由图3-6可以看出：函数 $y=f(x)$ 在区间 $[a,\ b]$ 上单调递增，其图形是一条沿 x 轴正向上升的曲线，曲线上各点切线的倾斜角都是锐角，切线的斜率大于零，即 $f'(x)>0$．

由图3-7可以看出：函数 $y=f(x)$ 在区间 $[a,\ b]$ 上单调递减，其图形是一条沿 x 轴正向下降的曲线，曲线上各点切线的倾斜角都是钝角，切线的斜率小于零，即 $f'(x)<0$．

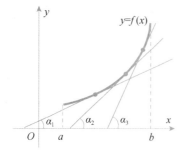

图3-6　单调递增函数的图形

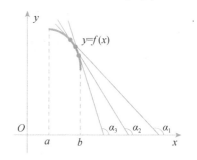

图3-7　单调递减函数的图形

由此看出，函数在 $[a, b]$ 上单调递增时有 $f'(x)>0$；函数在 $[a, b]$ 上单调递减时有 $f'(x)<0$.

反之，能否用 $f'(x)$ 的符号判定函数 $f(x)$ 的单调性呢？

下面我们用拉格朗日中值定理进行讨论：

设函数 $y=f(x)$ 在区间 $[a, b]$ 上连续，在 (a, b) 内可导，若对于任意的 $x_1<x_2\in[a, b]$，由拉格朗日中值定理，得到

$$f(x_2)-f(x_1)=f'(\xi)(x_2-x_1) \quad (x_1<\xi<x_2).$$

在上式中，因为 $x_2-x_1>0$，在 (a,b) 内当 $f'(x)>0$ 时，也有 $f'(\xi)>0$，于是

$$f(x_2)-f(x_1)=f'(\xi)(x_2-x_1)>0，即 f(x_1)<f(x_2).$$

就是说，函数 $y=f(x)$ 在 $[a, b]$ 上单调递增.

同理可证，在 (a, b) 内当 $f'(x)<0$ 时，函数 $y=f(x)$ 在 $[a, b]$ 上单调递减.

综上所述，得到函数单调性的判定方法：

【定理 3-11】函数单调性的判定方法

设函数 $f(x)$ 在闭区间 $[a, b]$ 上连续，在开区间 (a, b) 内可导，则在开区间 (a, b) 内，

① 函数 $y=f(x)$ 在闭区间 $[a, b]$ 上单调递增的充分必要条件为：$f'(x)>0$.

② 函数 $y=f(x)$ 在闭区间 $[a, b]$ 上单调递减的充分必要条件为：$f'(x)<0$.

【说明】

① 定理 3-11 中的区间改成任意区间（包括无穷区间），结论仍成立.

② 有些函数在定义区间上不具有单调性，但在定义区间中的部分区间上具有单调性. 这就需要我们寻找能够将定义区间进行划分的点，即区间的"分界点". 而分界点不一定都是导数为 0 的点，这些分界点主要有两大类：其一是导数等于 0 的点，即 $f'(x)=0$ 的根；其二是导数不存在的点. 事实上，只要 $f(x)$ 在定义域内连续，且只在有限 n 个点处导数不存在，则可用分点将区间分为若干个小区间，使得 $f'(x)$ 在各小区间上保持有相同的符号，即恒正或恒负，这样 $f(x)$ 在每个小区间上为单调递增函数或单调递减函数，各小区间则相对地称为单调递增区间或单调递减区间.

例如，$y=x^2$ 在 $(-\infty, 0]$ 内单调递减，在 $[0, +\infty)$ 内单调递增，但在 $(-\infty, +\infty)$ 上不具备单调性，$x=0$ 是单调区间的"分界点".

导数值为零的点，也不一定是单调区间的"分界点". 例如，函数 $f(x)=x^3$ 在 $(-\infty, +\infty)$ 内单调递增，但在 $x=0$ 处有 $f'(x)=0$.

$f'(x)=0$ 的点称为函数 $y=f(x)$ 的驻点.

【验证实例 3-39】确定函数 $f(x)=2x^3-9x^2+12x-3$ 的单调区间

解：

① 函数 $f(x)$ 的定义域为 $(-\infty, +\infty)$.

② $f'(x)=6x^2-18x+12=6(x-1)(x-2)$.

③ 令 $f'(x)=0$，即 $6(x-1)(x-2)=0$，解得 $x_1=1$，$x_2=2$.

④ 列表分析函数的单调性，如表 3-2 所示.

表 3-2　【验证实例 3-39】对应的列表

x	$(-\infty,\ 1)$	1	$(1,\ 2)$	2	$(2,\ +\infty)$
$f'(x)$	+	0	−	0	+
$f(x)$	单调递增		单调递减		单调递增

⑤ 函数 $f(x)$ 的单调递增区间是 $(-\infty,\ 1)$ 和 $(2,\ +\infty)$，单调递减区间是 $(1,\ 2)$．

利用函数的单调性还可以证明一些不等式．

【验证实例 3-40】证明：当 $x>0$ 时，$x>\ln(1+x)$

证：令 $f(x)=x-\ln(1+x)$，则 $f'(x)=1-\dfrac{1}{1+x}$．

当 $x>0$ 时，$f'(x)>0$，由定理可知，$f(x)$ 为单调增加；又 $f(0)=0$，故当 $x>0$ 时，$f(x)>f(0)$，即 $x-\ln(1+x)>0$．

因此 $x>\ln(1+x)$．

【知识 3-15】函数极值及求解

1. 函数极值的定义

观察图 3-8 不难看出，点 x_5 附近任何一点 x 的函数值比 $f(x_5)$ 要小，而点 x_6 附近任何一点 x 的函数值都比 $f(x_6)$ 要大，于是我们定义如下：

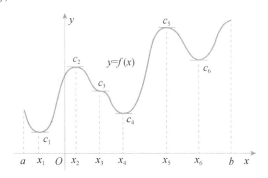

图 3-8　函数极值示意图

【定义 3-4】函数的极值

> 设函数 $f(x)$ 在 x_0 的某个邻域内有定义，如果对于该邻域内的任意点 x（$x\neq x_0$），
> ① 若 $f(x)<f(x_0)$，则称 $f(x_0)$ 为函数 $f(x)$ 的极大值，并且称点 x_0 是 $f(x)$ 的极大值点．
> ② 若 $f(x)>f(x_0)$，则称 $f(x_0)$ 为函数 $f(x)$ 的极小值，并且称点 x_0 是 $f(x)$ 的极小值点．

函数的极大值与极小值统称为函数的极值；极大值点和极小值点统称为函数的极值点．

在图 3-8 中，$f(x_2)$，$f(x_5)$ 是函数 $f(x)$ 的极大值，点 x_2，x_5 称为极大值点；$f(x_1)$，$f(x_4)$，$f(x_6)$ 是函数 $f(x)$ 的极小值，点 x_1，x_4，x_6 称为极小值点．

【注意】

① 极值是指函数值，而极值点是指自变量的值．

② 函数极值的概念是局部性的，函数的极大值和极小值之间并无确定的大小关系；图 3-8 中极大值 $f(x_2)$ 就比极小值 $f(x_6)$ 要小.

③ 函数极值只在区间 (a,b) 内部取得，不可能在区间的端点取得.

④ 一个函数的极大值或极小值，并不一定是该函数的最大值和最小值. 在图 3-8 中，只有一个极小值 $f(x_1)$ 同时也是最小值，而没有一个极大值是最大值. 图 3-8 中函数的最大值是 $f(b)$.

2. 函数极值的判定和求法

由图 3-8 可以看到，在极值点对应的曲线处都具有水平切线，于是我们可以得到如下定理.

【定理 3-12】极值存在的必要条件

> 如果函数 $f(x)$ 在点 x_0 处可导，且在 x_0 处存在极值，则 $f'(x_0)=0$.

【说明】

① 由上述定理知，可导函数的极值点必是驻点，但反之，函数的驻点却不一定是极值点. 图 3-8 中的点 c_3 处有水平切线，即有 $f'(x_3)=0$，点 x_3 是驻点，但 $f(x_3)$ 并不是极值，故点 x_3 不是极值点. 从图形上看，在点 x_3 的左右近旁函数的单调性没有改变.

② 导数不存在的点也可能是函数的极值点. 例如，函数 $y=|x|$ 在点 $x=0$ 的导数不存在，但函数在 $x=0$ 处有极小值.

综上所述，函数的极值只可能在驻点或导数不存在的点取得. 那如何判定这些点是否为函数的极值点呢？

下面研究极值存在的充分条件.

【定理 3-13】极值的第一充分条件

> 设函数 $f(x)$ 在点 x_0 的某个邻域内可导（点 x_0 可除外，但在点 x_0 处必须连续）且 $f'(x_0)=0$ 或者 $f'(x)$ 不存在，如果在该邻域内：
>
> ① 当 $x<x_0$ 时，$f'(x)>0$，而当 $x>x_0$，$f'(x)<0$，则函数 $f(x)$ 在点 x_0 处取得极大值，如图 3-9 所示.
>
> ② 当 $x<x_0$ 时，$f'(x)<0$，而当 $x>x_0$，$f'(x)>0$，则函数 $f(x)$ 在点 x_0 处取得极小值，如图 3-10 所示.
>
> ③ 如果在 x_0 的某个去心邻域内，$f'(x)$ 具有相同的符号，则函数 $f(x)$ 在点 x_0 处没有极值.
>
>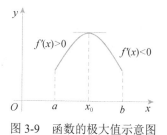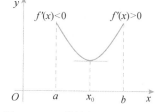
>
> 图 3-9 函数的极大值示意图   图 3-10 函数的极小值示意图

【验证实例3-41】求函数 $f(x) = 2x^3 + 3x^2 - 12x + 1$ 的极值

解：

① 函数的定义域为 $(-\infty, +\infty)$.

② $f'(x) = 6x^2 + 6x - 12 = 6(x+2)(x-1)$.

③ 令 $f'(x) = 0$，得驻点 $x_1 = -2$，$x_2 = 1$. 两个驻点将定义域分成 3 个区间：$(-\infty, -2)$，$(-2, 1)$，$(1, +\infty)$.

④ 列表确定 $f'(x)$ 的符号和极值点，如表3-3所示.

表3-3　【验证实例3-41】对应的列表

x	$(-\infty, -2)$	-2	$(-2, 1)$	1	$(1, +\infty)$
$f'(x)$	$+$	0	$-$	0	$+$
$f(x)$	单调递增	极大值	单调递减	极小值	单调递增

由上表知，函数的极大值为 $f(-2) = 21$，极小值为 $f(1) = -6$.

【定理3-14】极值的第二充分条件

设点 x_0 是函数 $f(x)$ 的驻点，即 $f'(x_0) = 0$，且具有二阶导数 $f''(x_0) \neq 0$，

如果 $f''(x_0) > 0$，那么函数 $f(x)$ 在点 x_0 处取得极小值；

如果 $f''(x_0) < 0$，那么函数 $f(x)$ 在点 x_0 处取得极大值；

如果 $f''(x_0) = 0$，那么 $f(x_0)$ 是否为函数 $f(x)$ 的极值还须进一步判断.

【验证实例3-42】求函数 $f(x) = \sin x + \cos x$ 在区间 $[0, 2\pi]$ 上的极值

解：

① 函数 $f(x)$ 的定义域为 $[0, 2\pi]$.

② $f'(x) = \cos x - \sin x$.

③ 令 $f'(x) = 0$，得 $x_1 = \dfrac{\pi}{4}$，$x_2 = \dfrac{5\pi}{4}$.

④ $f''(x) = -\sin x - \cos x$.

⑤ 因为 $f''\left(\dfrac{\pi}{4}\right) = -\sqrt{2} < 0$，所以 $f(x)$ 在点 $x = \dfrac{\pi}{4}$ 处取得极大值 $f\left(\dfrac{\pi}{4}\right) = \sqrt{2}$.

因为 $f''\left(\dfrac{5\pi}{4}\right) = \sqrt{2} > 0$，所以 $f(x)$ 在点 $x = \dfrac{5\pi}{4}$ 处取得极小值 $f\left(\dfrac{5\pi}{4}\right) = -\sqrt{2}$.

【知识3-16】函数最值及求解

在日常生活、工程领域、经济领域中，经常会遇到如何做才能"用料最省""工期最短""效率最高""成本最低""利润最大"等问题. 用数学的方法进行描述可归结为求一个函数的最大值与最小值问题.

由前面的知识知道，在闭区间上的连续函数一定存在最大值与最小值. 显然，要求函数的最大（小）值，必先找出函数 $f(x)$ 在 $[a, b]$ 上取得最大值和最小值的点. 怎样在区间

$[a, b]$ 上找出取得最大（小）值的点呢？下面我们就来解决这个问题.

（1）若函数 $f(x)$ 的最大（小）值在区间 (a, b) 内部取得，那么对可导函数来讲，必在驻点处取得

（2）函数 $f(x)$ 的最大（小）值可以在区间的端点处取得

（3）函数在其 $f'(x)$ 不存在的点可能取得极值，则函数的最大（小）值也可能在使 $f'(x)$ 不存在的点处取得

【验证实例3-43】求函数 $y = \sqrt[3]{(x^2 - 2x)^2}$ 在 $[0，3]$ 上的最大值与最小值

解：显然，函数 $y = \sqrt[3]{(x^2 - 2x)^2}$ 在 $[0，3]$ 上连续，且 $y' = \dfrac{4(x-1)}{3\sqrt[3]{x^2 - 2x}}$，由此可知，驻点为 $x = 1$，不可导点为 $x = 2$ 和 $x = 0$，端点为 $x = 0$ 和 $x = 3$，这些点的函数值分别为 $y(0) = y(2) = 0$，$y(1) = 1$，$y(3) = \sqrt[3]{9}$.

那么函数在 $[0，3]$ 上的最大值为 $y(3) = \sqrt[3]{9}$，最小值为 $y(0) = y(2) = 0$.

【说明】

实际问题中常常遇到这样一种特殊情况，连续函数 $y = f(x)$ 若在开区间 $(a，b)$ 内可导，有且只有唯一驻点 x_0，根据实际问题，可以断定当 $f(x_0)$ 是极大值时就是最大值；而 $f(x_0)$ 为极小值时就是最小值.

【验证实例3-44】在曲线 $y = \dfrac{1}{x}$（$x > 0$）上取一点使之到原点的距离最近

解：曲线上任一点 (x, y) 到点 $(0, 0)$ 的距离为 $s = \sqrt{x^2 + y^2}$，即 $s = \sqrt{x^2 + \dfrac{1}{x^2}}$，而求 x 使 s 最小值可转化为求 x 使 $s^2 = x^2 + \dfrac{1}{x^2}$ 最小.

由题意知，这个最近距离是存在的，即函数的最小值存在.

因为 $(s^2)' = 2x - 2\dfrac{1}{x^3} = 2 \cdot \dfrac{x^4 - 1}{x^3} = 0 \Rightarrow x_1 = 1，x_2 = -1$（舍去）.

所以当 $x > 0$ 时，只有一个驻点 $x = 1$，且在点 $x = 1$ 处有 $(s^2)'' = 8 > 0$.

s^2 在点 $x = 1$ 处取得极小值 2，所以 s 在点 $x = 1$ 处取得极小值 $\sqrt{2}$. 而这个极小值 $\sqrt{2}$ 即为 s 在区间 $(0, +\infty)$ 上的最小值.

【知识3-17】曲线的凹凸性与拐点及求解

要想较准确地描绘函数的图形，仅知道 $y = f(x)$ 的单调性和极值是不够的，还要进一步研究曲线的凹凸性.

1. 函数的凹凸性

图3-11中的两条曲线弧 ACB 和 ADB 都是单调上升的，但它们的弯曲方向明显不同，曲线弧 ACB 向下凹，曲线弧 ADB 向上凸，下面介绍描述曲线弯曲方向的概念.

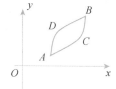

图 3-11 弯曲方向不同的曲线

【定义 3-5】函数的凹区间与凸区间

> 一个可导函数 $y = f(x)$ 的图形，在开区间 (a, b) 内，如果曲线上每一点处的切线都在它的下方，则称曲线在 (a, b) 内是凹的，开区间 (a, b) 称为曲线的凹区间；如果曲线上每一点处的切线都在它的上方，则称曲线在 (a, b) 内是凸的，开区间 (a, b) 称为曲线的凸区间.

为了能用导数来判定曲线是凹的或凸的，我们先分析凹的曲线或凸的曲线与导数的关系．如图 3-12 所示，对于凹的曲线，当 x 增大时，曲线上对应点的切线的斜率 $f'(x)$ 也是增大的，即 $f'(x)$ 是单调递增的，从而 $f''(x) > 0$；如图 3-13 所示，对于凸的曲线，曲线上对应点的切线的斜率 $f'(x)$ 是减小的，即 $f'(x)$ 是单调递减的，从而 $f''(x) < 0$．这说明可以用函数 $f'(x)$ 的二阶导数 $f''(x)$ 来判定曲线的凹凸性.

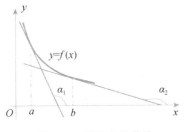

图 3-12　形状凸的曲线

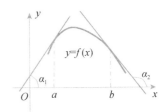

图 3-13　形状凹的曲线

2．函数凹凸性的判断定理

【定理 3-15】函数凹凸性的判断定理

> 设函数 $y = f(x)$ 在闭区间 $[a, b]$ 上连续，在开区间 (a, b) 内具有二阶导数，
> ① 如果在开区间 (a, b) 内，$f''(x) > 0$，那么曲线 $y = f(x)$ 在 (a, b) 内是凹的.
> ② 如果在开区间 (a, b) 内，$f''(x) < 0$，那么曲线 $y = f(x)$ 在 (a, b) 内是凸的.

例如，函数 $y = x^2$ 在点 $x=0$ 处的二阶导数为零，该点的左侧和右侧二阶导数都大于零（曲线总是凹的）．函数 $y = x^3$ 在点 $x=0$ 处的二阶导数为零，该点左侧二阶导数小于零（曲线是凸的），左侧二阶导数大于零（曲线是凹的）.

3．曲线的拐点及其判断

【定义 3-6】曲线的拐点

> 连续曲线 $y = f(x)$ 上凹弧和凸弧的分界点 $(x_0, f(x_0))$ 称为曲线的拐点.

【说明】
拐点是指曲线上的点，而不是 x 轴上的点.

【定理 3-16】拐点存在的必要条件

> 如果函数 $y = f(x)$ 在点 x_0 处二阶可导，则点 $(x_0, f(x_0))$ 为曲线 $y = f(x)$ 的拐点的必要条件是 $f''(x_0) = 0$.

【注意】

在拐点处，函数的二阶导数为零或不存在；但二阶导数为零或二阶导数不存在的点不一定是拐点．

【定理3-17】拐点存在的充分条件

> 如果函数 $y=f(x)$ 在点 x_0 处可导，在某邻域内二阶可导，若曲线在其拐点的邻近两侧的凹凸性发生了改变，即两侧二阶导数异号，则点 $(x_0,\ f(x_0))$ 为曲线 $y=f(x)$ 的拐点．

【说明】

若点 $(x_0,\ f(x_0))$ 是曲线 $y=f(x)$ 的一个拐点，但 $y=f(x)$ 在点 x_0 处未必可导．例如，函数 $y=\sqrt[3]{x}$ 在点 $x=0$ 处的情况．

当我们求出二阶导数为零或二阶导数不存在的曲线点后，还要判断这些点中哪些是拐点．

【验证实例3-45】判定曲线 $y=x^4-6x^2+24x-12$ 的凹凸性

解：

① 函数的定义域为 $(-\infty,\ +\infty)$．

② $y'=4x^3-12x+24$，$y''=12x^2-12=12(x-1)(x+1)$．

③ 令 $y''=0$，得 $x=\pm 1$．

④ 列表考查（表中"$\cap$"表示曲线是凸的，"$\cup$"表示是凹的），如表 3-4 所示．

表3-4　【验证实例3-45】对应的列表

x	$(-\infty,\ -1)$	$(-1,\ 1)$	$(1,\ +\infty)$
y''	+	−	+
曲线 y	$\cup$	$\cap$	$\cup$

⑤ 由表 3-4 可知，曲线在 $(-1,\ 1)$ 内是凸的，在 $(-\infty,\ -1)$ 和 $(1,\ +\infty)$ 内是凹的．

曲线 $y=x^4-6x^2+24x-12$ 的拐点为 $(-1,\ -41)$ 和 $(1,\ 7)$．

【验证实例3-46】讨论函数 $f(x)=\arctan x$ 的凸凹性

解：由于 $f''(x)=\dfrac{-2x}{(1+x^2)^2}$，因而当 $x\leqslant 0$ 时，$f''(x)\geqslant 0$；当 $x\geqslant 0$ 时，$f''(x)\leqslant 0$．从而在 $(-\infty,\ 0]$ 上，函数为凹函数；在 $[0,\ +\infty)$ 上，函数为凸函数．

所以 $y=\arctan x$ 的拐点为点 $(0,\ 0)$．

而正弦曲线 $y=\sin x$ 的拐点为 $(k\pi,\ 0)$ （k 为整数）．

【知识3-18】曲线的渐近线及求解

先看下面的实例：

① 当 $x\to +\infty$ 时，曲线 $y=\arctan x$ 无限接近于直线 $y=\dfrac{\pi}{2}$．

② 当 $x\to -\infty$ 时，曲线 $y=\arctan x$ 无限接近于直线 $y=-\dfrac{\pi}{2}$．

③ 当 $x \to 1_{+0}$ 时，曲线 $y = \ln(x-1)$ 无限接近于直线 $x = 1$.

一般地，对于具有上述特性的直线，我们给出下面的定义.

【定义 3-7】水平渐近线

> 如果当自变量 $x \to \infty$（有时仅当 $x \to +\infty$ 或 $x \to -\infty$）时，函数 $f(x)$ 以常量 b 为极限，即 $\lim\limits_{\substack{x \to \infty \\ (x \to +\infty) \\ (x \to -\infty)}} f(x) = b$，那么直线 $y = b$ 叫作曲线 $y = f(x)$ 的水平渐近线.

例如，因为 $\lim\limits_{x \to +\infty} \arctan x = \dfrac{\pi}{2}$，$\lim\limits_{x \to -\infty} \arctan x = -\dfrac{\pi}{2}$，所以直线 $y = \dfrac{\pi}{2}$ 和 $y = -\dfrac{\pi}{2}$ 是曲线 $y = \arctan x$ 的两条水平渐近线.

【定义 3-8】垂直渐近线

> 如果当自变量 $x \to x_0$（有时仅当 $x \to x_{0+}$ 或 $x \to x_{0-}$）时，函数 $f(x)$ 以无穷大为极限，即 $\lim\limits_{\substack{x \to x_0 \\ (x \to x_{0+}) \\ (x \to x_{0-})}} f(x) = \infty$，那么直线 $x = x_0$ 叫作曲线 $y = f(x)$ 的垂直渐近线.

例如，因为 $\lim\limits_{x \to 1+} \ln(x-1) = -\infty$，所以直线 $x = 1$ 是曲线 $y = \ln(x-1)$ 的垂直渐近线.

【验证实例 3-47】求下列曲线的水平渐近线和垂直渐近线.

（1） $y = \dfrac{2x}{1+x^2}$ 　　　　　　　　　　（2） $y = \dfrac{x+1}{x-2}$

解：

（1） $y = \dfrac{2x}{1+x^2}$，因为 $\lim\limits_{x \to \infty} \dfrac{2x}{1+x^2} = 0$，所以 $y = 0$ 是曲线 $y = \dfrac{2x}{1+x^2}$ 的水平渐近线.

（2） $y = \dfrac{x+1}{x-2}$，因为 $\lim\limits_{x \to 2} \dfrac{x+1}{x-2} = \infty$，所以直线 $x = 2$ 是曲线 $y = \dfrac{x+1}{x-2}$ 的垂直渐近线. 又因为 $\lim\limits_{x \to \infty} \dfrac{x+1}{x-2} = 1$，所以直线 $y = 1$ 是曲线的水平渐近线.

问题解惑

【问题 3-1】函数 $y = f(x)$ 在点 $x = x_0$ 处的导数是否可写成 $[f(x_0)]'$？

函数 $y = f(x)$ 在点 $x = x_0$ 处的导数 $f'(x_0)$ 就是导函数 $y = f'(x)$ 在点 $x = x_0$ 处的函数值，不能认为是 $[f(x_0)]'$，所以函数 $y = f(x)$ 在点 $x = x_0$ 处的导数不可以写成 $[f(x_0)]'$.

【问题 3-2】若 $f(x)$ 在点 x_0 处可导，$\dfrac{f(x_0 + h) - f(x_0 - h)}{h}$ 是否为 $f'(x_0)$？

$$\frac{f(x_0 + h) - f(x_0 - h)}{h} = \frac{f(x_0 + h) - f(x_0)}{h} + \frac{f(x_0) - f(x_0 - h)}{h}$$

$$= f'(x_0) + f'(x_0) = 2f'(x_0)，而不是 f'(x_0).$$

反过来，也能证明：$\dfrac{f(x_0+h)-f(x_0-h)}{2h}=f'(x_0)$.

【问题3-3】对于复合函数 $y=f[\phi(x)]$，$f'(\phi(x))$ 与 $[f(\phi(x))]'$ 有何区别？

对于复合函数 $y=f[\phi(x)]$，$f'(\phi(x))$ 与 $[f(\phi(x))]'$ 表示不同的含义，前者是对变量 $u=\phi(x)$ 求导，后者是对变量 x 求导，注意区别.

【问题3-4】如果函数在一点连续，则在该点也一定可导吗？

如果函数 $y=f(x)$ 在点 x_0 处可导，则函数 $y=f(x)$ 在点 x_0 处必连续. 但其逆命题不一定成立，即如果函数 $y=f(x)$ 在点 x_0 处连续，则在该点不一定可导.

根据以上结论可知，函数 $y=|x|$ 在 $x=0$ 点连续，但不可导.

【问题3-5】罗尔中值定理、拉格朗日中值定理与柯西中值定理之间有什么联系？

当柯西中值定理中的 $g(x)=x$ 时，柯西中值定理就变成了拉格朗日中值定理，可见柯西中值定理是拉格朗日中值定理的推广. 而罗尔中值定理又是拉格朗日中值定理的特例，即当拉格朗日中值定理中增加条件 $f(a)=f(b)$ 时，二者是一致的，可见拉格朗日中值定理是罗尔中值定理的推广.

【问题3-6】导数值为零的点一定是单调区间的"分界点"吗？

函数单调区间的分界点主要有两大类：其一是导数等于零的点，即 $f'(x)=0$ 的点；其二是导数不存在的点. 所以既不能说分界点一定是导数为零的点，也不能说导数值为零的点一定是单调区间的"分界点".

例如，函数 $f(x)=x^3$ 在 $(-\infty, +\infty)$ 内单调增加，但在点 $x=0$ 处有 $f'(x)=0$，而该点并不是分界点.

例如，函数 $f(x)=(x-1)^{\frac{1}{2}}$，$f'(x)=\dfrac{1}{2\sqrt{x-1}}$，显然该函数 $f(x)$ 在 $(-\infty, +\infty)$ 内没有导数为零的点，但在点 $x=1$ 处导数不存在，该导数不存在的点即为分界点.

【问题3-7】函数的驻点一定是极值点吗？

$f'(x)=0$ 的点称为函数 $y=f(x)$ 的驻点.

如果函数 $f(x)$ 在点 x_0 处可导，且在点 x_0 处存在极值，则 $f'(x_0)=0$，即可导函数的极值点必是驻点；但反之，函数的驻点却不一定是极值点，因为导数不存在的点也可能是函数的极值点. 例如，函数 $y=|x|$ 在点 $x=0$ 的导数不存在，但函数在点 $x=0$ 处有极小值.

【问题3-8】二阶导数为零或二阶导数不存在的点一定是拐点吗？

连续曲线 $y=f(x)$ 上凹弧和凸弧的分界点 $(x_0, f(x_0))$ 称为曲线的拐点. 在拐点处，函数的二阶导数为零或不存在；但二阶导数为零或二阶导数不存在的点不一定是拐点.

如果函数 $y=f(x)$ 在点 x_0 处可导，并在某邻域内二阶可导，若曲线在其拐点的邻近两侧的凹凸性发生了改变，即两侧二阶导数异号，则点 $(x_0, f(x_0))$ 为曲线 $y=f(x)$ 的拐点.

如果两侧的符号相同时，那么点（x_0，$f(x_0)$）不是拐点.

 方法探析

【方法3-1】求曲线切线方程与法线方程的方法

【方法实例3-1】

求曲线 $y = x^3$ 在点 $P(x_0, y_0)$ 处的切线方程与法线方程.

解：由于 $(x^3)'\big|_{x=x_0} = 3x^2\big|_{x=x_0} = 3x_0{}^2$，所以 $y = x^3$ 在点 $P(x_0, y_0)$ 处的切线方程为：

$$y - y_0 = 3x_0{}^2(x - x_0).$$

当 $x_0 \neq 0$ 时，法线方程为：$y - y_0 = -\dfrac{1}{3x_0{}^2}(x - x_0)$.

当 $x_0 = 0$ 时，法线方程为：$x = x_0$.

【方法3-2】探析函数连续性与可导性的方法

【方法实例3-2】

讨论函数 $y = |x|$ 在点 $x = 0$ 处是否连续，是否可导.

解：

（1）判断连续性

因为 $\Delta y = |0 + \Delta x| - |0| = |\Delta x|$，

于是 $\lim\limits_{\Delta x \to 0} \Delta y = \lim\limits_{\Delta x \to 0} |\Delta x| = 0$，

所以 $y = |x|$ 在点 $x = 0$ 处连续.

（2）判断可导性

由于 $\lim\limits_{\Delta x \to 0} \dfrac{\Delta y}{\Delta x} = \lim\limits_{\Delta x \to 0} \dfrac{|\Delta x|}{\Delta x}$，

所以 $\lim\limits_{\Delta x \to 0^+} \dfrac{\Delta y}{\Delta x} = \lim\limits_{\Delta x \to 0^+} \dfrac{|\Delta x|}{\Delta x} = \lim\limits_{\Delta x \to 0^+} \dfrac{\Delta x}{\Delta x} = 1$，

$\lim\limits_{\Delta x \to 0^-} \dfrac{\Delta y}{\Delta x} = \lim\limits_{\Delta x \to 0^-} \dfrac{|\Delta x|}{\Delta x} = \lim\limits_{\Delta x \to 0^-} \dfrac{-\Delta x}{\Delta x} = -1$，

故极限 $\lim\limits_{\Delta x \to 0} \dfrac{\Delta y}{\Delta x}$ 不存在，所以函数 $y = |x|$ 在点 $x = 0$ 处不

可导，如图 3-14 所示.

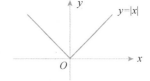

图 3-14　函数 $y = |x|$ 的图形

【方法实例3-3】

求常数 a，b 的值，使得 $f(x) = \begin{cases} \mathrm{e}^x, & x \geqslant 0, \\ ax + b, & x < 0 \end{cases}$ 在点 $x = 0$ 处可导.

解：若使 $f(x)$ 在点 $x = 0$ 处可导，必使之连续，故

$$\lim_{x\to0+}f(x)=\lim_{x\to0-}f(x)=f(0) \implies \mathrm{e}^0=a\cdot0+b \implies b=1.$$

又若使 $f(x)$ 在点 $x=0$ 处可导，必使之左右导数存在且相等．由函数知，左右导数是存在的，且

$$f'_-(0)=\lim_{x\to0-}\frac{(ax+b)-\mathrm{e}^0}{x-0}=a, \quad f'_+(0)=\lim_{x\to0+}\frac{\mathrm{e}^x-\mathrm{e}^0}{x-0}=\mathrm{e}^0=1.$$

所以若有 $a=1$，则 $f'_-(0)=f'_+(0)$，此时 $f(x)$ 在点 $x=0$ 处可导．

所以所求常数为 $a=b=1$．

【方法3-3】求函数导数的方法

【方法3-3-1】应用导数的定义求基本初等函数导数的方法

【方法实例3-4】

求 $f(x)=x^3$ 的导数．

解：

① 求增量：$\Delta y=f(x+\Delta x)-f(x)=(x+\Delta x)^3-x^3$
$$=3x^2\Delta x+3x(\Delta x)^2+(\Delta x)^3.$$

② 算比值：$\dfrac{\Delta y}{\Delta x}=\dfrac{3x^2\Delta x+3x(\Delta x)^2+(\Delta x)^3}{\Delta x}=3x^2+3x(\Delta x)+(\Delta x)^2.$

③ 求极限：$f'(x)=\lim\limits_{\Delta x\to0}\dfrac{\Delta y}{\Delta x}=\lim\limits_{\Delta x\to0}[3x^2+3x(\Delta x)+(\Delta x)^2]=3x^2,$

即 $(x^3)'=3x^2$．

本实例的结果，可推广到任意正整数幂的情况，即 $(x^n)'=nx^{n-1}$．

由此可见，$(\sqrt{x})'=\dfrac{1}{2}\dfrac{1}{\sqrt{x}}(x\neq0)$，$\left(\dfrac{1}{x}\right)'=-\dfrac{1}{x^2}(x\neq0)$．

【方法实例3-5】

求 $f(x)=a^x(a>0,\ a\neq1)$ 的导数．

解：$f'(x)=\lim\limits_{\Delta x\to0}\dfrac{f(x+\Delta x)-f(x)}{\Delta x}=\lim\limits_{\Delta x\to0}\dfrac{a^{x+\Delta x}-a^x}{\Delta x}$

$$=a^x\cdot\lim_{\Delta x\to0}\frac{a^{\Delta x}-1}{\Delta x}\overset{\diamondsuit u=a^{\Delta x}-1}{\underset{\Delta x=\log_a(1+u)}{=}}a^x\lim_{u\to0}\frac{u}{\log_a(1+u)}$$

$$=a^x\lim_{u\to0}\frac{1}{\log_a(1+u)^{\frac{1}{u}}}=a^x\cdot\frac{1}{\log_a\mathrm{e}}=a^x\ln a$$

所以 $(a^x)'=a^x\ln a$．

特别地，$(\mathrm{e}^x)'=\mathrm{e}^x$．

【方法实例3-6】

求 $f(x)=\log_a x\ (a>0,\ a\neq1,\ x>0)$ 的导数．

解：$f'(x)=\lim\limits_{\Delta x\to0}\dfrac{\log_a(x+\Delta x)-\log_a x}{\Delta x}$

$$= \lim_{\Delta x \to 0} \frac{\log_a(1+\frac{\Delta x}{x})}{\Delta x} = \lim_{\Delta x \to 0} \log_a(1+\frac{\Delta x}{x})^{\frac{1}{\Delta x}} = \lim_{\Delta x \to 0} \frac{1}{x} \log_a(1+\frac{\Delta x}{x})^{\frac{x}{\Delta x}}$$

$$= \log_a \lim_{\Delta x \to 0} [(1+\frac{\Delta x}{x})^{\frac{x}{\Delta x}}]^{\frac{1}{x}} = \frac{1}{x} \log_a e = \frac{1}{x \ln a} ,$$

即 $(\log_a x)' = \dfrac{1}{x \ln a}$.

特别地，当 $a = e$ 时，可得 $(\ln x)' = \dfrac{1}{x}$.

【方法实例 3-7】

求 $f(x) = \sin x$ 的导数.

解：$f'(x) = \lim\limits_{\Delta x \to 0} \dfrac{\sin(x+\Delta x) - \sin(x)}{\Delta x} = \lim\limits_{\Delta x \to 0} \dfrac{2\cos(x+\frac{\Delta x}{2})\sin(\frac{\Delta x}{2})}{\Delta x}$

$$= \lim_{\Delta x \to 0} \frac{\sin(\frac{\Delta x}{2})}{\frac{\Delta x}{2}} \cdot \cos(x+\frac{\Delta x}{2}) = \cos x ,$$

即 $(\sin x)' = \cos x$.

类似地，可以求得 $(\cos x)' = -\sin x$.

【方法 3-3-2】应用导数的求导公式和四则运算法则求函数导数的方法

【方法实例 3-8】

求 $f(x) = x + 2\sqrt{x} - \dfrac{2}{\sqrt{x}}$ 的导数 $f'(x)$.

解：$f'(x) = (x + 2\sqrt{x} - \dfrac{2}{\sqrt{x}})' = (x)' + (2\sqrt{x})' - (\dfrac{2}{\sqrt{x}})'$

$$= 1 + \frac{2}{2} \cdot \frac{1}{\sqrt{x}} - 2\left(-\frac{1}{2}\right) \cdot \frac{1}{\sqrt{x^3}} = 1 + \frac{1}{\sqrt{x}} + \frac{1}{\sqrt{x^3}} .$$

【方法实例 3-9】

求 $f(x) = x e^x \ln x$ 的导数 $f'(x)$.

解：$f'(x) = (x e^x \ln x)' = (x)' e^x \ln x + x(e^x)' \ln x + x e^x (\ln x)'$

$$= e^x \ln x + x e^x \ln x + x e^x \cdot \frac{1}{x} = e^x(1 + \ln x + x \ln x) .$$

【方法实例 3-10】

求 $f(x) = x^5 \sin x$ 的导数 $f'(x)$.

解：$f'(x) = (x^5)' \sin x + x^5 (\sin x)' = 5x^4 \sin x + x^5 \cos x$.

【方法实例 3-11】

求 $y = x^3 \ln x + 2\cos x$ 的导数 $f'(x)$.

解： $y' = (x^3 \ln x + 2\cos x)' = (x^3)' \ln x + x^3 (\ln x)' + 2(\cos x)'$

$= 3x^2 \ln x + x^3 \cdot \dfrac{1}{x} + 2(-\sin x) = 3x^2 \ln x + x^2 - 2\sin x$.

【方法 3-3-3】应用复合函数的求导法则求函数导数的方法

【方法实例3-12】

求函数 $y = \sqrt{x^2+1}$ 的导数.

解： $y = \sqrt{x^2+1}$ 可看作由 $y = \sqrt{u}$ ， $u = x^2+1$ 复合而成.

因为 $\dfrac{dy}{du} = \dfrac{1}{2\sqrt{u}}$ ， $\dfrac{du}{dx} = 2x$ ，所以 $\dfrac{dy}{dx} = \dfrac{dy}{du} \cdot \dfrac{du}{dx} = \dfrac{1}{2\sqrt{u}} \cdot 2x = \dfrac{x}{\sqrt{x^2+1}}$.

【方法实例3-13】

求函数 $y = \sqrt{1-x^2}$ 的导数.

解： $y' = (\sqrt{1-x^2})' = [(1-x^2)^{\frac{1}{2}}]' = \dfrac{1}{2} \cdot \dfrac{1}{\sqrt{1-x^2}} \cdot (1-x^2)' = -\dfrac{x}{\sqrt{1-x^2}}$.

【方法实例3-14】

求函数 $y = e^{3\sqrt{x^2+1}}$ 的导数.

解： $y' = e^{3\sqrt{x^2+1}} \cdot (3\sqrt{x^2+1})' = e^{3\sqrt{x^2+1}} \cdot 3 \cdot \dfrac{1}{2\sqrt{x^2+1}} \cdot (x^2+1)'$

$= e^{3\sqrt{x^2+1}} \cdot 3 \cdot \dfrac{1}{2\sqrt{x^2+1}} \cdot 2x = \dfrac{3x e^{3\sqrt{x^2+1}}}{\sqrt{x^2+1}}$.

【方法实例3-15】

求函数 $y = \ln(x + \sqrt{1+x^2})$ 的导数.

解： $y' = [\ln(x+\sqrt{1+x^2})]' = \dfrac{1}{x+\sqrt{1+x^2}} \cdot (x+\sqrt{1+x^2})'$

$= \dfrac{1}{x+\sqrt{1+x^2}}[1 + \dfrac{1}{2} \cdot \dfrac{1}{\sqrt{1+x^2}}(1+x^2)']$

$= \dfrac{1}{x+\sqrt{1+x^2}}(1 + \dfrac{1}{2} \cdot \dfrac{2x}{\sqrt{1+x^2}}) = \dfrac{1}{\sqrt{1+x^2}} = (\text{arsh}x)'$.

同理： $(\ln(x+\sqrt{x^2-1}))' = \dfrac{1}{\sqrt{x^2-1}} = (\text{arch}x)'$.

【方法实例3-16】

求函数 $y = \sin^3 x \cdot \sqrt{x^2+2^x}$ 的导数.

解： $y' = (\sin^3 x)' \cdot \sqrt{x^2+2^x} + \sin^3 x \cdot (\sqrt{x^2+2^x})'$

$= 3\sin^2 x \cdot \cos x \cdot \sqrt{x^2+2^x} + \sin^3 x \cdot \left[\dfrac{2x + 2^x \ln 2}{2\sqrt{x^2+2^x}}\right]$.

【方法实例3-17】

求函数 $y = e^{\sqrt{1-\sin x}}$ 的导数.

解：$y' = (e^{\sqrt{1-\sin x}})' = e^{\sqrt{1-\sin x}} \cdot (\sqrt{1-\sin x})' = e^{\sqrt{1-\sin x}} \cdot \dfrac{1}{2} \cdot \dfrac{(1-\sin x)'}{\sqrt{1-\sin x}}$

$\qquad = \dfrac{1}{2} e^{\sqrt{1-\sin x}} \cdot \dfrac{-\cos x}{\sqrt{1-\sin x}} = -\dfrac{1}{2} \cdot \dfrac{\cos x}{\sqrt{1-\sin x}} e^{\sqrt{1-\sin x}} \dfrac{n!}{r!(n-r)!}$.

【方法实例3-18】

求函数 $y = \ln[\sin(e^x)]$ 的导数.

解：$y = \ln[\sin(e^x)]$ 可看作由 $y = \ln u$ ，$u = \sin v$ ，$v = e^x$ 复合而成.

因为 $\dfrac{dy}{du} = \dfrac{1}{u}$ ，$\dfrac{du}{dv} = \cos v$ ，$\dfrac{dv}{dx} = e^x$ ，所以

$\dfrac{dy}{dx} = \dfrac{dy}{du} \cdot \dfrac{du}{dv} \cdot \dfrac{dv}{dx} = \dfrac{1}{u} \cdot \cos v \cdot e^x = \dfrac{\cos(e^x)}{\sin(e^x)} \cdot e^x = e^x \cdot \cot(e^x)$.

【说明】复合函数求导运算熟练后，可不必再写出中间变量，而直接由外往里、逐层求导即可，但是千万要分清楚函数的复合过程.

【方法实例3-19】

求函数 $y = \arcsin[2\cos(x^2-1)]$ 的导数.

解：$y' = \{\arcsin[2\cos(x^2-1)]\} = \dfrac{1}{\sqrt{1-[2\cos(x^2-1)]^2}}[2\cos(x^2-1)]'$

$\qquad = \dfrac{1}{\sqrt{1-4\cos^2(x^2-1)}} \cdot 2[-\sin(x^2-1)] \cdot (x^2-1)'$

$\qquad = \dfrac{-2\sin(x^2-1)}{\sqrt{1-4\cos^2(x^2-1)}} \cdot 2x = -\dfrac{4x\sin(x^2-1)}{\sqrt{1-4\cos^2(x^2-1)}}$.

【方法3-3-4】应用反函数的求导法则求函数导数的方法

【方法实例3-20】

利用反函数的求导方法求函数 $y = a^x (a > 0$ 且 $a \neq 1)$ 的导数.

解：对数函数 $x = \log_a y$ 在区间 $(0, +\infty)$ 内单调、可导，且 $(\log_a y)' = \dfrac{1}{y \ln a} \neq 0$.

由定理可知，它的反函数 $y = a^x$ 在对应区间 $(-\infty, +\infty)$ 内单调、可导，且

$(a^x)' = \dfrac{1}{(\log_a y)'} = \dfrac{1}{\dfrac{1}{y \ln a}} = y \ln a = a^x \ln a$ ，

即 $(a^x)' = a^x \ln a$.

特殊地，当 $a = e$ 时，有 $(e^x)' = e^x$.

【方法实例3-21】

求函数 $y = \arctan x$ 的导数.

解：函数 $x = \tan y$ 在区间 $\left(-\dfrac{\pi}{2}, \dfrac{\pi}{2} \right)$ 内单调、可导，且 $(\tan y)' = \sec^2 y \neq 0$．

由定理可知，它的反函数 $y = \arctan x$ 在对应区间 $(-\infty, \infty)$ 内单调、可导，且

$$(\arctan x)' = \frac{1}{(\tan y)'} = \frac{1}{\sec^2 y} = \frac{1}{1 + \tan^2 y} = \frac{1}{1 + x^2}.$$

即 $(\arctan x)' = \dfrac{1}{1 + x^2}$．

类似地，可得 $(\text{arccot} x)' = -\dfrac{1}{1 + x^2}$．

同理可证：$(\arccos x)' = -\dfrac{1}{\sqrt{1 - x^2}}$；$(\arcsin x)' = \dfrac{1}{\sqrt{1 - x^2}}$．

【方法 3-3-5】应用隐函数的求导法则求函数导数的方法

应用隐函数的求导法则求函数的导数的基本步骤如下．

① 方程两端同时对 x 求导，要把 y 当作 x 的复合函数的中间变量来看待，用复合函数的求导法则．例如：$(\cos y)' = -\sin y \cdot y'$．

② 从求导后的方程中解出 y' 来．

③ 在隐函数的导数中，允许用 x，y 两个变量来表示，若求导数值，不但要把 x 值代进去，还要把对应的 y 值代进去．

【方法实例 3-22】

求由方程 $e^y - xy - \sin x = 1$ 所确定的隐函数 $y = f(x)$ 的导数 y'，并求 $y'(0)$．

解：方程两边同时对 x 求导，得 $(e^y)' - (xy)' - (\sin x)' = (1)'$，$e^y y' - y - x y' - \cos x = 0$，

$$y' = \frac{y + \cos x}{e^y - x}.$$

又因为 $x = 0$，$y = 0$，所以 $y'(0) = 1$．

【方法实例 3-23】

求由方程 $y = \cos(x + y) + y^4$ 所确定的隐函数 $y = f(x)$ 的导数．

解：方程两边同时对 x 求导，得 $y' = \cos'(x + y) + (y^4)'$，

$$y' = -\sin'(x + y)(x + y)' + 4y^3 y',$$
$$y' = -\sin(x + y)(1 + y)' + 4y^3 y',$$
$$y' = \frac{-\sin(x + y)}{1 + \sin(x + y) - 4y^3}.$$

【方法 3-3-6】应用对数求导法求函数导数的方法

【方法实例 3-24】

求函数 $y = \sqrt{\dfrac{(x-1)(x-2)}{(x-3)(x-4)}}$ 的导数（$x > 4$）．

方程两边同时取对数，得

$\ln y = \dfrac{1}{2}[\ln(x-1)+\ln(x-2)-\ln(x-3)-\ln(x-4)]$，

再两边对 x 求导，得 $\dfrac{1}{y} \cdot y' = \dfrac{1}{2}\left(\dfrac{1}{x-1}+\dfrac{1}{x-2}-\dfrac{1}{x-3}-\dfrac{1}{x-4}\right)$，

于是得 $y' = \dfrac{1}{2}\sqrt{\dfrac{(x-1)(x-2)}{(x-3)(x-4)}} \cdot \left(\dfrac{1}{x-1}+\dfrac{1}{x-2}-\dfrac{1}{x-3}-\dfrac{1}{x-4}\right)$.

【方法 3-3-7】应用参数方程的求导规则求函数导数的方法

【方法实例 3-25】

已知曲线的参数方程为 $\begin{cases} x = \sin t, \\ y = \cos 2t, \end{cases}$ 求曲线在 $t = \dfrac{\pi}{4}$ 处的切线方程.

解：将 $t = \dfrac{\pi}{4}$ 代入原参数方程，得曲线上的相应点为 $\left(\dfrac{\sqrt{2}}{2},\ 0\right)$.

又因为 $\dfrac{\mathrm{d}y}{\mathrm{d}x} = \dfrac{y_t'}{x_t'} = -\dfrac{2\sin 2t}{\cos t} = -4\sin t$，所以所求曲线的斜率为

$$k = \left.\dfrac{\mathrm{d}y}{\mathrm{d}x}\right|_{t=\frac{\pi}{4}} = -4\sin\dfrac{\pi}{4} = -2\sqrt{2}$$，

故切线方程为 $y - 0 = -2\sqrt{2}\left(x - \dfrac{\sqrt{2}}{2}\right)$，

即 $2\sqrt{2}x + y - 2 = 0$.

【方法 3-3-8】应用高阶导数的求导法则求函数导数的方法

【方法实例 3-26】

求函数 $y = \mathrm{e}^{-2x}$ 的二阶导数 y'' 和三阶导数 y'''.

解：$y' = (\mathrm{e}^{-2x})' = \mathrm{e}^{-2x}(-2x)' = -2\mathrm{e}^{-2x}$，

$\qquad y'' = (-2\mathrm{e}^{-2x})' = -2\mathrm{e}^{-2x}(-2x)' = 4\mathrm{e}^{-2x}$，

$\qquad y''' = (4\mathrm{e}^{-2x})' = 4\mathrm{e}^{-2x}(-2x)' = -8\mathrm{e}^{-2x}$.

【方法实例 3-27】

求函数 $y = \mathrm{e}^t \sin t$ 的二阶导数 y''.

解：$y' = (\mathrm{e}^t \sin t)' = \mathrm{e}^t \sin t + \mathrm{e}^t \cos t = \mathrm{e}^t(\sin t + \cos t)$，

$\qquad y'' = [\mathrm{e}^t(\sin t + \cos t)]' + \mathrm{e}^t(\sin t + \cos t) = \mathrm{e}^t(\cos t - \sin t) = 2\mathrm{e}^t \cos t$.

【方法实例 3-28】

求函数 $y = \mathrm{e}^x \cos x$ 的三阶导数 y'''.

解：$y' = \mathrm{e}^x \cos x + \mathrm{e}^x(-\sin x) = \mathrm{e}^x(\cos x - \sin x)$，

$\qquad y'' = \mathrm{e}^x(\cos x - \sin x) + \mathrm{e}^x(-\sin x - \cos x) = \mathrm{e}^x(-2\sin x)$，

$\qquad y''' = -2(\mathrm{e}^x \sin x + \mathrm{e}^x \cos x) = -2\mathrm{e}^x(\sin x + \cos x)$.

【方法实例3-29】

验证 $y = \dfrac{x-3}{x-4}$ 满足关系式：$2y'^2 = (y-1)y''$.

解：$y = \dfrac{x-3}{x-4} = 1 + \dfrac{1}{x-4}$，$y' = -\dfrac{1}{(x-4)^2}$，$y'' = \dfrac{1 \cdot 2}{(x-4)^3}$.

又因为 $2y'^2 - (y-1)y'' = 2 \cdot \dfrac{1}{(x-4)^4} - \dfrac{1}{x-4} \cdot \dfrac{2}{(x-4)^3} = 0$，

所以 $2y'^2 - (y-1)y'' = 0$.

【方法3-4】应用洛必达法则求函数极限的方法

【方法实例3-30】

应用洛必达法则求 $\lim\limits_{x \to 0} \dfrac{e^x - 1}{x^3 - x}$.

解：此极限为 $\dfrac{0}{0}$ 型未定式，由洛必达法则，得 $\lim\limits_{x \to 0} \dfrac{e^x - 1}{x^3 - x} = \lim\limits_{x \to 0} \dfrac{e^x}{3x^2 - 1} = -1$.

【方法实例3-31】

应用洛必达法则求 $\lim\limits_{x \to 0} \dfrac{x - \sin x}{x^3}$.

解：$\lim\limits_{x \to 0} \dfrac{x - \sin x}{x^3} = \lim\limits_{x \to 0} \dfrac{1 - \cos x}{3x^2} = \lim\limits_{x \to 0} \dfrac{\sin x}{6x} = \dfrac{1}{6}$.

【方法实例3-32】

应用洛必达法则求 $\lim\limits_{x \to 0^+} \dfrac{\ln \cot x}{\ln x}$.

解：$\lim\limits_{x \to 0^+} \dfrac{\ln \cot x}{\ln x} = \lim\limits_{x \to 0^+} \dfrac{\dfrac{1}{\cot x}(-\csc^2 x)}{\dfrac{1}{x}} = \lim\limits_{x \to 0^+} \dfrac{-x}{\sin x \cdot \cos x}$

$\qquad = \lim\limits_{x \to 0^+} \dfrac{x}{\sin x} \cdot \lim\limits_{x \to 0^+} \dfrac{-1}{\cos x} = -1$.

【方法实例3-33】

应用洛必达法则求 $\lim\limits_{x \to +\infty} \dfrac{\ln x}{x^n}(n > 0)$.

解：$\lim\limits_{x \to +\infty} \dfrac{\ln x}{x^n} = \lim\limits_{x \to +\infty} \dfrac{\dfrac{1}{x}}{nx^{n-1}} = \lim\limits_{x \to +\infty} \dfrac{1}{nx^n} = 0$.

【方法实例3-34】

应用洛必达法则求 $\lim\limits_{x \to 0^+} x^n \ln x$.

解：这是 $0 \cdot \infty$ 型未定式. 因为 $x^n \ln x = \dfrac{\ln x}{\dfrac{1}{x^n}}$，当 $x \to 0^+$ 时，上式右端是 $\dfrac{\infty}{\infty}$ 型未定式.

应用洛必达法则，得 $\lim\limits_{x \to 0^+} x^n \ln x = \lim\limits_{x \to 0^+} \dfrac{\ln x}{\dfrac{1}{x^n}} = \lim\limits_{x \to 0^+} \dfrac{\dfrac{1}{x}}{-nx^{-n-1}} = \lim\limits_{x \to 0^+} \left(\dfrac{-x^n}{n} \right) = 0$.

【方法实例3-35】

应用洛必达法则求 $\lim\limits_{x \to 1} \left(\dfrac{x}{x-1} - \dfrac{1}{\ln x} \right)$.

解：这是 $\infty - \infty$ 型未定式，先将所给的极限化为 $\dfrac{0}{0}$ 型未定式，

$$\lim_{x \to 1} \left(\dfrac{x}{x-1} - \dfrac{1}{\ln x} \right) = \lim_{x \to 1} \dfrac{x \ln x - (x-1)}{(x-1)\ln x} \left(\dfrac{0}{0} \right) = \lim_{x \to 1} \dfrac{x \ln x}{x \ln x + x - 1} \left(\dfrac{0}{0} \right)$$

$$= \lim_{x \to 1} \dfrac{1 + \ln x}{2 + \ln x} = \dfrac{1}{2} .$$

【方法实例3-36】

应用洛必达法则求 $\lim\limits_{x \to +\infty} x^{\frac{1}{x}}$.

解：这是 ∞^0 型未定式，由于 $\lim\limits_{x \to +\infty} x^{\frac{1}{x}} = \lim\limits_{x \to +\infty} e^{\frac{1}{x} \ln x}$ ，

其中 $\lim\limits_{x \to +\infty} \dfrac{1}{x} \ln x = \lim\limits_{x \to +\infty} \dfrac{\ln x}{x} = \lim\limits_{x \to +\infty} \dfrac{1}{x} = 0$ ，于是 $\lim\limits_{x \to +\infty} x^{\frac{1}{x}} = e^0 = 1$.

【方法实例3-37】

应用洛必达法则求 $\lim\limits_{x \to 0^+} x^x (x > 0)$.

解：这是 0^0 型未定式，由于 $\lim\limits_{x \to 0^+} x^x = \lim\limits_{x \to 0^+} e^{x \ln x}$ ，其中

$$\lim_{x \to 0^+} x \ln x = \lim_{x \to 0^+} \dfrac{\ln x}{\dfrac{1}{x}} = \lim_{x \to 0^+} \dfrac{\dfrac{1}{x}}{-\dfrac{1}{x^2}} = \lim_{x \to 0^+} (-x) = 0 ,$$

于是 $\lim\limits_{x \to 0^+} x^x = e^0 = 1$.

【方法实例3-38】

应用洛必达法则求 $\lim\limits_{x \to 0} \dfrac{\tan x - x}{x^2 \sin x}$.

解：这是 $\dfrac{0}{0}$ 型未定式，如果直接用洛必达法则，则分母的导数较繁，若先做一个等价无穷小替换，则运算就简便得多. 其运算如下：

$$\lim_{x \to 0} \dfrac{\tan x - x}{x^2 \sin x} = \lim_{x \to 0} \dfrac{\tan x - x}{x^3} \cdot \dfrac{x}{\sin x} = \lim_{x \to 0} \dfrac{\tan x - x}{x^3} = \lim_{x \to 0} \dfrac{\sec^2 x - 1}{3x^2}$$

$$= \lim_{x \to 0} \dfrac{2\sec^2 x \tan x}{6x} = \dfrac{1}{3} \lim_{x \to 0} \dfrac{\tan x}{x} = \dfrac{1}{3} .$$

【注意】

洛必达法则是求未定式极限的有效方法，但最好能与其他求极限的方法结合使用．例如，能化简时尽可能先化简，能应用重要极限或等价无穷小替换时，应尽可能应用，以便使运算简捷．

【方法实例3-39】

应用洛必达法则求 $\lim\limits_{x\to 0^{+}}(\sin x)^{\frac{k}{1+\ln x}}$（$k$ 为常数）．

解：这是一个 0^{0} 型未定式极限，先求 $\dfrac{\infty}{\infty}$ 型未定式极限，

$$\lim_{x\to 0^{+}}\frac{k\ln\sin x}{1+\ln x}=\lim_{x\to 0^{+}}\frac{\dfrac{k\cos x}{\sin x}}{\dfrac{1}{x}}=\lim_{x\to 0^{+}}k\cos x\cdot\frac{x}{\sin x}=k,$$

然后得到 $\lim\limits_{x\to 0^{+}}(\sin x)^{\frac{k}{1+\ln x}}=\mathrm{e}^{k}$（$k\neq 0$）．当 $k=0$ 时，上面所得的结果显然成立．

【注意】

洛必达法则是求未定式极限的一种方法．当定理条件满足时，所求的极限一定存在（或为无穷）；但当定理的条件不满足时，所求极限却不一定不存在．

【方法3-5】求函数的单调区间并判断各区间单调性的方法

求函数单调区间的一般步骤如下：

① 求函数的定义域．

② 求函数的导数．

③ 求出 $f'(x)=0$ 或 $f'(x)$ 不存在的点．

④ 用这些点将函数定义域划分为若干个子区间，然后列表讨论 $f'(x)$ 在各子区间内的符号．

⑤ 根据 $f'(x)$ 的符号判断函数在各子区间内的单调性，从而得出结论．

【方法实例3-40】

求函数 $f(x)=3(x-1)^{\frac{2}{3}}$ 的单调区间，并判断各区间内函数的单调性．

解：

① 函数 $f(x)$ 的定义域为 $(-\infty,\ +\infty)$．

② $f'(x)=2(x-1)^{-\frac{1}{3}}=\dfrac{2}{\sqrt[3]{x-1}}$．

③ 函数 $f(x)$ 在 $(-\infty,\ +\infty)$ 内没有导数为零的点，但在点 $x=1$ 处导数不存在．

④ 列表分析函数的单调性，如表 3-5 所示．

表3-5　【方法实例3-40】对应的列表

x	$(-\infty,\ 1)$	1	$(1,\ +\infty)$
$f'(x)$	$-$	不存在	$+$
$f(x)$	单调递减		单调递增

⑤ 函数 $f(x)$ 的单调递减区间为 $(-\infty,\ 1)$，单调递增区间为 $(1,\ +\infty)$．

【方法实例3-41】

求函数 $f(x)=3x-x^3$ 的单调区间，并判断各区间函数的单调性．

解：$f'(x)=(3x-x^3)'=3-3x^2=3(1-x)(1+x)$

① 当 $-\infty<x<-1$ 时，$f'(x)<0$，所以 $f(x)$ 在 $(-\infty,\ -1)$ 上单调递减．

② 当 $-1<x<1$ 时，$f'(x)>0$，所以 $f(x)$ 在 $(-1,\ 1)$ 上单调递增．

③ 当 $1<x<+\infty$ 时，$f'(x)<0$，所以 $f(x)$ 在 $(1,\ +\infty)$ 上单调递减．

这里的 $(-\infty,\ -1)$、$[-1,\ 1]$、$(1,\ +\infty)$ 通常称为单调区间，并且 $(-\infty,\ -1)$、$(1,\ +\infty)$ 称为单调递减区间，$(-1,\ 1)$ 称为单调递增区间．而 $x=1$，$x=-1$ 两点恰为单调区间的分界点，不难知 $f'(-1)=f'(1)=0$．

【方法3-6】求函数极值的方法

【方法实例3-42】

求函数 $f(x)=x^3-3x^2-9x+5$ 的极值．

解：求函数 $f(x)=x^3-3x^2-9x+5$ 极值的步骤如下：

① 函数 $f(x)$ 的定义域为 $(-\infty,\ +\infty)$，在该定义域内函数连续．

② $f'(x)=3x^2-6x-9=3(x+1)(x-3)$．

③ 令 $f'(x)=0$，得驻点 $x_1=-1$，$x_2=3$．

④ 列表确定 $f'(x)$ 的符号和极值点，如表 3-6 所示．

表3-6　【方法实例3-42】对应的列表

x	$(-\infty,\ -1)$	-1	$(-1,\ 3)$	3	$(3,\ +\infty)$
$f'(x)$	$+$	0	$-$	0	$+$
$f(x)$	单调递增	极大值	单调递减	极小值	单调递增

⑤ 由表 3-6 可知，函数的极大值为 $f(-1)=10$，极小值为 $f(3)=-22$．

【方法实例3-43】

求函数 $f(x)=x-\dfrac{3}{2}x^{\frac{2}{3}}$ 的极值．

解：求函数 $f(x)=x-\dfrac{3}{2}x^{\frac{2}{3}}$ 极值的步骤如下：

① 函数 $f(x)$ 的定义域为 $(-\infty,\ +\infty)$．

② $f'(x)=1-x^{-\frac{1}{3}}=\dfrac{\sqrt[3]{x}-1}{\sqrt[3]{x}}$．

③ 令 $f'(x)=0$，得驻点 $x=1$．当 $x=0$ 时，导数不存在．驻点与不可导的点将定义域分成 3 个区间：$(-\infty,\ 0)$，$(0,\ 1)$，$(1,\ +\infty)$．

④ 列表确定 $f'(x)$ 的符号和极值点，如表 3-7 所示．

表3-7　【方法实例3-43】对应的列表

x	$(-\infty,\ 0)$	0	$(0,\ 1)$	1	$(1,\ +\infty)$
$f'(x)$	+	不存在	−	0	+
$f(x)$	单调递增	极大值	单调递减	极小值	单调递增

⑤ 由表3-7可知，函数的极大值为$f(0)=0$，极小值为$f(1)=-\dfrac{1}{2}$.

【方法3-7】求函数的最大值或最小值的方法

求函数$f(x)$在区间$[a,\ b]$上的最大（小）值的一般步骤如下：

① 求函数$f(x)$的导数，并求出所有的驻点和导数不存在的点.

② 求各驻点、导数不存在的点及各端点的函数值.

③ 比较上述各函数值的大小，其中最大的就是$f(x)$在闭区间$[a,\ b]$上的最大值，最小的就是$f(x)$在闭区间$[a,\ b]$上的最小值.

特别地，若$f(x)$在$[a,\ b]$上连续且可导，此时最大（小）值必在驻点和端点a，b中取得.

【方法实例3-44】

求$f(x)=x^4-2x^2+3$在区间$[-3,\ 2]$上的最大值和最小值.

解：因为$f(x)$在$[-3,\ 2]$上连续，故最大值、最小值一定存在，又$f(x)$在$[-3,\ 2]$内可导，即无不可导的点.

令$f'(x)=4x^3-4x=0 \Rightarrow x_1=0$，$x_2=1$，$x_3=-1$为驻点.

而$f(0)=3$，$f(1)=2$，$f(-1)=2$.

又在端点处$f(-3)=66$，$f(2)=11$.

所以$f(x)$在$[-3,\ 2]$上的最大值为66，最小值为2.

【方法实例3-45】

求$f(x)=x^4-8x^2$在$[-1,\ 1]$上的最值.

解：$f(x)$在$[-1,\ 1]$上连续、可导，所以最值存在，且在驻点和端点中取得.

令$f'(x)=4x^3-16x=4x(x^2-4)=0$，得$x_1=0$，$x_2=2$，$x_3=-2$，因为$x=2$和$x=-2$不属于区间$[-1,\ 1]$，故应去掉.

所以在$[-1,\ 1]$中只有一个驻点$x=0$，且$f(0)=0$.

又在端点处，$f(-1)=f(1)=-7$，由比较得$f(x)$在$[-1,\ 1]$上的最大值为0，最小值为−7.

【方法3-8】求函数的凹凸区间和拐点的方法

判断曲线凹凸性与求曲线的拐点的一般步骤如下：

① 求$f''(x)$.

② 令$f''(x)=0$，解出该方程在区间$(a,\ b)$内的全部实根，并求出所有使二阶导数不存在的点.

③ 对于前一步求出的每一个点$(x_0,\ f(x_0))$，检查$f''(x)$在x_0左、右两侧邻近的符号，如果$f''(x)$在x_0左、右两侧邻近符号相反，那么点$(x_0,\ f(x_0))$是拐点；

如果两侧的符号相同，那么点（x_0，$f(x_0)$）不是拐点.

④ 确定曲线凹凸区间.

【方法实例3-46】

求曲线 $y = x^3 - 3x^2$ 的凹凸区间和拐点.

解：求解步骤如下：

① 函数的定义域为 $(-\infty, +\infty)$.

② $y' = 3x^2 - 6x$，$y'' = 6x - 6 = 6(x - 1)$.

③ 令 $y'' = 0$，得 $x = 1$.

④ 列表考查，如表3-8所示.

表3-8　【方法实例3-46】对应的列表

x	$(-\infty, 1)$	1	$(1, +\infty)$
y''	$-$	0	$+$
曲线 y	$\cap$	拐点 $(1, -2)$	$\cup$

⑤ 由表3-8可知，曲线在 $(-\infty, 1)$ 内是凸的，在 $(1, +\infty)$ 内是凹的；曲线的拐点为 $(1, -2)$.

【方法实例3-47】

求曲线 $y = \sqrt[3]{x}$ 的凹凸区间和拐点.

解：求解步骤如下：

① 函数的定义域为 $(-\infty, +\infty)$.

② $y' = \dfrac{1}{3\sqrt[3]{x^2}}$，$y'' = -\dfrac{2}{9\sqrt[3]{x^5}}$.

③ $x = 0$ 是使 y'' 不存在的点.

④ 列表考查，如表3-9所示.

表3-9　【方法实例3-47】对应的列表

x	$(-\infty, 0)$	0	$(0, +\infty)$
y''	$+$	不存在	$-$
曲线 y	$\cup$	拐点 $(0, 0)$	$\cap$

⑤ 由表3-9可知，曲线在 $(-\infty, 0)$ 内是凹的，在 $(0, +\infty)$ 内是凸的；曲线的拐点为 $(0, 0)$.

【方法实例3-48】

判断曲线 $y = (2x - 1)^4 + 1$ 是否有拐点.

解：求解步骤如下：

① 函数的定义域为 $(-\infty, +\infty)$.

② $y' = 8(2x - 1)^3$，$y'' = 48(2x - 1)^2$.

③ 令 $y'' = 0$，得 $x = \dfrac{1}{2}$．

④ 因为当 $x \neq \dfrac{1}{2}$ 时，y'' 恒为正数，也就是说，在点 $x = \dfrac{1}{2}$ 的左、右近旁，y'' 的符号相同，都是正的，因此点 $\left(\dfrac{1}{2},\ 1 \right)$ 不是曲线 $y = (2x-1)^4 + 1$ 的拐点．

事实上，在整个定义域内，曲线是凹的，所以它没有拐点，如图 3-15 所示．

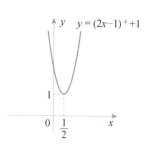

图 3-15　抛物线的图形

 自主训练

本模块的自主训练题包括基本训练和提升训练两个层次，未标注*的为基本训练题，标注*的为提升训练题．

【训练实例3-1】导数的基本应用

1．一物体做变速直线运动，它所经过的路程和时间的关系是 $s = 6t^2 + 3$，求 $t = 3$ 时的瞬时速度．

2．求正弦曲线 $y = \sin x$ 在点 $\left(\dfrac{\pi}{3},\ \dfrac{\sqrt{3}}{2} \right)$ 处的切线方程和法线方程．

3．曲线 $y = \ln x$ 上哪一点的切线平行于直线 $x - 2y - 2 = 0$？

4．讨论下列函数在点 $x = 0$ 处的连续性与可导性：

（1）$f(x) = |\sin x|$．
（2）$f(x) = \begin{cases} \sin x, & x < 0, \\ x, & x \geqslant 0. \end{cases}$

5．设 $f(x) = \begin{cases} x^2, & x \leqslant 1, \\ ax + b, & x > 1, \end{cases}$ 当 a，b 为何值时，$f(x)$ 在 $x = 1$ 可导？

【训练实例3-2】根据导数的定义求函数在指定点的导数

（1）$y = x^2 - 3$，$x = 3$．
（2）$y = \dfrac{2}{x}$，$x = 1$．

【训练实例3-3】应用导数的求导公式和四则运算法则求函数导数

（1）$y = \dfrac{1}{x} - \sqrt{x} - e^2$．
（2）$y = e^x \cos x$．

（3）$y = \dfrac{x}{4^x}$．
（4）$y = 5^x + x^6$．

*（5）$y = \dfrac{e^x}{1 + x^2}$．
*（6）$y = x^2 \arctan x - \ln x$．

*（7）$y = \sqrt{x} \csc x$．
*（8）$y = \sqrt{x} \ln x \cos x$．

*（9）设 $f(x) = x \tan x + \dfrac{1}{2} \cos x$，求 $f'\left(\dfrac{\pi}{4} \right)$．

【训练实例3-4】应用复合函数的求导法则求函数导数

（1）$y = e^{\sin x}$．　　　　　（2）$y = \arcsin(3x^2)$．　　　　　（3）$y = (1 - x^2)^6$．

（4）$y = \sqrt{1 - 2x^2}$．　　　　　（5）$y = \ln\cos\sqrt{x}$．

*（6）$y = \tan\dfrac{1}{x}$．　　　　　*（7）$y = e^{-3x}\cos 2x$．

*（8）$y = \ln(\sec x + \tan x)$．　　　　*（9）$y = \dfrac{x}{\sqrt{1 - x^2}}$．

【训练实例3-5】应用隐函数的求导法则求函数导数

1．求由下列方程所确定的隐函数 y 的导数

（1）$xy - e^x + e^y = 0$．　　　　　（2）$x = y + \arctan y$．

*（3）$y\sin x - \cos(x - y) = 0$．　　　　*（4）$e^{xy} + y\ln x = \cos 2x$．

2．求曲线 $2y^2 = x^2(x + 1)$，在点 $(1, 1)$ 处的切线方程

*3．求由方程 $y^5 + 2y - x^2 - 3x = 0$ 所确定的隐函数 y 在 $x = 0$ 处的导数 $y'\big|_{x=0}$

【训练实例3-6】应用对数求导法求函数导数的方法

（1）$y = (x + 1)^{\sin x}$．　　　　　（3）$y = x^x \ (x > 0)$．

*（2）$y = (\cos\dfrac{1}{2x})^{2x}$．　　　　*（4）$y = \dfrac{\sqrt{x+1}(2 - x)^2}{(2x - 1)^3}$．

【训练实例3-7】应用参数方程的求导法则求函数导数

求下列参数方程所确定的函数 y 的导数

（1）$\begin{cases} x = 3e^{-t}, \\ y = 2e^t. \end{cases}$　　　　　（2）$\begin{cases} x = 1 - t^2, \\ y = t - t^3. \end{cases}$

*（3）$\begin{cases} x = e^t\sin t, \\ y = e^t\cos t. \end{cases}$　　　　　*（4）$\begin{cases} x = \theta(1 - \sin\theta), \\ y = \theta\cos\theta. \end{cases}$

【训练实例3-8】应用高阶导数的求导法则求函数导数

1．求下列函数的二阶导数

（1）$y = 2x^2 + \ln x$．　　　　　（2）$y = e^{2x-1}$．

*（3）$y = \sqrt{x^2 - 1}$．　　　　　*（4）$y = \arctan 2x$．

2．求下列函数的 n 阶导数

（1）$y = xe^x$．　　　*（2）$y = \ln(x + 1)$．　　　*（3）$y = \sin^2 x$．

【训练实例3-9】判断是否满足中值定理的条件

1．下列函数在给定区间上是否满足罗尔中值定理的条件？若满足时，求出定理结论中的 ξ 值

（1）$f(x) = \dfrac{1}{1 + x^2}$，$[-2, 2]$．　　　　　（2）$f(x) = x\sqrt{4 - x}$，$[0, 4]$．

* （3） $f(x) = \ln s \operatorname{in} x$, $\left[\dfrac{\pi}{6}, \dfrac{5\pi}{6}\right]$.　　　　* （4） $f(x) = \sqrt{x}$, $[0, 2]$.

2．下列函数在给定区间上是否满足拉格朗日中值定理的条件？若满足时，求出定理结论中的 ξ 值

（1） $f(x) = \ln x$, $[1, 2]$.　　　　* （2） $f(x) = 4x^3 - 5x^2 + x - 2$, $[0, 1]$.

【训练实例3-10】利用洛必达法则求极限

（1） $\lim\limits_{x \to a} \dfrac{\sin x - \sin a}{x - a}$.　　（2） $\lim\limits_{x \to +0} \dfrac{\ln(1+x) - x}{\cos x - 1}$.　　（3） $\lim\limits_{x \to 0} \dfrac{\tan x - \sin x}{x^3}$.

（4） $\lim\limits_{x \to +\infty} \dfrac{x^2}{e^{3x}}$.　　（5） $\lim\limits_{x \to 1}(\dfrac{x}{x-1} - \dfrac{1}{\ln x})$.

* （6） $\lim\limits_{x \to 0^+} \dfrac{\ln\tan 7x}{\ln\tan 2x}$.　　* （7） $\lim\limits_{x \to \frac{\pi}{2}}(\sec x - \tan x)$.　　* （8） $\lim\limits_{x \to 0} \dfrac{\tan x - x}{x - \sin x}$.

* （9） $\lim\limits_{x \to +\infty}(x)^{\frac{1}{x}}$.　　* （10） $\lim\limits_{x \to 0^+}(x)^{\sin x}$.

【训练实例3-11】确定下列函数的单调区间

（1） $f(x) = 2x^2 - \ln x$.　　　　（2） $f(x) = x^3 - 3x$.

* （3） $f(x) = \dfrac{e^x}{1+x}$.　　　　* （4） $f(x) = (x-1)^2(x+3)^3$.

【训练实例3-12】求函数的极值

1．求下列函数的极值

（1） $f(x) = x - \ln(1+x)$.　　　　（2） $f(x) = 2x^3 - 6x^2 - 18x + 7$.

（3） $f(x) = 1 - (x-2)^{\frac{2}{3}}$.

* （4） $f(x) = (x^2 - 1)^3 + 1$.　　　　* （5） $f(x) = x^2 e^{-x}$.

* （6） $f(x) = \dfrac{2x}{1+x^2}$.

2．利用二阶导数，判断下列函数的极值

（1） $f(x) = x^2(1-x)$.　　　　* （2） $f(x) = 2x - \ln(4x)^2$.

3．已知函数 $f(x) = e^{-x} \ln ax$ 在 $x = \dfrac{1}{2}$ 处有极值，求 a 的值

【训练实例3-13】求函数在给定区间上的最大值和最小值

1．求下列函数在给定区间上的最大值和最小值

（1） $f(x) = 2x^3 + 3x^2 - 12x + 10$, $x \in [-3, 4]$.

（2） $f(x) = \dfrac{1}{2}x^2 - 3\sqrt[3]{x}$, $x \in [-1, 2]$.

* （3） $f(x) = \ln(1+x^2)$, $x \in [-1, 2]$.

* （4） $f(x) = x + \sqrt{1+x}$, $x \in [-5, 1]$.

2．有一块宽为 $2a$ 的正方形铁片，将它的两个边缘向上折起成一个开口水槽，其横截

面为矩形，高为 x，问高 x 取何值时，水槽的流量最大？

*3．要做一个容积为 V 的圆柱形油罐，问底半径 r 和高 h 等于多少时才能使所用材料最省

【训练实例3-14】求曲线的拐点及凹凸区间

（1）$y=x^4-2x^3+1$ ．

（2）$y=xe^{-x}$ ．

*（3）$y=\ln(x^2+1)$ ．

*（4）$y=2+(x-4)^{\frac{1}{3}}$ ．

【训练实例3-15】求曲线的渐近线

（1）$y=\dfrac{1}{x-5}$ ．

（2）$y=e^{\frac{1}{x}}$ ．

*（3）$y=\dfrac{x^2+x}{(x-2)(x+3)}$ ．

*（4）$y=\dfrac{2x^2+1}{1-x^2}$ ．

应用求解

【日常应用】

【应用实例3-1】求物体直线运动的速度与加速度

【实例描述】

已知某物体做直线运动，其运动规律为 $s=t+\dfrac{1}{t}$（路程 s 的单位是米，时间 t 的单位是秒），求该物体在 $t=3s$ 时的速度和加速度．

【实例求解】

（1）物体运动的速度为 $v=s'(t)=\left(t+\dfrac{1}{t}\right)'=1-\dfrac{1}{t^2}$

（2）物体运动的加速度为 $a=v'(t)=\left(1-\dfrac{1}{t^2}\right)'=\dfrac{2}{t^3}$

（3）当 $t=3s$ 时，有 $v=1-\dfrac{1}{3^2}=\dfrac{8}{9}$ m/s， $a=\dfrac{2}{3^3}=\dfrac{8}{27}$ m/s^2

【应用实例3-2】求圆柱形容器表面积最小时的底面半径

【实例描述】

要做一个上下均有底的圆柱形容器，如图 3-16 所示，该容器的容积是常量 V_0，问底半径 r 为多大时，容器的表面积最小？并求出该最小面积．

【实例求解】

设容器的高度为 h，则容器的表面积 $S=2\pi r^2+2\pi rh$ ，由于 $V_0=$

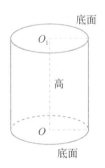

图 3-16　圆柱形容器

$\pi r^2 h$，即 $h = \dfrac{V_0}{\pi r^2}$，即得目标函数为

$$S = 2\pi r^2 + 2\pi rh\,\dfrac{V_0}{\pi r^2} = 2\pi r^2 + \dfrac{2V_0}{r} \quad (0 < r < +\infty),$$

对 r 求导，得 $S' = 4\pi r - \dfrac{2V_0}{r^2}$，

令 $S' = 0$，解得唯一驻点 $r = \sqrt[3]{\dfrac{V_0}{2\pi}}$.

目标函数在（0，$+\infty$）内存在最小值，且驻点唯一，因此当 $r = \sqrt[3]{\dfrac{V_0}{2\pi}}$ 时，表面积最小.

最小表面积为 $2\pi r^2 + \dfrac{2V_0}{r} = 2\pi\left(\dfrac{2V_0}{r}\right)^{\frac{2}{3}} + \left(\dfrac{2\pi}{V_0} \times 8V_0^3\right)^{\frac{1}{3}}$

$$= \left(2\pi\sqrt{2\pi} \times \dfrac{V_0}{2\pi}\right)^{\frac{2}{3}} + 2(2\pi V_0^2)^{\frac{1}{3}} = (2\pi V_0^2)^{\frac{1}{3}} + 2(2\pi V_0^2)^{\frac{1}{3}} = 3\sqrt[3]{2\pi V_0^2}.$$

【经济应用】

边际概念是经济学中的一个重要概念，边际函数是指函数 $f(x)$ 在点 $x = x_0$ 处，当 x 产生一个单位的改变时，y 的改变量.

而 $f'(x_0) = \lim\limits_{\Delta x \to 0} \dfrac{\Delta y}{\Delta x} = \lim\limits_{\Delta x \to 0} \dfrac{f(x_0 + \Delta x) - f(x_0)}{\Delta x} \xlongequal{\text{令}\Delta x = 1} f(x_0 + 1) - f(x_0)$.

这表明 $f(x)$ 在点 $x = x_0$ 处，当 x 产生一个单位的改变时，y 近似改变 $f'(x_0)$ 个单位. 在应用问题中，解释边际函数值的具体意义时往往略去"近似"二字，即函数 $f(x)$ 在点 $x = x_0$ 处的边际函数为 $f'(x_0)$.

经济学中称经济函数 $f(x)$ 的导数 $f'(x)$ 为该函数在 x 处的边际函数. 成本函数 $C = C(Q)$（Q 为产量）的导数 $C'(Q)$ 为边际成本，记作 MC；收入函数 $R = R(x)$（x 为需求量）的导数 $R'(x)$ 为边际收入，记作 MR；利润函数 $L = L(x)$（x 为产量）的导数 $L'(x)$ 为边际利润，记作 ML.

【应用实例3-3】求边际成本和最大利润

【实例描述】

已知天空公司生产 x 件产品的总成本函数为 $C(x) = 25000 + 200x + \dfrac{x^2}{40}$ 元，其中 x 为产量.

① 求生产 100 件产品时的总成本、平均成本和边际成本.

② 如果每件产品以 500 元售出，要使利润最大，应生产多件产品？并求出最大利润.

【实例求解】

① 平均成本函数为

$$\overline{C}(x) = \frac{C(x)}{x} = \frac{C(x)}{x} = \frac{25000 + 200x + x^2}{x} = \frac{25000}{x} + x + 200,$$

生产 100 件产品的总成本为 $C(100) = 25000 + 200 \times 100 + \frac{100^2}{40} = 45250$ 元，

平均成本为 $\overline{C}(x) = \frac{C(x)}{x} = \frac{45250}{100} = 452.5$ 元，

边际成本函数为 $MC = C'(x) = \left(25000 + 200x + \frac{x^2}{40}\right)' = 200 + \frac{x}{20}$ ，

当产量 $x=100$ 件时，边际成本为 $MC|_{x=100} = \left(200 + \frac{x}{20}\right)\Big|_{x=100} = 205$ 元，

即生产第 101 件产品的成本约为 205 元.

② 产品利润为 $L(x) = R(x) - C(x) = 500x - \left(25000 + 200x + \frac{x^2}{40}\right) = -\frac{x^2}{40} + 300x - 25000,$

对 x 求导，得 $L'(x) = -\frac{x}{20} + 300,$

令 $L'(x) = 0$，得 $x=6000.$

因为所求问题的最值存在，所以当生产 6000 件产品时利润最大，即

$$L(6000) = -\frac{6000^2}{40} + 300 \times 6000 - 25000 = 87500 \text{ 元},$$

即最大利润为 87500 元.

【应用实例3-4】求边际收入和边际利润

【实例描述】

（1）已知某产品的价格是销量 x 的函数 $p = 200 - 0.01x$ 元，求销售 100 件产品时的边际收入.

（2）已知某产品的总成本函数为 $C(x) = \frac{1}{4}x^2 + 50$ 元，其中 x 为产量，求生产 100 件产品的边际利润.

【实例求解】

（1）由于销售收入为销售量与单价的乘积，所以 $R(x) = px = x(200 - 0.01x).$

边际收入函数为 $MR = R'(x) = [x(200 - 0.01x)]' = 200 - 0.02x,$

销售 100 件产品时的边际收入为 $R'(100) = 200 - 0.02x|_{x=100} = 198$ 元，即销售第 101 件产品增加的收入约为 198 元.

（2）$L(x) = R(x) - C(x) = x(200 - 0.01x) - \left(\frac{1}{4}x^2 + 50\right) = -0.26x^2 + 200x - 50$ ，

对 x 求导，得 $L'(x) = -0.52x + 200,$

$x=100$ 时，$ML = L'(x)|_{x=100} = 200 - 0.52 \times 100 = 148$ 元.

即生产 101 件产品增加的利润约为 148 元.

【应用实例3-5】求费用最低的运输路线

【实例描述】

铁路线上点 A、B 两城的距离为100km，工厂点 C 距铁路线点 A 位置为20km，即 AC=20km，且 $AC \perp AB$，如图3-17所示．现在要在 AB 线上选定一点 D 向工厂修一条公路直通点 C 工厂．已知铁路运货每千米的运费与公路的运费之比是3：5，问点 D 应选在何处，才能使从 B 城运往工厂点 C 的运费最省．

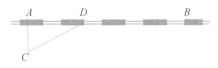

图 3-17　铁路线与工厂示意图

【实例求解】

设 $AD = x$ km，先建立运费函数．

由于 $CD = \sqrt{20^2 + x^2} = \sqrt{400 + x^2}$，$DB = 100 - x$．

故由点 B 经点 D 到点 C 工厂，单位重量的货物运费为

$$y = 5\sqrt{400 + x^2} + 3(100 - x)，（0 \leqslant x \leqslant 100）$$

令 $y' = \dfrac{10x}{2\sqrt{400 + x^2}} - 3 = \dfrac{5x - 3\sqrt{400 + x^2}}{\sqrt{400 + x^2}} = 0$，

解得 $x = 15$ 是区间[0，100]中唯一的驻点．

而 $f''(15) > 0$，即 $f(x)$ 在 $x = 15$ 处取得极小值，故知 $f(x)$ 在 $x = 15$ 处取得最小值．

则距点 A 城 15km 处选为点 D，可使运费最省．

求实际问题的最大（小）值有以下步骤：

① 先根据问题的条件建立目标函数．

② 求目标函数的定义域．

③ 求目标函数的驻点（唯一驻点），并判定在此驻点处取得的是极大值还是极小值．

④ 根据实际问题的性质确定该函数值是最大值还是最小值．

【电类应用】

【应用实例3-6】求电路中的电流

【实例描述】

电路中某点处的电流 i 是通过该点处的电量 q 关于时间 t 的瞬时变化率，如果某一电路中的电量为 $q(t) = t^3 + t$．求

① 电流函数 $i(t)$．

② t=3 时的电流是多少？

③ 什么时候电流为49A？

【实例求解】

① $i(t) = \dfrac{\mathrm{d}q}{\mathrm{d}t} = (t^3 + t)' = (t^3)' + (t)' = 3t^2 + 1$.

② $i(3) = \dfrac{\mathrm{d}q}{\mathrm{d}t}\big|_{t=3} = (3t^2 + 1)\big|_{t=3} = 3 \times 3^2 + 1 = 28$.

③ 解方程 $i(t) = 3t^2 + 1 = 49$，得 $t = \pm 4$（舍去负值根），即当 $t = 4$ 时，电流为 49A.

【应用实例3-7】求电容器的充电速度

【实例描述】

如图 3-18 所示，电容器充电过程中两极板的电压 U 与时间 t 的关系为

$$U(t) = E\left(1 - \mathrm{e}^{-\frac{t}{RC}}\right),$$

其中 E、R、C 均为常数，求电容器的充电速率 v.

图 3-18 充电电路

【实例求解】

充电速度 v 为电压 $U(t)$ 对时间的变化率，即

$$v = U'(t) = \left[E\left(1 - \mathrm{e}^{-\frac{t}{RC}}\right)\right]' = E(-\mathrm{e}^{-\frac{t}{RC}})\left(-\frac{t}{RC}\right)' = \frac{E}{RC}\mathrm{e}^{-\frac{t}{RC}}.$$

以上结果表明，充电速度是依指数规律递减的，在 $t=0$ 时充电速度快，其速度为

$$U'(0) = \frac{E}{RC}.$$

随着电容两端电压的增高，充电速度渐慢，经过 RC 秒后，电容器两端电压为

$$U = E\left(1 - \mathrm{e}^{-\frac{t}{RC}}\right)\big|_{t=RC} = E(1 - \mathrm{e}^{-1}) \approx 0.63E.$$

经过 $3RC$ 秒后，$U = E\left(1 - \mathrm{e}^{-\frac{t}{RC}}\right)\big|_{t=3RC} = E(1 - \mathrm{e}^{-3}) \approx 0.95E.$

以后充电速度越来越慢，一般认为经过 $3RC$ 秒后充电停止，因为再往后 U 的增加就更慢了.

【机类应用】

【应用实例3-8】求简谐运动的速度与加速度

【实例描述】

当质点在圆周上做匀速运动时，它在直径上的投影点的运动即为简谐运动. 从动件做

简谐运动时，其加速度按余弦规律变化，故又称余弦加速度规律，如图 3-19 所示.

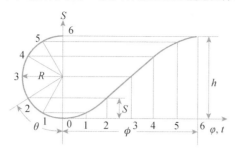

图 3-19　简谐运动曲线

推程运动曲线 $s(\varphi)$ 如图 3-19 所示，h 称为从动件行程，ϕ 为凸轮推程运动角，φ 为凸轮转角，位移方程为

$$s=\frac{h}{2}\left(1-\cos\frac{\pi}{\phi}\varphi\right)$$

试求简谐运动的速度曲线、加速度曲线，并指出其速度、加速度变化的特点.

【实例求解】

速度 $v=s'=\dfrac{\pi h\omega}{2\phi}\sin\dfrac{\pi}{\phi}\varphi$，$\omega=\varphi'$.

加速度 $a=s''=\dfrac{\pi^2 h\omega^2}{2\phi^2}\cos\dfrac{\pi}{\phi}\varphi$，$\omega=\varphi'$.

由运动曲线图 3-19 可知，在行程开始和终止位置，速度 $v(0)=v(\phi)=0$，没有突变；加速度 $a(0)=-a(\phi)=\dfrac{\pi^2 h\omega^2}{2\phi^2}\neq 0$，有突变，也会引起柔性冲击（惯性力有冲击现象但不是无穷大）. 只有当远、近休止角均为零时，才可以获得连续的加速度曲线，如图 3-20 中的虚线所示.

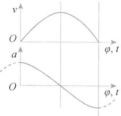

图 3-20　简谐运动的速度与加速度曲线

【应用实例3-9】求冰箱内温度关于时间的变化率

【实例描述】

某冰箱制造公司厂对电冰箱制冷后断电测试其制冷效果，t 小时后冰箱内温度为 $T=\dfrac{2t}{0.05t+1}-20$（单位：℃），求冰箱内温度 T 关于时间 t 的变化率. 计算 $\lim\limits_{t\to\infty}\dfrac{\mathrm{d}T}{\mathrm{d}t}$，并解释其

现象.

【实例求解】

冰箱内温度关于时间的变化率为

$$\frac{\mathrm{d}T}{\mathrm{d}t} = \left(\frac{2t}{0.05t+1} - 20\right)' = \left(\frac{2t}{0.05t+1}\right)' - (20)'$$

$$= \frac{2(0.05t+1) - 2t \times 0.05}{(0.05t+1)^2} - 0 = \frac{2}{(0.05t+1)^2}.$$

$$\lim_{t \to \infty} \frac{\mathrm{d}T}{\mathrm{d}t} = \lim_{t \to \infty} \frac{2}{(0.05t+1)^2} = 0.$$

说明随着时间的增加,当 $t \to +\infty$ 时,冰箱内温度随时间的变化率趋于零,即冰箱内温度不再变化.

应用拓展

【应用实例 3-10】求汽车刹车时的速度和加速度

【应用实例 3-11】求开口盒子容积的最大值

【应用实例 3-12】求费用消耗最小时的轮船运行速度

【应用实例 3-13】求围墙所用建筑材料最省的矩形场地尺寸

【应用实例 3-14】求出租公寓时收入最大时的租金

【应用实例 3-15】求销售额最大时的商品定价

【应用实例 3-16】求利润最大时的商品销售量

【应用实例 3-17】求产品制造的边际成本和边际利润

【应用实例 3-18】求最大输出功率

【应用实例 3-19】求弹簧运动的速度

扫描二维码,浏览电子活页 3-4,完成本模块拓展应用题的求解.

电子活页 3-4

模块小结

1. 基本概念

(1)导数的定义

函数的增量与自变量的增量之比在自变量趋于零时的极限

$$f'(x) = \lim_{\Delta x \to 0} \frac{\Delta y}{\Delta x} = \lim_{\Delta x \to 0} \frac{f(x+\Delta x) - f(x)}{\Delta x},$$

$$f'(x_0) = y'\big|_{x=x_0} = \lim_{\Delta x \to 0} \frac{\Delta y}{\Delta x} = \lim_{\Delta x \to 0} \frac{f(x_0+\Delta x) - f(x_0)}{\Delta x} = \lim_{x \to x_0} \frac{f(x) - f(x_0)}{x - x_0}.$$

(2)导数的几何意义

表示曲线 $y = f(x)$ 在点 $M(x_0,\ y_0)$ 处的切线的斜率.

（3）可导与连续的关系

可导必连续，但连续不一定可导.

（4）极值点与极值

① 若 $f(x) < f(x_0)$，则称 $f(x_0)$ 为函数 $f(x)$ 的极大值，并且称点 x_0 是 $f(x)$ 的极大值点.

② 若 $f(x) > f(x_0)$，则称 $f(x_0)$ 为函数 $f(x)$ 的极小值，并且称点 x_0 是 $f(x)$ 的极小值点.

（5）驻点

使 $f'(x) = 0$ 的点称为驻点.

可导函数的极值点必是驻点，函数的驻点却不一定是极值点.

（6）拐点

凹凸分界点是拐点.

（7）曲线的渐进线

① 若 $\lim\limits_{x \to \infty} f(x) = b$，则直线 $y = b$ 是曲线 $y = f(x)$ 的水平渐近线.

② 若 $\lim\limits_{x \to x_0} f(x) = \infty$，则直线 $x = x_0$ 是曲线 $y = f(x)$ 的垂直渐近线.

2.　基本公式和运算法则

（1）基本公式

导数的16个基本公式详见【知识3-4】.

（2）四则运算法则

① 和差法则：$(u \pm v)' = u' \pm v'$.

② 常数法则：$(Cu)' = C \cdot u'$（C 是常数）.

③ 乘法法则：$(uv)' = u'v + uv'$.

④ 除法法则：$\left(\dfrac{u}{v} \right)' = \dfrac{u'v - uv'}{v^2}$（其中 $v \neq 0$）.

3.　基本定理

罗尔（Rolle）定理、拉格朗日中值定理是微分学的基本定理，注意它们的条件和结论.

（1）洛必达法则

$$\lim_{x \to x_0} \frac{f(x)}{g(x)} = \lim_{x \to x_0} \frac{f'(x)}{g'(x)}.$$

该法则只适用于计算 $\dfrac{0}{0}$ 型及 $\dfrac{\infty}{\infty}$ 型未定式的极限. 其他未定式可通过变型转换成 $\dfrac{0}{0}$ 型或 $\dfrac{\infty}{\infty}$ 型未定式. 当法则失效时，应换用其他方法求解极限.

（2）函数单调性的判定方法

设函数 $y=f(x)$ 在闭区间 $[a, b]$ 上连续，在开区间 (a, b) 内可导，如果对于任意 $x \in (a, b)$，有

① $f'(x) > 0$，则函数 $y = f(x)$ 在闭区间 $[a, b]$ 单调递增.

② $f'(x) < 0$，则函数 $y = f(x)$ 在闭区间 $[a, b]$ 单调递减.

（3）极值的第一充分条件

利用一阶导数 $f'(x)$ 在点 x_0 左右两旁的符号变化判断 x_0 处是否取得极值，若 $f'(x)$ 由正

变到负，则 $f(x_0)$ 是极大值；反之是极小值；如果 $f'(x)$ 在点 x_0 两侧符号相同或者不存在，则 $f(x)$ 在点 x_0 处无极值.

（4）极值的第二充分条件

若 $f'(x_0) = 0$，$f''(x_0) \neq 0$，那么当 $f''(x_0) > 0$ 时，$f(x_0)$ 是极小值；当 $f''(x_0) < 0$ 时，$f(x_0)$ 是极大值.

（5）曲线的凹凸性的判定方法

设函数 $y=f(x)$ 在闭区间 $[a, b]$ 上连续，在开区间 (a, b) 内具有二阶导数，如果对于任意 $x \in (a, b)$，有

① $f''(x) > 0$，那么曲线 $f(x)$ 在闭区间 $[a, b]$ 上是凹的.

② $f''(x) < 0$，那么曲线 $f(x)$ 在闭区间 $[a, b]$ 上是凸的.

4. 求函数导数的基本方法

（1）复合函数求导法（链式法则）

设 $y = f(u)$，$u = \varphi(x)$，则复合函数 $y = f[\varphi(x)]$ 的导数为

$$\frac{\mathrm{d}y}{\mathrm{d}x} = \frac{\mathrm{d}y}{\mathrm{d}u} \cdot \frac{\mathrm{d}u}{\mathrm{d}x} \quad \text{或} \quad y'_x = y'_u \cdot u'_x.$$

逐层求导再相乘，最后记住复原.

（2）隐函数求导法

① 方程 $F(x, y) = 0$ 两边同时对 x 求导.

② 利用链式法则和乘法法则求出 y'_x.

（3）对数求导法

① 两边同取自然对数，然后利用对数函数的性质简化求导函数.

② 方程 $F(x, y) = 0$ 两边对 x 求导.

③ 解出 y'_x.

（4）参数方程求导法

如果函数由参数方程 $x = \phi(t)$ 和 $y = \psi(t)$ 给出，则 y 关于 x 的导数 y' 可以通过 $\dfrac{\mathrm{d}y}{\mathrm{d}x} = \dfrac{\psi(t)}{\varphi'(t)}$（注意 $\varphi'(t) \neq 0$）求出.

（5）反函数的导数

如果 $y=f(x)$ 在其定义域内单调可导，且 $f'(x) \neq 0$，则其反函数 $x = f^{-1}(y)$ 的导数为

$$\frac{\mathrm{d}x}{\mathrm{d}y} = \frac{1}{f'(x)}.$$

（6）高阶导数

对于已经求出的一阶导数，可以继续求导得到二阶导数、三阶导数等.

在求导过程中，需要注意函数的定义域和导数的存在性. 同时，要熟练掌握各种求导法则和公式，以便灵活运用.

5. 求函数单调区间的方法

① 求函数的定义域.

② 求函数的一阶导数.

③ 获取 $f'(x)=0$ 或 $f'(x)$ 不存在的点.

④ 将函数的定义域划分为几个区间，列表讨论 $f'(x)$ 在各区间内的符号.

⑤ 由列表判断函数在各区间内的单调性从而得出结论.

6. 求函数极值的方法

① 求函数的定义域.

② 求函数的一阶导数 $f'(x)$.

③ 令一阶导数等于零，解出函数 $f(x)$ 的全部驻点.

④ 检查导数不存在的点，如果函数在某些点不可导（例如，函数图象有尖点或垂直切线），这些点也可能是极值点，需要单独检查.

⑤ 讨论各驻点及导数不存在的点是否为极值点，如果函数的定义域有界（例如，在闭区间 $[a, b]$ 上），还需要检查端点 a 和 b 处的函数值是否为极值点，进一步判断是极大值点还是极小值点.

⑥ 求各极值点的函数值，得到函数的全部极值.

7. 求函数的最大值与最小值的方法

（1）一阶导数法

① 求函数的定义域.

② 求函数 $f(x)$ 的一阶导数.

③ 令一阶导数等于零，解出对应的 x 值，这些 x 值称为驻点.

④ 获取一阶导数不存在的点.

⑤ 求各驻点、一阶导数不存在的点及各端点（如果存在）的函数值.

⑥ 比较上述各函数值的大小，其中最大的就是 $f(x)$ 在闭区间 $[a, b]$ 上的最大值，最小的就是 $f(x)$ 在闭区间 $[a, b]$ 上的最小值.

（2）闭区间上的连续函数

如果函数在闭区间 $[a, b]$ 上连续，则在该区间上至少存在一个最大值和一个最小值.

最大值和最小值要么在端点 a 或 b 处取得，要么在区间内的驻点处取得.

可以通过比较这些点的函数值来找到最大值和最小值.

 模块考核

扫描二维码，浏览电子活页 3-5，完成本模块的在线考核.

扫描二维码，浏览电子活页 3-6，查看本模块考核试题的答案.

电子活页 3-5

电子活页 3-6

模块 4　一元函数微分及其应用

微分是微分学中的另一个基本概念, 它在研究由于自变量的微小变化而引起函数变化的近似计算问题中起着重要作用. 在许多理论研究和实际应用中, 经常会遇到这样一类问题, 对于给定的函数 $y=f(x)$, 当自变量 x 有微小改变量 Δx 时, 要计算相应的函数的改变量 Δy, 但一般情况下, 由 Δx 表示 Δy 的关系式都比较复杂, 精确计算 Δy 会相当麻烦, 于是人们设法寻求计算 Δy 的近似方法, 也就是设法将 Δy 表示成 Δx 的线性函数, 使复杂问题简单化, 使得计算既简便而结果又具有较好的精确度. 微分就是实现这类问题的一种数学模型.

教学导航

教学目标	（1）理解一元函数微分的概念及其几何意义, 以及微分与导数的关系 （2）了解一元函数微分的四则运算法则, 会求函数的微分 （3）理解一阶微分形式的不变性, 会利用一阶微分形式的不变性求函数的导数 （4）了解一元函数微分在近似计算中的应用 （5）掌握一元函数连续性、可导性、可微性之间的关系
教学重点	（1）一元函数微分的概念 （2）一元函数微分计算公式及运算法则
教学难点	（1）一元函数微分的几何意义 （2）一阶微分形式的不变性 （3）函数连续性、可导性、可微性之间的关系

价值引导

学习微分学原理, 要用动态视角去观察、分析、研究各类问题, 逐步去接近、认识、把握事物的变化规律, 不断养成严谨客观的科学态度和勇于探索的精神.

微分学可以有效地描述函数表达的变化趋势, 可以清楚地捕捉函数的局部特性和极限性质, 用以证明大量在微积分实践中至关重要的定理.

微分学具有严密的逻辑体系和精确的计算方法, 例如, 在推导微分公式时, 我们要关注公式的推导过程, 理解其中的逻辑关系和数学原理, 培养科学思维能力和创新精神.

引例导入

【引导实例 4-1】探析金属薄片受热变形时面积的改变量

【引例描述】

一块边长为 x 的正方形金属薄片受热变形，其边长由 x_0 变到 $x_0 + \Delta x$，如图 4-1 所示，试问此薄片的面积改变了多少？

【引例求解】

设正方形边长为 x 时，面积为 A，则 $A = x^2$.

当正方形边长由 x_0 变到 $x_0 + \Delta x$ 时，面积的改变量为

$$\begin{aligned}\Delta A &= A(x_0 + \Delta x) - A(x_0)\\&= (x_0 + \Delta x)^2 - x_0^2\\&= 2x_0 \Delta x + (\Delta x)^2\end{aligned}$$

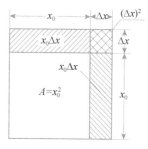

图 4-1　正方形金属薄片受热变形

上式中 ΔA 包含两部分：第一部分 $2x_0 \Delta x$ 是 Δx 的线性函数，即图 4-1 中带有斜线的两个矩形面积之和；第二部分 $(\Delta x)^2$ 当 $\Delta x \to 0$ 时是比 Δx 高阶的无穷小，即 $(\Delta x)^2 = o(\Delta x)$，它在图 4-1 中是带有交叉斜线的小正方形的面积.

当 Δx 很小时，面积的改变量可近似地用第一部分来代替，而省略第二部分 $(\Delta x)^2$.

根据上面的讨论，ΔA 可以表示为 $\Delta A = 2x_0 \Delta x + o(\Delta x)$，

其中的第一部分 $2x_0 \Delta x$ 叫作函数 $A = x^2$ 在点 x_0 的微分，其中 $2x_0 = \left. (x^2)' \right|_{x=x_0}$.

【引导实例 4-2】探析机械挂钟因热胀冷缩产生的钟表误差

【引例描述】

图 4-2 所示是一只机械挂钟，其摆动周期为 1s，摆长为 l，如图 4-3 所示. 在冬季，摆长因热胀冷缩而产生微小缩短，由于摆长缩短，该摆钟的周期会如何变化？

图 4-2　机械挂钟外观图

图 4-3　钟摆运动示意图

【引例求解】

单摆周期的计算公式 $T=2\pi\sqrt{\dfrac{l}{g}}$ ，其中 $g=9.8\text{m/s}^2$.

当摆长缩短 Δl 时，摆长变成 $l-\Delta l$ ，此时单摆的周长 $T=2\pi\sqrt{\dfrac{l-\Delta l}{g}}$.

$$\Delta T=T(l-\Delta l)-T(l)=2\pi\sqrt{\dfrac{l-\Delta l}{g}}-2\pi\sqrt{\dfrac{l}{g}}=\dfrac{2\pi}{\sqrt{g}}(\sqrt{l-\Delta l}-\sqrt{l}).$$

由于已知摆动周期为 1s， $2\pi\sqrt{\dfrac{l}{g}}=1$ ，解得摆的原长为 $l=\dfrac{g}{(2\pi)^2}$.

所以 $\Delta T=\dfrac{1}{\sqrt{g}}(\sqrt{g-\Delta l\times(2\pi)^2}-\sqrt{g})$.

假设摆长缩短的长度为 0.0001m， π 取 3.14159，那么

$$\Delta T=\dfrac{1}{\sqrt{9.8}}(\sqrt{9.8-0.0001\times(2\times3.14159)^2}-\sqrt{9.8})$$
$$\approx 0.31944\times(\sqrt{9.8-0.003948}-\sqrt{9.8})$$
$$\approx 0.31944\times(3.12987-3.13050)$$
$$=0.31944\times(-0.0063)$$
$$=-0.0002012472\text{s}.$$

即摆长因热胀冷缩而产生微小缩短 0.0001m 时，挂钟的周期相应地会缩短约 0.0002012472s，所以这只摆钟每秒快了 0.0002012472s。

 概念认知

【概念4-1】微分的表述形式

【定义4-1】微分的表述形式1

> 一般地，设函数 $y=f(x)$ 在点 x 的某一邻域内有定义. 如果函数的增量 $\Delta y=f(x+\Delta x)-f(x)$ 可以表示为 $\Delta y=A\Delta x+o(\Delta x)$ ，其中 A 不依赖 Δx ，而 $o(\Delta x)$ 是 Δx 的高阶无穷小，则称函数 $y=f(x)$ 在点 x 可微，且称 $A\Delta x$ 为函数 $y=f(x)$ 在点 x 相应于自变量增量 Δx 的微分，记作 $\mathrm{d}y$ ，即 $\mathrm{d}y=A\Delta x$.

【定义4-2】微分的表述形式2

> 设函数 $y=f(x)$ 在点 $x=x_0$ 及其邻域内可导，则称 $f'(x_0)\mathrm{d}x$ 为函数 $f(x)$ 在点 x_0 处的微分，记作 $\mathrm{d}y\big|_{x=x_0}$.
>
> 一般地，可导函数 $y=f(x)$ 在任一点处的微分为 $\mathrm{d}y=f'(x)\mathrm{d}x$ ，即函数的微分是函数的导数与自变量微分的乘积.

【概念4-2】微分的定义

微分描述了函数变化的程度，是一个函数表达式，用于表示函数值在自变量产生微小变化时的近似变化量．

微分是一个变量在某个变化过程中的改变量的线性主要部分．具体来说，如果函数 $y=f(x)$ 在点 x 处有导数 $f'(x)$ 存在，那么由 x 的变化量 Δx 引起的 y 的改变量 Δy 可以表示为 $\Delta y = f'(x)\Delta x + o(\Delta x)$，其中 $o(\Delta x)$ 是 Δx 的高阶无穷小．因此，Δy 的线性形式的主要部分 $dy = f'(x)\Delta x$ 就是 y 的微分．

如果函数 $y=f(x)$ 在点 x 处可导，那么称 $dy = f'(x)\Delta x$ 为函数 $y=f(x)$ 在点 x 处的微分，简称为函数的微分，即 $A=f'(x)$，记作 $dy = f'(x)\Delta x$ 或 $df(x) = f'(x)\Delta x$．

显然 $dx = (x)'\Delta x = \Delta x$，即 $dx = \Delta x$，这就是说，自变量 x 的微分 dx 就是它的增量 Δx，因此，微分记号中可用 dx 代替 Δx，称为自变量的微分．

即 $dy = f'(x)dx$ 或 $df(x) = f'(x)dx$，

于是 $\dfrac{dy}{dx} = f'(x)$．

【验证实例4-1】求函数 $y=x$ 的微分

解：因为 $y'=1$，所以 $dy = dx = y'\Delta x = \Delta x$．

注意到当 $y=x$ 时，$dx = \Delta x$，这表明自变量的微分等于自变量的改变量，所以函数的微分又可记为 $dy = f'(x)dx$．这说明函数的微分是函数的导数与自变量微分的乘积．

【验证实例4-2】求函数 $y=x^2$，当 $x=3$，微分 $\Delta x = 0.01$ 时的微分 dy.

解：因为 $dy = (x^2)'\Delta x = 2x \cdot \Delta x$，

所以当 $x=3$，$\Delta x = 0.01$ 时，$dy = 2 \times 3 \times 0.01 = 0.06$．

知识疏理

【知识4-1】微分的几何意义

设点 $M(x_0,\ y_0)$ 和点 $N(x_0 + \Delta x,\ y_0 + \Delta y)$ 是曲线 $y=f(x)$ 上的两点，如图 4-4 所示．从图 4-4 中可以看出 $MQ = \Delta x$，$QN = \Delta y$．

即 Δy 表示曲线 $y=f(x)$ 上对应于点 $x=x_0$ 的函数增量．

过点 M 做曲线的切线 MT，设切线 MT 的倾斜角为 α，则 MT 的斜率为 $\tan\alpha = f'(x_0)$．可见，$QP = MQ \cdot \tan\alpha = \Delta x \cdot \tan\alpha = f'(x_0)\Delta x = dy\big|_{x=x_0}$．

因此，函数 $y=f(x)$ 在点 x_0 处的微分 $dy\big|_{x=x_0}$ 在几何上表示曲线 $y=f(x)$ 在点 $M(x_0,\ y_0)$ 处的切线 MT 的纵坐标的增量．

图中 PN 是 Δy 与 dy 之差，当 $|\Delta x|$ 很小时，PN 比 $|\Delta x|$

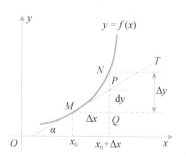

图 4-4　微分的几何意义

减少得更快，因此 $\Delta y \approx \mathrm{d}y$，切线段 MP 可近似代替曲线弧 $\overset{\frown}{MN}$．

【知识4-2】微分与导数的关系

由于函数 $y = f(x)$ 的导数 $f'(x) = \dfrac{\mathrm{d}y}{\mathrm{d}x}$，即函数 $y = f(x)$ 的导数 $f'(x)$ 等于函数的微分 $\mathrm{d}y$ 与自变量的微分 $\mathrm{d}x$ 之商，因此导数又称为"微商"．

由于 $\mathrm{d}y = f'(x)\mathrm{d}x$ 或 $\mathrm{d}f(x) = f'(x)\mathrm{d}x$，即函数的微分等于函数的导数与自变量的微分之积．

导数与微分是密切相关的，可导函数一定可微，可微函数也一定可导．

下面讨论函数可微的条件．

【定理4-1】函数可微的充分必要条件

> 函数 $y = f(x)$ 在点 x 可微的充分必要条件是它在点 x 可导．

扫描二维码，浏览电子活页4-1，了解"证明【定理4-1】函数可微的充分必要条件"的相关内容．

电子活页 4-1

由定理的必要性证明可见，当 $f(x)$ 在点 x 可微时，其微分可表示为 $\mathrm{d}y = f'(x)\Delta x$，通常写成 $\mathrm{d}y = f'(x)\mathrm{d}x$ 的形式．

【注意】微分与导数是两个不同的概念，导数是函数在点 x 处的变化率，而微分是函数在点 x 处由自变量的增量 Δx 所引起的函数增量 Δy 的主要部分．导数值只与自变量 x 有关，而微分值不仅与 x 有关，也与 Δx 有关．

【知识4-3】基本初等函数的微分公式与微分运算法则

根据函数微分的表达式 $\mathrm{d}y = f'(x)\mathrm{d}x$ 可知，函数的微分等于函数的导数乘自变量的微分（改变量）．由此可以得到基本初等函数的微分公式和微分运算法则．

1. 基本初等函数的微分公式

基本初等函数的微分公式如表 4-1 所示．

表4-1　基本初等函数的微分公式

函数类型	求微分公式
常数函数	$\mathrm{d}(C) = 0$
幂函数	$\mathrm{d}(x^{\alpha}) = \alpha x^{\alpha-1}\mathrm{d}x$
指数函数	$\mathrm{d}(a^x) = a^x\ln a\,\mathrm{d}x$
	$\mathrm{d}(\mathrm{e}^x) = \mathrm{e}^x\mathrm{d}x$
对数函数	$\mathrm{d}(\ln x) = \dfrac{\mathrm{d}x}{x}$
	$\mathrm{d}(\log_a x) = \dfrac{\mathrm{d}x}{x\ln a}$

函数类型	求微分公式
三角函数	$\mathrm{d}(\sin x) = \cos x \mathrm{d}x$
	$\mathrm{d}(\cos x) = -\sin x \mathrm{d}x$
	$\mathrm{d}(\tan x) = \sec^2 x \mathrm{d}x$
	$\mathrm{d}(\cot x) = -\csc^2 x \mathrm{d}x$
	$\mathrm{d}(\sec x) = \sec x \cdot \tan x \mathrm{d}x$
	$\mathrm{d}(\csc x) = -\csc x \cdot \cot x \mathrm{d}x$
反三角函数	$\mathrm{d}(\arcsin x) = \dfrac{\mathrm{d}x}{\sqrt{1-x^2}}$
	$\mathrm{d}(\arccos x) = -\dfrac{\mathrm{d}x}{\sqrt{1-x^2}}$
	$\mathrm{d}(\arctan x) = \dfrac{\mathrm{d}x}{1+x^2}$
	$\mathrm{d}(\mathrm{arccot} x) = -\dfrac{\mathrm{d}x}{1+x^2}$

2. 函数的和、差、积、商的微分法则

设函数 $u=u(x)$，$v=v(x)$，则

① 和差的微分法则：$\mathrm{d}(u \pm v) = \mathrm{d}u + \mathrm{d}v$.

② 常数的微分法则：$\mathrm{d}(C \cdot u) = C \cdot \mathrm{d}u$.

③ 乘法的微分法则：$\mathrm{d}(uv) = u\mathrm{d}v + v\mathrm{d}u$.

④ 除法的微分法则：$\mathrm{d}\left(\dfrac{u}{v}\right) = \dfrac{v\mathrm{d}u - u\mathrm{d}v}{v^2}$.

3. 复合函数的微分法则与微分形式的不变性

设 $y = f(u)$，$u = \varphi(x)$ 均可微.

如果函数 $y = f(u)$ 对 u 是可导的，则

② 当 u 是自变量时，则函数的微分为 $\mathrm{d}y = f'(x)\mathrm{d}u$.

② 当 u 不是自变量，而是 $u = \varphi(x)$，为 x 的可导函数时，则 y 为 x 的复合函数.根据复合函数求导公式，y 对 x 的导数为 $\dfrac{\mathrm{d}y}{\mathrm{d}x} = f(u)\varphi'(x)$，于是 $\mathrm{d}y = f(u)\varphi'(x)\mathrm{d}x$.

但是 $\varphi'(x)\mathrm{d}x$ 就是函数 $u = \varphi(x)$ 的微分，即 $\mathrm{d}u = \varphi'(x)\mathrm{d}x$.

所以 $\mathrm{d}y = f'(u)\mathrm{d}u$.

由此可见，对函数 $y = f(u)$ 来说，不论 u 是自变量还是中间变量，它的微分形式同样都是 $\mathrm{d}y = f'(u)\mathrm{d}u$，这就称为微分形式的不变性.

【验证实例 4-3】求 $y=\cos(3x+5)$ 的微分

解法 1：

$$\mathrm{d}y=[\cos(3x+5)]'\mathrm{d}x=-\sin(3x+5)(3x+5)\mathrm{d}x'=-3\sin(3x+5)\mathrm{d}x.$$

解法 2：

$$\mathrm{d}y=\mathrm{d}\cos(3x+5)=-\sin(3x+5)\mathrm{d}(3x+5)=-3\sin(3x+5)\mathrm{d}x.$$

【验证实例 4-4】求 $y=\ln(1+\mathrm{e}^{2x})$ 的微分

解：$\mathrm{d}y=\mathrm{d}\ln(1+\mathrm{e}^{2x})=\dfrac{1}{1+\mathrm{e}^{2x}}\mathrm{d}(1+\mathrm{e}^{2x})=\dfrac{2\mathrm{e}^{2x}}{1+\mathrm{e}^{2x}}\mathrm{d}x.$

【验证实例 4-5】在下列等式左边的括号中填入适当的函数，使等式成立

（1）$\mathrm{d}(\ )=x^2\mathrm{d}x$　　　　　　　（2）$\mathrm{d}(\ )=\cos 5t\mathrm{d}t$

解：

（1）由于 $\mathrm{d}(x^3)=3x^2\mathrm{d}x$，所以 $x^2\mathrm{d}x=\dfrac{1}{3}\mathrm{d}(x^3)=\mathrm{d}\left(\dfrac{x^3}{3}\right)$，于是

$$\mathrm{d}\left(\dfrac{x^3}{3}+C\right)=x^2\mathrm{d}x\quad（C\text{ 为任意常数}）.$$

（2）由于 $\mathrm{d}(\sin 5t)=5\cos 5t\mathrm{d}t$，所以 $\cos 5t\mathrm{d}t=\dfrac{1}{5}\mathrm{d}(\sin 5t)=\mathrm{d}\left(\dfrac{1}{5}\sin 5t\right)$，于是

$$\mathrm{d}\left(\dfrac{1}{5}\sin 5t+C\right)=\cos 5t\mathrm{d}t\quad（C\text{ 为任意常数}）.$$

【知识 4-4】微分在近似计算中的应用

近似计算是工程技术中经常遇到的问题，用什么公式做近似计算呢？一般要求近似公式要有足够高的精度且计算简便，用微分来做近似计算则可以满足这些要求.

从前面的讨论知，当 $f'(x_0)\neq 0$，且 $|\Delta x|$ 很小时，有

$$\Delta y\approx\mathrm{d}y=f'(x_0)\Delta x.\tag{4-1}$$

因为 $\Delta y=f(x_0+\Delta x)-f(x_0)$，故由式（4-1）得

$$f(x_0+\Delta x)\approx f(x_0)+f'(x_0)\Delta x.\tag{4-2}$$

令 $x_0+\Delta x=x$，$\Delta x=x-x_0$，则有

$$f(x)\approx f(x_0)+f'(x_0)(x-x_0).\tag{4-3}$$

上式的意义是：在 x_0 附近使用切线 $f(x_0)+f'(x_0)(x-x_0)$ 近似代替曲线 $y=f(x)$.

特别地，当式（4-3）中 $x_0=0$，$|x|$ 很小时，$f'(0)\neq 0$，则式（4-3）变为

$$f(x)\approx f(0)+f'(0)x\quad（|x|\text{ 很小}）.\tag{4-4}$$

【验证实例 4-6】证明近似式：$\mathrm{e}^x\approx 1+x$

证：

令 $f(x)=\mathrm{e}^x$，$f'(x)=\mathrm{e}^x$，当 $x=0$ 时，$f(0)=1$，$f'(0)=1$，

由 $f(x)\approx f(0)+f'(0)x\Rightarrow f(x)\approx 1+x$，即 $\mathrm{e}^x\approx 1+x$.

【验证实例4-7】证明近似式：$\ln(1+x) \approx x$

证：

令 $f(x) = \ln(1+x)$，$f'(x) = \dfrac{1}{1+x}$，当 $x=0$ 时，$f(0)=0$，$f'(0)=1$，

由 $f(x) \approx f(0) + f'(0)x \Rightarrow f(x) \approx x$，即 $\ln(1+x) \approx x$.

由式（4-4）易推出下面几个工程上常用的近似公式：

（1）$\sin x \approx x$（x 用弧度作单位）　　　　（2）$\tan x \approx x$（x 用弧度作单位）

（3）$e^x \approx 1 + x$　　　　　　　　　　　　　（4）$\ln(1+x) \approx x$

（5）$\sqrt[n]{1+x} \approx 1 + \dfrac{1}{n}x$　　　　　　　（6）$\arctan x \approx x$（x 用弧度作单位）

【验证实例4-8】计算 $\sin 31°$ 的近似值

解：

设 $f(x) = \sin x$，当 $|\Delta x|$ 很小时，利用公式 $f(x_0 + \Delta x) \approx f(x_0) + f'(x_0)\Delta x$，得

$$\sin(x_0 + \Delta x) \approx \sin x_0 + \cos x_0 \cdot \Delta x,$$

取 $x_0 = \dfrac{\pi}{6}$，$\Delta x = \dfrac{\pi}{180}$，有

$$\sin 31° \approx \sin\left(\frac{\pi}{6} + \frac{\pi}{180}\right) \approx \sin\frac{\pi}{6} + \cos\frac{\pi}{6} \times \frac{\pi}{180} = \frac{1}{2} + \frac{\sqrt{3}}{2} \times \frac{\pi}{180} \approx 0.5151.$$

【验证实例4-9】计算 $\sqrt[6]{65}$ 的近似值

解：由近似公式 $\sqrt[n]{1+x} \approx 1 + \dfrac{1}{n}x$，有

$$\sqrt[6]{65} = \sqrt[6]{64+1} = 2\sqrt[6]{1 + \frac{1}{64}} \approx 2\left(1 + \frac{1}{6} \times \frac{1}{64}\right) = 2\frac{1}{192}.$$

【验证实例4-10】求外半径为 **10cm**，厚度为 **0.125cm** 的球壳体积的近似值

解：设球体的半径为 x，体积为 V，则 $V = \dfrac{4\pi}{3}x^3$，

利用公式 $\Delta y \approx \mathrm{d}y = f'(x_0)\Delta x$，有 $|\Delta V| \approx |\mathrm{d}V| = 4\pi x_0^2 |\Delta x|$，

取 $x_0 = 10$，$\Delta x = -0.125$，得

$$|\Delta V| \approx 4\pi x_0^2 |\Delta x| \approx 4 \times 3.14159 \times 10^2 \times \frac{1}{8} = 157.0795\,\mathrm{cm}^3.$$

即球壳体积的近似值为 $157.0795\,\mathrm{cm}^3$.

问题解惑

【问题4-1】符号 $\dfrac{\mathrm{d}y}{\mathrm{d}x}$ 既表示导数的记号，也表示微分 $\mathrm{d}y$ 与 $\mathrm{d}x$ 之比？

由导数的概念可知，$\dfrac{\mathrm{d}y}{\mathrm{d}x} = f'(x)$，即用 $\dfrac{\mathrm{d}y}{\mathrm{d}x}$ 表示函数 y 对于自变量 x 的导数，它是导数记号. 同时由微分的概念可知，它也表示微分 $\mathrm{d}y$ 与 $\mathrm{d}x$ 之比. 因此已知导数可以求微分，

反过来，已知微分也可以求导数．

【问题4-2】可导函数一定可微，可微函数也一定可导吗？

可导函数一定可微，可微函数也一定可导这句话是正确的，即函数 $y=f(x)$ 在点 x_0 处可微的充分必要条件是函数 $y=f(x)$ 在点 x_0 处可导．

若函数 $f(x)$ 在点 x_0 处可微，$\Delta y=A\Delta x+o(\Delta x)$，$\dfrac{\Delta y}{\Delta x}=A+\dfrac{o(\Delta x)}{\Delta x}$，则 $f'(x_0)=A$．

若函数 $f(x)$ 在点 x_0 处可导，$\lim\limits_{\Delta x\to 0}\dfrac{\Delta y}{\Delta x}=f'(x_0)$，$\dfrac{\Delta y}{\Delta x}=f'(x_0)+\alpha$，则

$$\Delta y=f'(x_0)\Delta x+o(\Delta x)．$$

【问题4-3】微分形式 $\mathrm{d}y=f'(u)\mathrm{d}u$ 具有不变性

无论 u 是自变量还是中间变量，其微分形式相同，都是 $\mathrm{d}y=f'(u)\mathrm{d}u$．

设 $y=f(u),u=\varphi(x)$，则 $y=f[\varphi(x)]$，$\dfrac{\mathrm{d}y}{\mathrm{d}x}=f'[\varphi(x)]\cdot\varphi'(x)$，所以

$$\mathrm{d}y=f'(u)\cdot\varphi'(x)\mathrm{d}x=f'(u)\cdot\mathrm{d}[\varphi(x)]=f'(u)\mathrm{d}u．$$

 方法探析

【方法4-1】求函数微分的方法

【方法实例4-1】

求函数 $y=x^2\ln 3x$ 的微分 $\mathrm{d}y$．

解：因为 $y'=(x^2\ln 3x)'=2x\ln 3x+x^2\dfrac{1}{3x}\cdot 3=2x\ln 3x+x$．所以

$$\mathrm{d}y=y'\mathrm{d}x=(2x\ln 3x+x)\mathrm{d}x．$$

【方法实例4-2】

求函数 $y=\sin(2x+3)$ 的微分 $\mathrm{d}y$．

解：$\mathrm{d}y=\mathrm{d}[\sin(2x+3)]=\cos(2x+3)\mathrm{d}(2x+3)=\cos(2x+3)\cdot 2\mathrm{d}x=2\cos(2x+3)\mathrm{d}x．$

【方法实例4-3】

求 $y=\dfrac{\mathrm{e}^{x^2}}{x}$ 的微分 $\mathrm{d}y$．

解：$\mathrm{d}y=\mathrm{d}\left(\dfrac{\mathrm{e}^{x^2}}{x}\right)=\dfrac{x\mathrm{d}\mathrm{e}^{x^2}-\mathrm{e}^{x^2}\mathrm{d}x}{x^2}=\dfrac{x\mathrm{e}^{x^2}\mathrm{d}x^2-\mathrm{e}^{x^2}\mathrm{d}x}{x^2}=\dfrac{2x^2\mathrm{e}^{x^2}\mathrm{d}x-\mathrm{e}^{x^2}\mathrm{d}x}{x^2}$

$=\mathrm{e}^{x^2}\left(2-\dfrac{1}{x^2}\right)\mathrm{d}x．$

【方法实例4-4】

求 $y=\mathrm{e}^x\sin x$ 的微分 $\mathrm{d}y$．

解：因为 $y'=(\mathrm{e}^x\sin x)'=\mathrm{e}^x\sin x+\mathrm{e}^x\cos x=\mathrm{e}^x(\sin x+\cos x)$，所以

$$dy= e^x (\sin x+\cos x)dx.$$

【方法4-2】计算近似值的方法

【方法实例4-5】

计算 $e^{0.002}$ 的近似值.

解：设 $f(x)= e^x$ ，$x_0 =0$ ，$\Delta x =0.002$ ，$f'(x) = e^x$ ，

$$f(x_0)=f(0)= e^0 =1 , \quad f'(x_0) = f'(0) = e^0 =1 ,$$

由公式 $f(x_0 + \Delta x) \approx f(x_0) + f'(x_0)\Delta x$ 可得

$$e^{0.002} \approx 1+1\times 0.002=1.002 .$$

【方法实例4-6】

计算 $\sqrt[3]{1.02}$ 的近似值.

解：设 $f(x)= \sqrt[3]{x}$ ，取 $x_0 =1$ ，$x=1.02$ ，$f'(x) = \dfrac{1}{3}\dfrac{1}{\sqrt[3]{x^2}}$ ，

$$f(x_0)=f(1)=1 , \quad f'(x_0) = f'(1)=\frac{1}{3} ,$$

由公式 $f(x_0 + \Delta x) \approx f(x_0) + f'(x_0)\Delta x$ 可得

$$\sqrt[3]{1.02} = \sqrt[3]{1+0.02} \approx 1+\frac{1}{3}\times 0.02 \approx 1.0067 .$$

【方法实例4-7】

计算 $\sqrt[5]{1.002}$ 的近似值.

解：$\sqrt[5]{1.002} = \sqrt[5]{1+0.002}$ ，由近似公式 $\sqrt[n]{1+x} \approx 1+\dfrac{1}{n}x$ 可得

$$\sqrt[5]{1.002} =1+\frac{1}{5}\times 0.002=1.0004 .$$

【方法实例4-8】

计算 $\sin 30°30'$ 的近似值.

解：设 $f(x)=\sin x$ ，取 $x_0 =30°= \dfrac{\pi}{6}$ ，$\Delta x = \dfrac{\pi}{360}$ ，$f'(x) = \cos x$ ，

$$f(x_0)=f\left(\frac{\pi}{6}\right)=\sin \frac{\pi}{6}=\frac{1}{2} , \quad f'(x_0) = f'\left(\frac{\pi}{6}\right) = \cos \frac{\pi}{6}=\frac{\sqrt{3}}{2} .$$

由公式 $f(x_0 + \Delta x) \approx f(x_0) + f'(x_0)\Delta x$ 可得

$$\sin 30°30' =\sin \left(\frac{\pi}{6} + \frac{\pi}{360}\right) \approx \sin \frac{\pi}{6} +\cos \frac{\pi}{6} \cdot \frac{\pi}{360} = \frac{1}{2}+\frac{\sqrt{3}}{2} \cdot \frac{\pi}{360}$$

$$=0.5000+0.0076=0.5076 .$$

自主训练

本模块的自主训练题包括基本训练和提升训练两个层次，未标注*的为基本训练题，标注*的为提升训练题.

【训练实例4-1】求函数微分

1．将适当的函数填入下列括号内，使等式成立

（1） $d(\quad)=-5dx$ ．

（2） $d(\quad)=3xdx$ ．

（3） $d(\quad)=e^{-2x}dx$ ．

（4） $d(\quad)=\dfrac{1}{x-2}dx$ ．

*（5） $d(\quad)=\dfrac{1}{\sqrt{1-4x^2}}dx$ ．

*（6） $d(\quad)=\sec^2 2xd(2x)$ ．

*（7） $d(\mathrm{atc}\tan 5x)=(\quad)d(5x)$ ．

*（8） $d[5^{x^3}]=(\quad)d(x^3)=(\quad)dx$ ．

2．求下列函数的微分

（1） $y=[\ln(1-x)]^2$ ．

（2） $y=\dfrac{\cos x}{1-x^2}$ ．

*（3） $y=2^{\ln(\tan x)}$ ．

*（4） $y=\tan^2(1+x^2)$ ．

【训练实例4-2】利用微分求数的近似值

（1） $\sqrt{0.97}$ ．

（2） $\ln 0.98$ ．

*（3） $\sin 59^\circ 30'$ ．

*（4） $\arctan 1.05$ ．

 应用求解

【日常应用】

【应用实例4-1】求金属正方体受热后体积的改变量

【实例描述】

图4-5所示的金属正方体的边长为2cm，当金属受热边长增加0.01cm时，体积的微分是多少？体积的改变量又是多少？

图4-5　金属正方体的外观

【实例求解】

正方体体积的函数为 $V(x)=x^3$ ，体积的微分为

$$\mathrm{d}V = (x^3)' = 3x^2\,\mathrm{d}x = 3x^2\,\Delta x,$$

将 $x=2$，$\Delta x=0.01$ 代入上式，得在 $x=2$，$\Delta x=0.01$ 处的微分为

$$\mathrm{d}V = 3\times 2^2\times 0.01 = 0.12\,\mathrm{cm}^3,\ \text{即正方体体积的微分为}\ 0.12\,\mathrm{cm}^3.$$

当 $x=2$，$\Delta x=0.01$ 时，正方体体积的改变量为

$$\Delta V = (2+0.01)^3 - 2^3 = 8.120601 - 8 = 0.120601\,\mathrm{cm}^3.$$

由此可见，当边长和边长的增量相同时，正方体体积的微分与正方体体积的改变量近似相等.

【经济应用】

【应用实例4-2】估算产品收入增加量的近似值

【实例描述】

某公司生产一种新型产品，若能全部出售，收入函数为 $R=36x-\dfrac{x^2}{20}$，其中 x 为公司产品的日产量. 如果公司的日产量从 300 增加到 310，请估算公司每天收入的增加量.

【实例求解】

因为收入函数为 $R=36x-\dfrac{x^2}{20}$，所以 $R'=36-\dfrac{x}{10}$.

当公司每天的产量从 300 增加到 310 时，公司每天产量的增加量为 $\Delta x=10$.

用 $\mathrm{d}R$ 估算每天的收入增加量为

$$\Delta R = \mathrm{d}R = R'\Delta x = (36-\frac{x}{10})\,\Delta x = \left(36-\frac{300}{10}\right)\times 10 = 360-300 = 60\ \text{元}.$$

即公司每天收入的增加量约为 60 元.

【电类应用】

【应用实例4-3】求电路中负载功率改变时其两端电压的改变量

【实例描述】

如图 4-6 所示，设有一电阻负载 $R=25\,\Omega$，现负载功率 P 从 400W 增加到 401W，求负载两端电压 u 的改变量的近似值.

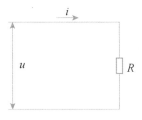

图 4-6 电路中负载

【实例求解】

由电学知识可知，负载功率 $P=\dfrac{u^2}{R}$，即 $u=\sqrt{RP}$，所以 $\mathrm{d}u=\dfrac{1}{2}\sqrt{\dfrac{R}{P}}\mathrm{d}P$，

所以电压 u 的改变量为

$$\Delta u = \mathrm{d}u = u'\Delta P=\frac{1}{2}\sqrt{\frac{R}{P}}\ \Delta P=\frac{1}{2}\sqrt{\frac{25}{400}}\times 1=0.125\mathrm{V}.$$

【机类应用】

【应用实例4-4】求机械摆钟因热胀冷缩产生的钟表误差

【实例描述】

图 4-2 所示是一只机械挂钟，其摆动周期为 1s，摆长为 l，如图 4-3 所示. 在冬季，摆长因热胀冷缩而缩短了 0.01cm，已知单摆的周期为 $T=2\pi\sqrt{\dfrac{l}{g}}$，其中 $g=9.8\mathrm{m/s}^2$，由于摆长缩短，试问这只摆钟每秒大约变化了多少？

【实例求解】

由于 $T=2\pi\sqrt{\dfrac{l}{g}}$，钟摆的周期为 $T=1\mathrm{s}$，所以有 $1=2\pi\sqrt{\dfrac{l}{g}}$，解得摆长为 $l=\dfrac{g}{(2\pi)^2}$.

又 $\dfrac{\mathrm{d}T}{\mathrm{d}l}=\pi\dfrac{1}{\sqrt{gl}}$，

用 $\mathrm{d}T$ 近似计算 ΔT，得 $\Delta T\approx\mathrm{d}T=\dfrac{\mathrm{d}T}{\mathrm{d}l}\ \Delta l=\dfrac{\pi}{\sqrt{gl}}\ \Delta l$，

将 $l=\dfrac{g}{(2\pi)^2}$，$\Delta l=-0.01$ 代入上式，得

$$\Delta T\approx\mathrm{d}T=\frac{\mathrm{d}T}{\mathrm{d}l}\ \Delta l=\frac{\pi}{\sqrt{gl}}\ \Delta l=\frac{\pi}{\sqrt{g\cdot\dfrac{g}{(2\pi)^2}}}\times(-0.01)=\frac{2\pi^2}{g}\times(-0.01)\approx-0.0002\mathrm{s}.$$

因此，由于机械挂钟的摆长缩短了 0.01cm，使得钟摆的周期相应地减少了约 0.0002s，所以这只挂钟每秒快了 0.0002s.

应用拓展

【应用实例4-5】求球的镀铜层所用铜的体积近似值

【应用实例4-6】估算产品利润增加量的近似值

【应用实例4-7】计算模拟放大电路放大倍数的变化量

【应用实例4-8】求测量圆柱体的绝对误差

扫描二维码，浏览电子活页 4-2，完成本模块拓展应用题的求解.

电子活页 4-2

模块小结

1. 基本知识

（1）微分的定义

函数 $y = f(x)$ 在点 x 的某一邻域内有定义，若函数的增量 $\Delta y = f(x + \Delta x) - f(x)$ 可以表示为 $\Delta y = A\Delta x + o(\Delta x)$，则称函数 $y = f(x)$ 在点 x 可微，且称 $A\Delta x$ 为函数 $y = f(x)$ 在点 x 相应于自变量增量 Δx 的微分，记作 $\mathrm{d}y$，即 $\mathrm{d}y = A\Delta x$．

设函数 $y = f(x)$ 在点 $x = x_0$ 及其邻域内可导，则称 $f'(x_0)\mathrm{d}x$ 为函数 $f(x)$ 在点 x_0 处的微分，记作 $\mathrm{d}y\big|_{x=x_0}$．

（2）函数的微分是函数的导数与自变量微分的乘积

可导函数 $y = f(x)$ 在任一点处的微分为 $\mathrm{d}y = f'(x)\mathrm{d}x$．

（3）微分的几何意义

函数 $y = f(x)$ 在点 x_0 处的微分 $\mathrm{d}y\big|_{x=x_0}$，在几何上表示曲线 $y = f(x)$ 在点 $M(x_0, y_0)$ 处的切线的纵坐标的增量．

（4）可导与可微的关系

可导 $\Leftrightarrow$ 可微，即可导函数一定可微，可微函数也一定可导．

（5）一阶微分形式的不变性

无论 u 是自变量还是中间变量的可导函数，其微分形式相同，都是 $\mathrm{d}y = f'(u)\mathrm{d}u$．

2. 基本方法

（1）基本初等函数的微分公式

见【知识 4-3】．

（2）函数的和、差、积、商的微分法则

设函数 $u=u(x)$，$v=v(x)$，则

① 和差微分法则：$\mathrm{d}(u \pm v) = \mathrm{d}u \pm \mathrm{d}v$．

② 常数微分法则：$\mathrm{d}(C \cdot u) = C \cdot \mathrm{d}u$（$C$ 是常数）．

③ 乘法微分法则：$\mathrm{d}(uv) = u\mathrm{d}v + v\mathrm{d}u$．

④ 除法微分法则：$\mathrm{d}\left(\dfrac{u}{v}\right) = \dfrac{v\mathrm{d}u - u\mathrm{d}v}{v^2}$（其中 $v \neq 0$）．

（3）复合函数的微分法则

设 $y = f(u)$，$u = \varphi(x)$ 均可微，如果函数 $y = f(u)$ 对 u 是可导的，则 $\mathrm{d}y = f'(u)\mathrm{d}u$．

（4）利用微分求近似值

$f(x_0 + \Delta x) \approx f(x_0) + f'(x_0)\Delta x$；$f(x) \approx f(0) + f'(0)x$（$|x|$ 很小）．

（5）工程上常用的近似公式

① $\sin x \approx x$（x 用弧度作单位）．　　② $\tan x \approx x$（x 用弧度作单位）．

③ $\mathrm{e}^x \approx 1 + x$．　　　　　　　　　④ $\ln(1+x) \approx x$．

⑤ $\sqrt[n]{1+x} \approx 1 + \dfrac{1}{n}x$．　　　　⑥ $\arctan x \approx x$（x 用弧度作单位）．

模块考核

扫描二维码，浏览电子活页 4-3，完成本模块的在线考核.

扫描二维码，浏览电子活页 4-4，查看本模块考核试题的答案.

电子活页 4-3

电子活页 4-4

模块 5 二元函数微分及其应用

前面几个模块所讨论的函数都是只有一个自变量的函数，即一元函数. 但是，在自然科学和工程技术中，常常遇到依赖于两个或更多个自变量的函数，这种函数称为多元函数. 本模块将在一元函数的基础上，主要讨论二元函数的基本概念、二元函数的微分法及其应用. 因为从一元函数到二元函数，在内容和方法上有一些实质性的差别，而从二元函数到三元函数或三元以上的函数，没有本质的差别. 学习本模块时，在方法上要注意与一元函数对照，注意它们之间的联系和区别，以便更好地掌握多元函数微分学的基本概念和方法.

 教学导航

教学目标	（1）掌握二元函数的概念，会求二元函数的定义域 （2）掌握二元函数极限与连续的概念，会求简单的二元函数的极限 （3）理解偏导数的概念，掌握偏导数的基本运算与求偏导数的方法，能熟练地求偏导数 （4）理解全微分的概念，掌握全微分的计算方法，熟悉偏导数存在与可微分的关系 （4）理解二元函数的求极值问题，能分析与解决二元经济函数问题 （5）理解二元函数极值的概念，掌握求二元函数极值的基本方法，能用二元函数极值思想解决实际应用问题
教学重点	（1）二元函数的概念与定义域 （2）二元函数的极限与连续 （3）二元函数的偏导数 （4）全微分的概念及其计算方法，偏导数存在与可微分的关系 （5）二元函数求极值的基本方法
教学难点	（1）求二元函数的定义域与极限 （2）求二元函数的偏导数 （3）全微分的计算，偏导数存在与可微分的关系 （4）求二元函数的极值

价值引导

一个国家、一个单位、一个部门以及一个人的一生，本质上都是在追求极大值和最大值；小区域内的最大值，是否是真正的极值？要想达到极大值或者最大值，就需要付出辛勤的汗水，努力拼搏，并要明白"天外有天，人外有人"的道理.

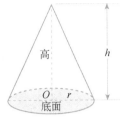

图 5-1　圆锥体

引例导入

【引导实例 5-1】计算圆锥体的体积

【引例描述】

图 5-1 所示是圆锥体，设底面半径 $r=10$cm，高 $h=15$cm，求该圆锥体的体积．

【引例求解】

圆锥体体积 V 与它的底面半径 r 和高 h 之间具有如下关系

$$V = \frac{1}{3}\pi r^2 h$$

这里，V 随着底面半径 r 和高 h 的变化而变化，当 r 和 h 在一定范围（$r>0$，$h>0$）取值时，V 的值随之确定．

由题意可知，$r=10$，$h=15$，所以

$$V = \frac{1}{3}\pi r^2 h = \frac{1}{3}\times 3.14159 \times 10^2 \times 15 = 3.14159 \times 100 \times 5 = 1570.795 \text{cm}^3.$$

【引导实例 5-2】计算产品的收入

【引例描述】

企业产品的销售收入决定于该产品的销售量和价格两个因素，某电器产品 12 月份的销量为 680 台，价格为 320 元，求该产品 12 月份的销售收入．

【引例求解】

设产品的销售量为 q，价格为 p，收入为 R，则收入函数为 $R(p,q)=pq$．

由题意可知，$q=680$，$p=320$，

所以 $R=680\times 320=217600$ 元．

由此可知，产品的销售收入取决于销售量和价格两个因素，当销售量 q 和价格 p 确定后，销售收入 R 便有一个确定值与之对应．

【引导实例 5-3】计算并联电路的总电阻

【引例描述】

在图 5-2 所示的并联电路中，两个电阻的阻值分别为 $R_1=20\,\Omega$ 和 $R_2=60\,\Omega$，该并联电路的总电阻 R 为多少？

【引例求解】

由电学知识可知，并联电路的总电阻的计算公式如下

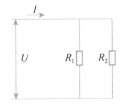

图 5-2　并联电路图

$$\frac{1}{R} = \frac{1}{R_1} + \frac{1}{R_2}$$

整理后，得

$$R = \frac{R_1 R_2}{R_1 + R_2}$$

这里，R 随着 R_1 和 R_2 的变化而变化，当 R_1，R_2 在一定范围（$R_1>0$，$R_2>0$）取值时，R 的值就随之确定．所以

$$R = \frac{20 \times 60}{20 + 60} = \frac{1200}{80} = 15\Omega.$$

 概念认知

【概念 5-1】二元函数

1. 二元函数的定义

上述 3 个引例中出现了一个变量依赖于多个变量的情况，这就产生了含有多个自变量的函数，即多元函数．以上 3 个引例的具体意义虽然不相同，但它们却有共同的性质，抽象出这些共性给出如下二元函数的定义．

【定义 5-1】二元函数

> 设有三个变量 x，y，z，如果对于变量 x，y 在它们的变化范围 D（非空点集）内所取的每一对值 (x, y) 时，变量 z 按照一定的法则，总有一个确定的值与之对应，则称变量 z 为变量 x，y 的二元函数，记作
>
> $$z = f(x, y) \quad \text{或} \quad z = z(x, y).$$
>
> 其中 x，y 称为自变量，z 称为函数（或因变量），自变量 x，y 的变化范围 D 称为函数的定义域．

当自变量 (x, y) 分别取 (x_0, y_0) 时，函数 z 的对应值为 z_0，记作 $z_0 = f(x_0, y_0)$，称为二元函数 $z = f(x, y)$，当 $x = x_0$，$y = y_0$ 时的函数值．

类似地，可以定义三元函数 $u = f(x, y, z)$ 及三元以上的函数，二元及二元以上的函数统称为多元函数．

2. 二元函数的定义域

函数的定义域是函数概念的一个重要组成部分．从实际问题中建立的函数，一般根据实际问题确定函数的定义域．例如，在【引导实例 5-1】中，圆锥体底面的半径 r 和高 h 都取正值．对于由数学式子表示的函数 $z = f(x, y)$，虽未说明具体意义或使用的具体范围，但它的定义域可理解为由该数学式子使 z 有意义的那些自变量值的全体．求二元函数 $z = f(x, y)$ 的定义域，就是求出使函数有意义的所有自变量的取值范围．

【验证实例 5-1】求二元函数 $z = \sqrt{9 - x^2 - y^2}$ 的定义域

解：要使函数 z 有意义，自变量 x，y 满足不等式 $x^2 + y^2 \leqslant 9$，其几何表示是 xOy 平面上以原点为圆心，半径为 3 的圆内及圆周边界上点的全体，如图 5-3 所示.

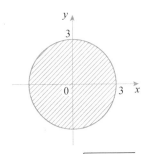

图 5-3　二元函数 $z = \sqrt{9 - x^2 - y^2}$ 的定义域

所以二元函数的定义域为 $D = \{(x, y) | x^2 + y^2 \leqslant 9\}$.

【验证实例 5-2】求二元函数 $z = \ln(x + y)$ 的定义域

解：要使函数 z 有意义，自变量 x, y 满足不等式 $x + y > 0$，其几何图形是 xOy 平面上位于直线 $y = -x$ 上方的半平面，而不包括直线的阴影部分，如图 5-4 所示.

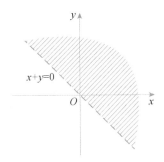

图 5-4　二元函数 $z = \ln(x + y)$ 的定义域

所以二元函数的定义域为 $D = \{(x, y) | x + y > 0\}$.

3. 二元函数的几何意义

我们知道，一元函数 $y = f(x)$ 的图形在 xOy 平面上一般表示为一条曲线. 对于二元函数 $z = f(x, y)$，设其定义域为 D，点 $P_0(x_0, y_0)$ 为函数定义域中的一点，与点 P_0 对应的函数值记为 $z_0 = f(x_0, y_0)$，于是，可在空间直角坐标系 $Oxyz$ 中作出点 $M_0(x_0, y_0, z_0)$. 当点 $P(x, y)$ 在定义域 D 内变动时，对应点 $M(x, y, z)$ 的轨迹就是函数 $z = f(x, y)$ 的几何图形. 一般说来，它通常是一张曲面. 这就是二元函数的几何意义，如图 5-5 所示，而定义域 D 正是这曲面在 Oxy 平面上的投影.

【说明】三元和三元以上的多元函数没有直观的几何意义.

【验证实例 5-3】作二元函数 $z = 3 - 3x - \dfrac{3}{2}y$ 的图形

解：由空间解析几何知，函数的图形是一张在 x，y，z 坐标轴上的截距分别是 1、 2、

3 的平面，它的图形在第一象限的部分如图 5-6 所示.

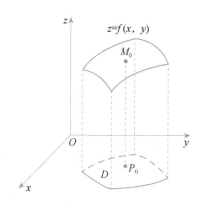 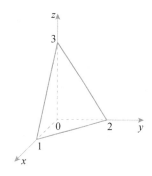

图 5-5 二元函数的几何意义　　图 5-6 二元函数 $z = 3 - 3x - \dfrac{3}{2}y$ 的图形

【验证实例 5-4】作二元函数 $z = \sqrt{1 - x^2 - y^2}$ 的图形

解：二元函数的定义域为 $x^2 + y^2 \leqslant 1$，即为单位圆的内部及其边界，函数的图形是球心在原点，半径为 1 的上半球面，如图 5-7 所示.

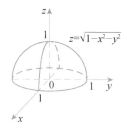

图 5-7 二元函数 $z = \sqrt{1 - x^2 - y^2}$ 的图形

【概念 5-2】偏导数

1. 偏导数的定义

在研究一元函数时，我们从研究函数的变化率引入了导数的概念，对于多元函数同样需要讨论它的变化率. 多元函数的自变量不止一个，多元函数与自变量的关系要比一元函数复杂得多，为此，我们研究多元函数关于一个自变量的变化率.

由【引导实例 5-3】可知，并联电路总电阻 R 是分电阻 R_1，R_2 的二元函数，即

$$R = \frac{R_1 R_2}{R_1 + R_2}.$$

我们在考虑总电阻 R 关于电阻 R_1，R_2 的变化率时，为了简化分析，可以先将电阻 R_2 的值固定不变，仅考虑 R 关于电阻 R_1 的变化率，这时，视 R_2 为常量，R 为 R_1 的一元函数，按一元函数的求导方法，可以得到总电阻 R 关于 R_1 的变化率为

$$\frac{R_2^2}{(R_1 + R_2)^2}.$$

同理，可以得到总电阻 R 关于另一个电阻 R_2 的变化率为

$$\frac{R_1^2}{(R_1+R_2)^2}.$$

对于二元函数 $z=f(x,\ y)$，考虑函数关于其中一个自变量的变化率，即固定一个自变量。例如，自变量 x 变化，而自变量 y 保持不变（可看作常量），这时 z 可视为 x 的一元函数，该函数对 x 求导，就称为二元函数 $z=f(x,\ y)$ 对 x 的偏导数。下面给出偏导数定义。

【定义 5-2】偏导数

设函数 $z=f(x,\ y)$ 在点 $(x_0,\ y_0)$ 的某一邻域内有定义，当 y 固定在 y_0，而 x 在 x_0 有增量 Δx 时，相应的函数有增量

$$f(x_0+\Delta x,\ y_0)-f(x_0,\ y_0).$$

如果极限

$$\lim_{\Delta x\to 0}\frac{f(x_0+\Delta x,\ y_0)-f(x_0,\ y_0)}{\Delta x}$$

存在，那么称此极限值为函数 $z=f(x,\ y)$ 在点 $(x_0,\ y_0)$ 处对 x 的偏导数，记作

$$\frac{\partial z}{\partial x}\Big|_{(x_0,\ y_0)},\quad \frac{\partial f}{\partial x}\Big|_{(x_0,\ y_0)},\quad z_x'(x_0,\ y_0)\ 或\ f_x'(x_0,\ y_0).$$

类似地，函数 $z=f(x,\ y)$ 在点 $(x_0,\ y_0)$ 处对 y 的偏导数，定义为

$$\frac{\partial z}{\partial y}\Big|_{(x_0,\ y_0)}=\lim_{\Delta y\to 0}\frac{f(x_0,\ y_0+\Delta y)-f(x_0,\ y_0)}{\Delta y}$$

又可记为 $\frac{\partial f}{\partial y}\Big|_{(x_0,\ y_0)}$，$z_y'(x_0,\ y_0)$ 或 $f_y'(x_0,\ y_0)$。

如果函数 $z=f(x,\ y)$ 在区域 D 内每一点 $(x,\ y)$ 对 x 的偏导数都存在，即

$$\lim_{\Delta x\to 0}\frac{f(x+\Delta x,\ y)-f(x,\ y)}{\Delta x}\quad ((x,\ y)\in D)$$

存在，显然这个偏导数仍是 x,y 的函数，称它为函数 $z=f(x,\ y)$ 对 x 的偏导函数，记作 $\frac{\partial z}{\partial x}$，$\frac{\partial f}{\partial x}$，$z_x'(x,\ y)$ 或 $f_x'(x,\ y)$。

记号 " $\frac{\partial z}{\partial x}$ " 是指函数 $z=f(x,\ y)$ 中把变量 y 暂时看作常量，而对自变量 x 求导。

类似地，可以定义函数 $z=f(x,\ y)$ 在区域 D 内对自变量 y 的偏导函数为

$$\lim_{\Delta y\to 0}\frac{f(x,\ y+\Delta y)-f(x,\ y)}{\Delta y}\quad ((x,\ y)\in D).$$

记作 $\frac{\partial z}{\partial y}$，$\frac{\partial f}{\partial y}$，$z_y'(x,\ y)$ 或 $f_y'(x,\ y)$。

函数 $z=f(x,\ y)$ 在点 $(x_0,\ y_0)$ 对 x 的偏导数 $f_x'(x_0,\ y_0)$，就是偏导函数 $f_x'(x,\ y)$ 在点 $(x_0,\ y_0)$ 处的函数值，而 $f_y'(x_0,\ y_0)$ 就是偏导函数 $f_y'(x,\ y)$ 在点 $(x_0,\ y_0)$ 处的函数值。在不至

于混淆的情况下，常把偏导函数称为偏导数.

二元以上的多元函数的偏导数可类似地定义. 例如，三元函数 $u = f(x, y, z)$ 在点 (x, y, z) 处对 x 的偏导数定义为

$$\frac{\partial u}{\partial x} = \lim_{\Delta x \to 0} \frac{f(x + \Delta x, y, z) - f(x, y, z)}{\Delta x}.$$

同样地，可以分别定义 u 对 y 及 u 对 z 的偏导数 $\dfrac{\partial u}{\partial y}$ 及 $\dfrac{\partial u}{\partial z}$.

2. 二元函数偏导数的几何意义

二元函数 $z = f(x, y)$ 在点 (x_0, y_0) 处对 x 的偏导数 $f_x(x_0, y_0)$，就是一元函数 $z = f(x, y_0)$ 在 x_0 点处的导数，导数的几何意义就是曲线的切线斜率. 而二元函数 $z = f(x, y)$ 的图形表示空间一张曲面，当 $y = y_0$ 时，曲面 $z = f(x, y)$ 与平面 $y = y_0$ 的交线方程为

$$\begin{cases} z = f(x, y), \\ y = y_0. \end{cases}$$

上式表示在 $y = y_0$ 平面上的一条曲线. 根据导数的几何意义可知，$f_x'(x_0, y_0)$ 就是这条曲线在点 $M_0(x_0, y_0, f(x_0, y_0))$ 处的切线 T_x 关于 x 轴的斜率，如图 5-8 所示.

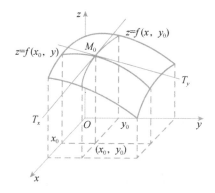

图 5-8　二元函数偏导数的几何意义

同样，$f_y'(x_0, y_0)$ 是曲面 $z = f(x, y)$ 与平面 $x = x_0$ 的交线

$$\begin{cases} z = f(x, y), \\ x = x_0. \end{cases}$$

表示点 M_0 处的切线 T_y 关于 y 轴的斜率.

【概念 5-3】全微分

设二元函数 $z = f(x, y)$ 在点 (x_0, y_0) 的某邻域内有定义，当自变量 (x, y) 在点 (x_0, y_0) 的该邻域内分别取得增量 Δx 和 Δy 时，函数的全增量为

$$\Delta z = f(x_0 + \Delta x, y_0 + \Delta y) - f(x_0, y_0).$$

一般地说，全增量 Δz 的计算比较复杂，类似于一元函数，希望能从 Δz 中分离出自变量的增量 Δx，Δy 的线性函数，作为 Δz 的近似值. 二元函数全微分的定义如下.

【定义 5-3】全微分

设二元函数 $z = f(x, y)$ 在点 (x_0, y_0) 的某邻域内有定义，如果 $z = f(x, y)$ 在点 (x_0, y_0) 的全增量

$$\Delta z = f(x_0 + \Delta x, y_0 + \Delta y) - f(x_0, y_0)$$

可表示为

$$\Delta z = A\Delta x + B\Delta y + o(\rho)$$

其中 A，B 与 Δx，Δy 无关，$o(\rho)$ 是当 $\rho \to 0$ 时比 ρ 高阶的无穷小，则称 $A\Delta x + B\Delta y$ 为函数 $z = f(x, y)$ 在点 (x_0, y_0) 处的全微分，记作

$$dz\big|_{(x_0, y_0)} \text{ 或 } dz\big|_{\substack{x=x_0 \\ y=y_0}}，\text{ 即 } dz\big|_{(x_0, y_0)} = A\Delta x + B\Delta y$$

并称函数 $z = f(x, y)$ 在点 (x_0, y_0) 处可微.

与一元函数类似，全微分 dz 是 Δx，Δy 的线性函数，$\Delta z - dz$ 是比 ρ 高阶的无穷小.

当 $|\Delta x|$，$|\Delta y|$ 充分小时，可用全微分 dz 作为函数的全增量 Δz 的近似值.

如果函数 $z = f(x, y)$ 在点 (x_0, y_0) 处可微，即 $\Delta z = A\Delta x + B\Delta y + o(\rho)$，则在该点 $f(x, y)$ 的两个偏导数存在，且

$$A = f_x'(x_0, y_0)，\quad B = f_y'(x_0, y_0).$$

记为

$$dz = \frac{\partial z}{\partial x}dx + \frac{\partial z}{\partial y}dy.$$

二元函数全微分的定义可以推广到三元和三元以上的多元函数. 例如，三元函数 $u = f(x, y, z)$ 的全微分存在，则有

$$du = \frac{\partial u}{\partial x}dx + \frac{\partial u}{\partial y}dy + \frac{\partial u}{\partial z}dz.$$

【验证实例 5-5】求 $z = xy$ 在点 $(2，3)$ 处，关于 $\Delta x = 0.1$，$\Delta y = 0.2$ 的全增量与全微分

解：

$$\Delta z = (x + \Delta x)(y + \Delta y) - xy = y\Delta x + x\Delta y - \Delta x\Delta y.$$

$$dz = \frac{\partial z}{\partial x}dx + \frac{\partial z}{\partial y}dy = ydx + xdy = y\Delta x + x\Delta y.$$

将 $x = 2$，$y = 3$，$\Delta x = 0.1$，$\Delta y = 0.2$ 代入 Δz，dz 的表达式，得

$$\Delta z = 3 \times 0.1 + 2 \times 0.2 - 0.02 = 0.68，$$

$$dz = 3 \times 0.1 + 2 \times 0.2 = 0.7.$$

知识疏理

【知识 5-1】二元函数的极限

研究函数的极限即是研究函数的变化趋势. 二元函数的自变量有两个，自变量的变化

过程比一元函数的自变量的变化过程要复杂得多.

设点 $P(x, y)$, $P_0(x_0, y_0)$ 都是函数 $z = f(x, y)$ 定义域内的点, 现考虑平面上当点 $P(x, y)$ 趋于点 $P_0(x_0, y_0)$ 时, 函数 $z = f(x, y)$ 的变化趋势. 在平面上, 点 $P(x, y)$ 趋于定点 $P_0(x_0, y_0)$ 的方式可以是多种多样的. 不管采取哪种方式, 只要点 $P(x, y)$ 趋于点 $P_0(x_0, y_0)$, 则点 $P(x, y)$ 与 $P_0(x_0, y_0)$ 的距离

$$\rho = |P_0 P| = \sqrt{(x - x_0)^2 + (y - y_0)^2}$$

趋于零. 因此, 总可以用 $\rho \to 0$ 表示 $P(x, y) \to P_0(x_0, y_0)$ 的变化过程, 为此, 先给出平面上点的邻域概念.

以点 $P_0(x_0, y_0)$ 为圆心, $\delta > 0$ 为半径的开圆域称为点 P_0 的 δ 邻域, 如图 5-9 所示. 若用不等式表示, 有

$$\sqrt{(x - x_0)^2 + (y - y_0)^2} < \delta .$$

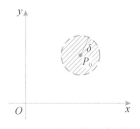

图 5-9 点 P_0 的 δ 邻域

在点 P_0 的 δ 邻域中去掉点 P_0 , 称为点 P_0 的去心 δ 邻域, 可表示为

$$0 < \sqrt{(x - x_0)^2 + (y - y_0)^2} < \delta .$$

仿照一元函数的极限, 先简略地描述二元函数的极限.

【定义 5-4】二元函数的极限

> 设函数 $z = f(x, y)$ 在点 $P_0(x_0, y_0)$ 的某一去心邻域内有定义 (在点 P_0 处不一定有定义), 如果动点 $P(x, y)$ 按任意方式趋于定点 $P_0(x_0, y_0)$ 时, 函数的对应值 $f(x, y)$ 趋于一个确定值 A , 则称 A 为函数 $z = f(x, y)$, 当 $x \to x_0$, $y \to y_0$ 时的极限, 记作
>
> $$\lim_{\substack{x \to x_0 \\ y \to y_0}} f(x, y) = A \text{ 或 } \lim_{(x, y) \to (x_0 \to y_0)} f(x, y) = A ,$$
>
> 又或 $\lim_{\rho \to 0} f(x, y) = A$, 其中 $\rho = \sqrt{(x - x_0)^2 + (y - y_0)^2}$.

从二元函数极限定义可以看到, 二元函数的极限要比一元函数的极限复杂得多. 对于一元函数, 如果 x 从左侧趋于 x_0 与从右侧趋于 x_0 的极限存在且相等, 则 $\lim_{x \to x_0} f(x)$ 存在, 其逆命题也成立. 而二元函数极限存在, 是指当点 $P(x, y)$ 以任意方式趋于点 $P_0(x_0, y_0)$ 时, 函数都无限趋于 A . 因此, 如果点 $P(x, y)$ 以某些特殊方式, 例如, 沿着一条或几条直线或曲线趋于点 $P_0(x_0, y_0)$ 时, 函数 $f(x, y)$ 都趋于某一确定值, 我们仍然不能由此断定函数的极限存在. 但是, 当点 $P(x, y)$ 以不同方式趋于点 $P_0(x_0, y_0)$, 而函数趋于不同值时, 则

可以断定函数在点 $P_0(x_0, y_0)$ 极限不存在.

【验证实例5-6】讨论二元函数

$$f(x, y) = \begin{cases} \dfrac{xy}{x^2 + y^2}, & x^2 + y^2 \neq 0, \\ 0, & x^2 + y^2 = 0. \end{cases}$$

当点 $P(x, y) \to$ 点 $O(0, 0)$ 时极限是否存在.

解：当点 $P(x, y)$ 沿 x 轴趋于点 $(0, 0)$ 时，总有 $y = 0$，$f(x, y) = f(x, 0) = 0(x \neq 0)$，所以

$$\lim_{\substack{y=0 \\ x \to 0}} f(x, y) = \lim_{x \to 0} f(x, 0) = 0 .$$

当点 $P(x, y)$ 沿 y 轴趋于点 $(0, 0)$ 时，总有 $x = 0$，$f(x, y) = f(0, y) = 0(y \neq 0)$，所以

$$\lim_{\substack{x=0 \\ y \to 0}} f(x, y) = \lim_{y \to 0} f(0, y) = 0 .$$

当点 $P(x, y)$ 沿直线 $y = kx$ 趋于点 $(0, 0)$ 时，此时

$$f(x, y) = f(x, kx) = \frac{k}{1 + k^2} \quad (x \neq 0) ,$$

所以 $\lim\limits_{\substack{y=kx \\ x \to 0}} f(x, y) = \lim\limits_{x \to 0} \dfrac{k}{1 + k^2} = \dfrac{k}{1 + k^2}$.

其极限值是随直线斜率 k 的不同而不同，即动点 $P(x, y)$ 沿着不同直线趋于点 $P_0(x_0, y_0)$ 时，函数趋于不同值.

因此 $\lim\limits_{\substack{x \to 0 \\ y \to 0}} f(x, y)$ 不存在.

【说明】一元函数极限的四则运算法则，可以相应地推广到二元函数，这里不赘述.

【知识5-2】二元函数的连续性

与一元函数的连续性一样，利用函数的极限也可以定义二元函数的连续性.

【定义5-5】函数 $z = f(x, y)$ 在点 $P_0(x_0, y_0)$ 处连续

> 如果函数 $z = f(x, y)$ 在点 $P_0(x_0, y_0)$ 的某一邻域内有定义，如果当点 $P(x, y)$ 趋于点 $P_0(x_0, y_0)$ 时，函数 $f(x, y)$ 的极限等于 $f(x, y)$ 在点 $P_0(x_0, y_0)$ 处的函数值 $f(x_0, y_0)$，即
> $$\lim_{\substack{x \to x_0 \\ y \to y_0}} f(x, y) = f(x_0, y_0) ,$$
> 则称函数 $z = f(x, y)$ 在点 $P_0(x_0, y_0)$ 处连续.

如果函数 $z = f(x, y)$ 在区域 D 内每一点处都连续，那么称函数 $z = f(x, y)$ 在区域 D 内连续.

令 $x = x_0 + \Delta x$，$y = y_0 + \Delta y$，则 $\lim\limits_{\substack{x \to x_0 \\ y \to y_0}} f(x, y) = f(x_0, y_0)$ 可以写成

$$\lim_{\substack{\Delta x \to 0 \\ \Delta y \to 0}} [f(x_0 + \Delta x, y_0 + \Delta y) - f(x_0, y_0)] = \lim_{\substack{\Delta x \to 0 \\ \Delta y \to 0}} \Delta z = 0,$$

其中 $\Delta z = f(x_0 + \Delta x,\ y_0 + \Delta y) - f(x_0,\ y_0)$ 是函数 $z = f(x,\ y)$ 在点 $P_0(x_0,\ y_0)$ 处的全增量.

于是，得到与上述定义等价的另一个定义是：

【定义 5-6】二元函数的连续

> 如果函数 $z = f(x,\ y)$ 在点 $P_0(x_0,\ y_0)$ 的某一邻域内有定义，并且
> $$\lim_{\substack{\Delta x \to 0 \\ \Delta y \to 0}} \Delta z = 0$$
> 则称函数 $z = f(x,\ y)$ 在点 $P_0(x_0,\ y_0)$ 处连续.

如果函数 $z = f(x,\ y)$ 在点 $P_0(x_0,\ y_0)$ 处不连续，则称点 $P_0(x_0,\ y_0)$ 是函数 $f(x,\ y)$ 的不连续点或间断点. 根据函数在一点处连续定义可推出，具有下列三个条件之一时，点 $P_0(x_0,\ y_0)$ 为该函数的间断点.

① 该函数 $z = f(x,\ y)$ 在点 $P_0(x_0,\ y_0)$ 处无定义.

② 虽然函数 $z = f(x,\ y)$ 在点 $P_0(x_0,\ y_0)$ 处有定义，但当点 $P(x,\ y)$ 趋于点 $P_0(x_0,\ y_0)$ 时，该函数的极限不存在.

③ 虽然函数 $z = f(x,\ y)$ 在点 $P_0(x_0,\ y_0)$ 处的极限存在，但极限值不等于该函数在此点 $P_0(x_0,\ y_0)$ 的函数值.

与一元函数类似，二元连续函数的和、差、积、商（分母不为零）及复合函数仍是连续函数.

由变量 $x,\ y$ 的基本初等函数及常数经过有限次四则运算与复合步骤而构成的，且用一个数学式子表示的函数称为二元初等函数.

我们可以得到如下结论：

多元初等函数在其定义区域（是指包含在定义域内的区域）内是连续的. 此结果可以用于多元初等函数极限的计算.

【验证实例 5-7】设

$$f(x,\ y) = \begin{cases} \dfrac{xy}{x^2 + y^2}, & \text{当} x^2 + y^2 \neq 0, \\ 0, & \text{当} x^2 + y^2 = 0. \end{cases}$$

利用偏导数的定义求 $f(x,\ y)$ 在原点 $(0，0)$ 处的偏导数，并判断该函数在点 $(0，0)$ 的连续性

解：由偏导数的定义知，在原点 $(0，0)$ 处 $f(x,\ y)$ 对 x 的偏导数为

$$f_x(0,\ 0) = \lim_{\Delta x \to 0} \frac{f(0 + \Delta x,\ 0) - f(0,\ 0)}{\Delta x} = \lim_{\Delta x \to 0} \frac{\dfrac{(\Delta x) \cdot 0}{(\Delta x)^2 + 0^2} - 0}{\Delta x} = \lim_{\Delta x \to 0} 0 = 0 .$$

同时可知函数 $f(x,\ y)$ 在原点处对 y 的偏导数也为 0.

从计算结果知，该函数在点 $(0,\ 0)$ 处的两个偏导数存在. 由 5.1 节可知，该函数的极限 $\lim\limits_{\substack{x \to 0 \\ y \to 0}} f(x,\ y)$ 不存在，所以该二元函数在点 $(0,\ 0)$ 处是不连续的.

【知识5-3】偏导数的计算

在多元函数偏导数的定义中，只有一个自变量是变化的，而其他自变量保持不变，所以多元函数的偏导数，实际上可视为一元函数的导数，所谓"偏"就是指只对其中一个自变量而言．因此，求多元函数的偏导数就相当于求一元函数的导数，且一元函数的求导法则和求导公式对求多元函数的偏导数仍然适用．

例如，给定一个二元函数 $z = f(x, y)$，求 $\dfrac{\partial z}{\partial x}$ 时，可将自变量 y 看成常数（即将 z 看成 x 的一元函数），只须 z 对 x 求导即可．

如果求函数 $z = f(x, y)$ 在点 (x_0, y_0) 处对 x 的偏导数，根据偏导函数与偏导数的关系，只须先求出偏导函数 $f'_x(x, y)$（如果偏导函数 $f'_x(x, y)$ 是容易求出的），然后再求 $f''_x(x, y)$ 在点 (x_0, y_0) 处的函数值，即

$$f'_x(x, y)\big|_{(x_0, y_0)} = f'_x(x_0, y_0).$$

这样就得到了函数 $z = f(x, y)$ 在点 (x_0, y_0) 处对 x 的偏导数．也可以先将 $y = y_0$ 代入 $z = f(x, y)$ 中，得 $z = f(x, y_0)$，然后对 x 求导数，得 $f'_x(x, y_0)$，再将 $x = x_0$ 代入，两种做法是一样的．因为在这个过程中，y 为常数 y_0．

【说明】一元函数求导的四则运算法则，可以相应地推广到二元函数，这里不赘述．

【验证实例5-8】求函数 $z = x^y$ 的偏导数

解：$\dfrac{\partial z}{\partial x} = yx^{y-1}$，$\dfrac{\partial z}{\partial y} = x^y \ln x$．

【验证实例5-9】设 $f(x, y) = (x^2 - y^2)\ln(x + y) + \arctan\left(\dfrac{y}{x}e^{x^2+y^2}\right)$，求 $f'_x(1, 0)$

解：先将 $y = 0$ 代入上式，得 $f(x, 0) = x^2 \ln x$，再对 $f(x, 0)$ 求 $x = 1$ 处的导数，即

$$f'_x(x, 0) = 2x\ln x + x.$$

从而得 $f'_x(x, 0)\big|_{x=1} = f'_x(1, 0) = 1$．

【知识5-4】高阶偏导数

类似于一元函数的高阶导数，可以定义二元函数的高阶偏导数．

【定义5-7】二阶偏导数

设函数 $z = f(x, y)$ 在区域 D 内有偏导数

$$\frac{\partial z}{\partial x} = f'_x(x, y), \quad \frac{\partial z}{\partial y} = f'_y(x, y),$$

一般说来，$f'_x(x, y)$，$f'_y(x, y)$ 在区域 D 仍然是 x，y 的函数，如果偏导数 $f'_x(x, y)$，$f'_y(x, y)$ 的偏导数存在，则称它们是函数 $z = f(x, y)$ 的二阶偏导数．

根据对自变量求导次序的不同，二元函数 $z = f(x, y)$ 的二阶偏导数有下列四个：

① $\dfrac{\partial^2 z}{\partial x^2} = \dfrac{\partial}{\partial x}\left(\dfrac{\partial z}{\partial x}\right) = f''_{xx}(x,\ y) = z''_{xx}(x,\ y)$.

② $\dfrac{\partial^2 z}{\partial x \partial y} = \dfrac{\partial}{\partial y}\left(\dfrac{\partial z}{\partial x}\right) = f'_{xy}(x,\ y) = z'_{xy}(x,\ y)$.

③ $\dfrac{\partial^2 z}{\partial y^2} = \dfrac{\partial}{\partial y}\left(\dfrac{\partial z}{\partial y}\right) = f'_{yy}(x,\ y) = z'_{yy}(x,\ y)$.

④ $\dfrac{\partial^2 z}{\partial y \partial x} = \dfrac{\partial}{\partial x}\left(\dfrac{\partial z}{\partial y}\right) = f'_{yx}(x,\ y) = z'_{yx}(x,\ y)$.

其中②④两个二阶偏导数称为二阶混合偏导数，②的二阶偏导数是先对 x，后对 y 求偏导数，而④的二阶偏导数是先对 y，后对 x 求偏导数.

同理，可得三阶、四阶以至 n 阶偏导数（如果存在的话）. 一个多元函数的 $n-1$ 阶偏导数的偏导数称为原来函数的 n 阶偏导数. 二阶及二阶以上的偏导数统称为高阶偏导数.

【验证实例 5-10】求 $z = x^3 y - 3x^2 y^3$ 的二阶偏导数

解：$\dfrac{\partial z}{\partial x} = 3x^2 y - 6xy^3$，$\dfrac{\partial z}{\partial y} = x^3 - 9x^2 y^2$，

$\dfrac{\partial^2 z}{\partial x^2} = 6xy - 6y^3$，$\dfrac{\partial^2 z}{\partial x \partial y} = 3x^2 - 18xy^2$，

$\dfrac{\partial^2 z}{\partial y^2} = -18x^2 y$，$\dfrac{\partial^2 z}{\partial y \partial x} = 3x^2 - 18xy^2$.

该题值得注意的是，两个二阶混合偏导数相等，这件事并不是偶然的. 事实上，我们有下面的定理.

【定理 5-1】二阶混合偏导数相等

一般地，如果函数 $z = f(x,\ y)$ 的两个二阶混合偏导数 $\dfrac{\partial^2 z}{\partial x \partial y}$，$\dfrac{\partial^2 z}{\partial y \partial x}$ 在区域 D 上连续，

那么在该区域 D 上这两个二阶混合偏导数相等，即 $\dfrac{\partial^2 z}{\partial x \partial y} = \dfrac{\partial^2 z}{\partial y \partial x}$.

这个定理说明，在二阶混合偏导数连续的条件下，它与求偏导数次序无关. 对更高阶的混合偏导数也有同样的结论.

【知识 5-5】二元函数的极值

多元函数的极值在许多实际问题中有着广泛的应用. 现以二元函数为主，介绍多元函数的极值概念，极值存在的必要条件和充分条件.

【定义 5-8】二元函数的极值

设函数 $z = f(x,\ y)$ 在点 $(x_0,\ y_0)$ 的某一邻域内有定义，并且对于该邻域内异于点 $(x_0,\ y_0)$ 的点 $(x,\ y)$，如果都满足不等式

$$f(x,\ y) \leqslant f(x_0,\ y_0),$$

那么称函数 $f(x, y)$ 在点 (x_0, y_0) 处有极大值 $f(x_0, y_0)$，称点 (x_0, y_0) 为函数 $f(x, y)$ 的极大值点.

如果都满足不等式

$$f(x, y) \geq f(x_0, y_0),$$

那么称函数 $f(x, y)$ 在点 (x_0, y_0) 处有极小值 $f(x_0, y_0)$，称点 (x_0, y_0) 为函数 $f(x, y)$ 的极小值点.

函数的极大值、极小值统称为极值，函数的极大值点、极小值点统称为极值点.

例如，函数 $z=3x^2+4y^2$ 在点（0，0）处有极小值，因为点（0，0）附近异于（0，0）的点，函数值都为正，而在点（0，0）处的函数值为零，从几何上看这也是显然的，因为点（0，0）是开口朝上的椭圆抛物面 $z=3x^2+4y^2$ 的顶点.

【定理5-2】二元函数极值存在的必要条件

设函数 $z=f(x, y)$ 在点 (x_0, y_0) 处具有偏导数，且在该点处取得极值，则 $z=f(x, y)$ 在该点的偏导数必然为零，即

$$f'_x(x_0, y_0)=0, \quad f'_y(x_0, y_0)=0.$$

【定理5-3】二元函数极值存在的充分条件

设函数 $z=f(x, y)$ 在点 (x_0, y_0) 的某邻域内有连续的一阶及二阶偏导数，且点 (x_0, y_0) 是函数的驻点，即 $f'_x(x_0, y_0)=0$，$f'_y(x_0, y_0)=0$.

记 $A=f''_{xx}(x_0, y_0)$，$B=f''_{xy}(x_0, y_0)$，$C=f''_{yy}(x_0, y_0)$，则 $z=f(x, y)$ 在点 (x_0, y_0) 是否取得极值的条件如下：

① 当 $AC-B^2>0$ 时，有极值，且

当 $A<0$ 时，点 (x_0, y_0) 为极大值点，$f(x_0, y_0)$ 为极大值；

当 $A>0$ 时，点 (x_0, y_0) 为极小值点，$f(x_0, y_0)$ 为极小值.

② 当 $AC-B^2<0$ 时，$f(x_0, y_0)$ 不是极值点.

③ 当 $AC-B^2=0$ 时，$f(x_0, y_0)$ 可能是极值，也可能不是极值. 此判断方法失效，须进一步讨论.

【知识5-6】二元函数的最大值与最小值

求多元函数的最大值和最小值，是在实际应用中经常遇到的问题. 由前面可知，如果多元函数在有界闭区域上连续，则在该区域上多元函数一定有最大值和最小值. 而取得最大值或最小值的点既可能是区域内部的点，也可能是区域边界上的点.

现在假设多元函数在有界闭区域上连续，在该区域内偏导数存在. 如果函数在区域的内部取得最大值或最小值，则这个最大值或最小值必定是函数的极大值或极小值.

由此可得到求多元函数最大值和最小值的一般步骤如下：

① 求出函数在有界闭区域内的所有驻点处的函数值及函数在该区域的边界上的函数值．

② 比较这些函数值的大小，其中最大者就是函数的最大值，最小者就是函数的最小值．

计算多元函数在有界闭区域 D 的边界上的最大值或最小值比较麻烦，但是在通常遇到的实际问题中，根据问题的性质，往往可以判定函数的最大值或最小值一定在区域的内部取得．此时，如果函数在区域内只有一个极值点，那么就可以断定该点处的函数值，就是函数在区域上的最大值或最小值．

【知识 5-7】条件极值与拉格朗日乘数法

前面所讨论的函数极值问题，除了对自变量限制，在函数的定义域内并没有其他条件限制，所以也称为无条件极值．但在有些实际问题中，常常会遇到对函数的自变量还有约束条件的极值问题．某些条件极值也可以化为无条件极值，然后按无条件极值的方法加以解决．但是，有些条件极值转化为无条件极值问题，常会遇到烦琐的运算．为此下面介绍直接求条件极值的方法，该方法称为拉格朗日乘数法．

求二元函数 $u = f(x, y)$ 在条件 $\varphi(x, y) = 0$ 下的可能极值点，按以下方法进行：

① 构造辅助函数（拉格朗日函数）
$$F(x, y, \lambda) = f(x, y) + \lambda\varphi(x, y).$$

② 求三元 $F(x, y, \lambda)$ 对 x, y, λ 的偏导数，并建立方程组，
$$\begin{cases} F'_x(x_0, y_0, \lambda) = f'_x(x_0, y_0) + \lambda\varphi'_x(x_0, y_0) = 0, \\ F'_y(x_0, y_0, \lambda) = f'_y(x_0, y_0) + \lambda\varphi'_y(x_0, y_0) = 0, \\ F'_\lambda(x_0, y_0, \lambda) = \varphi(x_0, y_0) = 0. \end{cases}$$

解此方程组求得 x, y 及 λ，其中点（x, y）就是二元函数 $u = f(x, y)$ 在附加条件 $\varphi(x, y) = 0$ 下的可能极值点．

③ 根据实际问题本身的特性，在可能极值点处求得极值．

这一方法还可以推广到自变量多于两个并且条件多于一个的情形．

【验证实例 5-11】设周长为 $2p$ 的矩形，绕它的一边旋转构成圆柱体，求矩形的边长各为多少时，圆柱体的体积最大

解：设矩形的边长分别为 x 和 y，且绕边长为 y 的边旋转，得到的圆柱体的体积为
$$V = \pi x^2 y, \quad x > 0, \quad y > 0.$$

其中矩形边长 x, y 满足约束条件：
$$2x + 2y = 2p.$$

求解的问题可转化为：求函数 $V = f(x, y) = \pi x^2 y$ 在条件 $x + y - p = 0$ 下的最大值．

① 构造辅助函数
$$F(x, y, \lambda) = \pi x^2 y + \lambda(x + y - p).$$

② 求 $F(x, y, \lambda)$ 的偏导数，并建立方程组：

$$\begin{cases} 2\pi xy + \lambda = 0, \\ \pi x^2 + \lambda = 0, \\ x + y - p = 0. \end{cases}$$

由方程组中的第一、第二个方程消去 λ，得 $2y = x$，代入第三个方程，得

$$y = \frac{p}{3}, \quad x = \frac{2}{3}p.$$

③ 根据实际问题可知，最大值一定存在，且只求得唯一的可能极值点. 所以，函数的最大值必在点 $\left(\dfrac{2}{3}p, \dfrac{1}{3}p\right)$ 处取到. 即当矩形边长 $x = \dfrac{2}{3}p$，$y = \dfrac{p}{3}$ 时，绕边长为 y 的边旋转所得的圆柱体的体积最大.

圆柱体的最大体积为 $V_{\max} = \dfrac{4}{27}\pi p^3$.

 问题解惑

【问题 5-1】多元函数的偏导数存在能否保证函数在该点处连续？

多元函数在某一点的偏导数存在，不能保证函数在该点处连续，这与一元函数不同. 一元函数在其可导点处一定连续的结论，对多元函数是不成立的. 这是因为各偏导数存在，只能保证当点 (x, y) 沿着特定方式趋于点 (x_0, y_0) 时，函数值 $f(x, y)$ 趋于 $f(x_0, y_0)$，但不能保证当点 (x, y) 以任意方式趋于点 (x_0, y_0) 时，函数值 $f(x, y)$ 趋于 $f(x_0, y_0)$.

【问题 5-2】在二阶混合偏导数连续的条件下与求偏导数次序无关

一般地，如果函数 $z = f(x, y)$ 的两个二阶混合偏导数 $\dfrac{\partial^2 z}{\partial x \partial y}$，$\dfrac{\partial^2 z}{\partial y \partial x}$ 在区域 D 上连续，那么在该区域 D 上这两个二阶混合偏导数相等，即 $\dfrac{\partial^2 z}{\partial x \partial y} = \dfrac{\partial^2 z}{\partial y \partial x}$. 所以，在二阶混合偏导数连续的条件下，它与求偏导数次序无关.

【问题 5-3】若二元函数 $z = f(x, y)$ 在点 (x_0, y_0) 处两个一阶偏导数都存在且连续，则该函数在这一点处一定可微吗？

不一定，函数在某一点的两个一阶偏导数存在，并不能推出该函数在这一点可微.

例如，二元函数 $f(x, y) = \begin{cases} \dfrac{xy}{\sqrt{x^2 + y^2}}, & x^2 + y^2 \neq 0, \\ 0, & x^2 + y^2 = 0 \end{cases}$ 在点 $(0, 0)$ 处连续，并且有 $f_x'(0, 0) = f_y'(0, 0) = 0$，但函数 $f(x, y)$ 在该点并不可微.

 方法探析

【方法 5-1】求二元函数定义域的方法

【方法实例 5-1】

求二元函数 $z = \arcsin \dfrac{x^2 + y^2}{2} + \operatorname{arcsec}(x^2 + y^2)$ 的定义域.

解：函数 z 是两个函数的和，其定义域应是这两个函数的定义域的公共部分.

要使函数 z 有意义，则必须满足以下不等式组

$$\begin{cases} x^2 + y^2 \leqslant 2, \\ x^2 + y^2 \geqslant 1, \end{cases}$$

即 $1 \leqslant x^2 + y^2 \leqslant 2$.

其几何表示是包括边界的圆环，如图 5-10 所示.

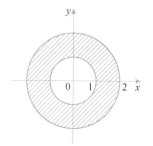

图 5-10　二元函数 $z = \arcsin \dfrac{x^2 + y^2}{2} + \operatorname{arcsec}(x^2 + y^2)$ 的定义域

所以二元函数的定义域为

$$D = \{(x, y) \mid 1 \leqslant x^2 + y^2 \leqslant 2\}.$$

【方法实例 5-2】

求二元函数 $z = \dfrac{1}{\sqrt{1 - x^2 - y^2}}$ 的定义域.

解：要使函数 z 有意义，则必须满足 $1 - (x^2 + y^2) > 0$，即 $x^2 + y^2 < 1$.

其几何表示是不包括边界的单位圆.

所以二元函数的定义域为

$$D = \{(x, y) \mid x^2 + y^2 < 1\}.$$

【方法 5-2】求二元函数一阶偏导数的方法

【方法实例 5-3】

求二元函数 $z = \arctan \dfrac{y}{x}$ 的一阶偏导数.

解：先把 y 看作常数，对 x 求导，得

$$\frac{\partial z}{\partial x} = \frac{1}{1+\left(\dfrac{y}{x}\right)^2}\left(-\frac{y}{x^2}\right) = -\frac{y}{x^2+y^2} \ ,$$

再把 x 看作常数，对 y 求导，得

$$\frac{\partial z}{\partial y} = \frac{1}{1+\left(\dfrac{y}{x}\right)^2}\left(\frac{1}{x}\right) = \frac{x}{x^2+y^2} \ .$$

【方法实例5-4】

求二元函数 $z = x^2 + 3xy + \mathrm{e}^y$ 在点（1，2）处的一阶偏导数.

解：先把 y 看作常数，对 x 求导，得

$$\frac{\partial z}{\partial x} = \frac{\partial}{\partial x}(x^2 + 3xy + \mathrm{e}^y) = 2x + 3y \ ,$$

所以

$$\left.\frac{\partial z}{\partial x}\right|_{\substack{x=1\\y=2}} = 2\times1 + 3\times2 = 8 \ .$$

再把 x 看作常数，对 y 求导，得

$$\frac{\partial z}{\partial y} = \frac{\partial}{\partial y}(x^2 + 3xy + \mathrm{e}^y) = 3x + \mathrm{e}^y \ ,$$

所以

$$\left.\frac{\partial z}{\partial y}\right|_{\substack{x=1\\y=2}} = 3 + \mathrm{e}^2 \ .$$

【方法5-3】求二元函数二阶偏导数的方法

【方法实例5-5】

设二元函数 $z=x\ln(xy)$，求它的二阶偏导数.

求解步骤如下：

① $\dfrac{\partial z}{\partial x} = \ln(xy) + x \cdot \dfrac{1}{xy} \cdot y = \ln(xy)$.

② $\dfrac{\partial z}{\partial y} = x \cdot \dfrac{1}{xy} \cdot x = \dfrac{x}{y}$.

③ $\dfrac{\partial^2 z}{\partial x^2} = \dfrac{1}{xy} \cdot y = \dfrac{1}{x}$.

④ $\dfrac{\partial^2 z}{\partial y^2} = -\dfrac{x}{y^2}$.

⑤ $\dfrac{\partial^2 z}{\partial x \partial y} = \dfrac{1}{xy} \cdot x = \dfrac{1}{y}$.

⑥　$\dfrac{\partial^2 z}{\partial y \partial x} = \dfrac{1}{y}$.

【方法5-4】求二元函数全微分的方法

【方法实例5-6】

求二元函数 $z = \arctan \dfrac{x}{y}$ 在点 $(2,\ 1)$，且 $\Delta x = 0.5$，$\Delta y = 0.1$ 时的全微分.

解：

$$\frac{\partial z}{\partial x} = \frac{1}{1+\left(\dfrac{x}{y}\right)^2} \cdot \frac{1}{y} = \frac{y}{x^2+y^2},$$

$$\frac{\partial z}{\partial y} = \frac{1}{1+\left(\dfrac{x}{y}\right)^2} \cdot \left(-\frac{x}{y^2}\right) = -\frac{x}{x^2+y^2}.$$

由于　　$\mathrm{d}z = \dfrac{\partial z}{\partial x}\mathrm{d}x + \dfrac{\partial z}{\partial y}\mathrm{d}y = \dfrac{\partial z}{\partial x}\Delta x + \dfrac{\partial z}{\partial y}\Delta y$，

$\left.\dfrac{\partial z}{\partial x}\right|_{(2,\ 1)} = \dfrac{1}{5}$，$\left.\dfrac{\partial z}{\partial y}\right|_{(2,\ 1)} = -\dfrac{2}{5}$，以及 $\Delta x = 0.5$，$\Delta y = 0.1$，

所以　　$\left.\mathrm{d}z\right|_{(2,\ 1)} = \left.\dfrac{\partial z}{\partial x}\right|_{(2,\ 1)}\Delta x + \left.\dfrac{\partial z}{\partial y}\right|_{(2,\ 1)}\Delta y = \dfrac{1}{5}\times 0.5 + \left(-\dfrac{2}{5}\right)\times 0.1 = 0.06$.

【方法5-5】求二元函数极值的方法

由极值点存在的必要条件和充分条件，可以得到求具有二阶连续偏导数的函数 $z = f(x,\ y)$ 的极值的步骤如下：

① 解方程组 $\begin{cases} f_x'(x,\ y) = 0, \\ f_y'(x,\ y) = 0, \end{cases}$ 求得方程组的所有实数解，得到所有驻点.

② 求出二阶偏导数 $f_{xx}'(x,\ y)$，$f_{xy}'(x,\ y)$，$f_{yy}'(x,\ y)$，并对每一驻点 $(x_0,\ y_0)$ 求出二阶偏导数的值 $f_{xx}'(x_0,\ y_0)$，$f_{xy}'(x_0,\ y_0)$，$f_{yy}'(x_0,\ y_0)$，即得到 A，B 及 C 的值.

③ 对每一驻点 $(x_0,\ y_0)$，得出 $AC - B^2$ 的符号，当 $AC - B^2 \neq 0$ 时，则可按定理 5-3 的结论判定 $f(x_0,\ y_0)$ 是否为极值，是极大值还是极小值. 当 $AC - B^2 = 0$ 时，此判断方法失效，须进一步讨论.

【方法实例5-7】

求函数 $f(x,\ y) = x^3 + 8y^3 - 6xy + 5$ 的极值.

解：

① 解方程组 $\begin{cases} f_x'(x,\ y) = 3x^2 - 6y = 0, \\ f_y'(x,\ y) = 24y^2 - 6x = 0, \end{cases}$ 求得方程组所有实数解，得驻点 $(0,\ 0)$ 及

$\left(1, \dfrac{1}{2}\right)$.

② 求函数 $f(x, y)$ 的二阶偏导数：

$$f_{xx}(x, y) = 6x, \quad f_{xy}(x, y) = -6, \quad f_{yy}(x, y) = 48y.$$

在点 $(0, 0)$ 处，有 $A = 0$，$B = -6$，$C = 0$.

在点 $\left(1, \dfrac{1}{2}\right)$ 处，有 $A = 6$，$B = -6$，$C = 24$.

③ 在点 $(0, 0)$ 处，$AC - B^2 = -36 < 0$.

由极值存在的充分条件可知，$f(0, 0) = 5$ 不是函数的极值点.

在点 $\left(1, \dfrac{1}{2}\right)$ 处，$AC - B^2 = 108 > 0$.

而 $A = 6 > 0$，由极值存在的充分条件可知，$f\left(1, \dfrac{1}{2}\right) = 4$ 是函数的极小值.

自主训练

本模块的自主训练题包括基本训练和提升训练两个层次，未标注*的为基本训练题，标注*的为提升训练题.

【训练实例 5-1】求二元函数的函数值

（1）设 $f(x, y) = \dfrac{y}{x} - x^2 + y^2$，求 $f(2, 0)$.

*（2）设 $f(x, y) = e^{5x^2 + 2y}$，求 $f(1, 2)$.

【训练实例 5-2】求二元函数的定义域

（1）$z = x + \sqrt{y}$.

（2）$z = \dfrac{1}{\sqrt{x^2 + y^2}}$.

*（3）$z = \sqrt{a^2 - x^2 - y^2}$.

*（4）$z = \ln(y - x^2)$.

【训练实例 5-3】求二元函数的极限

（1）$\lim\limits_{\substack{x \to 1 \\ y \to 0}} \dfrac{\sin(xy)}{y}$.

（2）$\lim\limits_{\substack{x \to 2 \\ y \to 1}} \dfrac{x + y}{x - y}$.

*（3）$\lim\limits_{\substack{x \to 0 \\ y \to 0}} \dfrac{x^2 + y^2}{\sqrt{x^2 + y^2 + 1} - 1}$.

*（4）$\lim\limits_{\substack{x \to 0 \\ y \to 0}} \dfrac{2 - \sqrt{xy + 4}}{xy}$.

【训练实例 5-4】求二元函数的一阶偏导数

1．设函数 $z = xy + \ln x$，求 a. 偏导数 z'_x，z'_y；b. $z'_x|_{(1, -2)}$，$z'_y|_{(1, -2)}$.

2．求下列函数的一阶偏导数.

（1）$z = x^2 y^2$.

（2）$z = \ln \dfrac{y}{x}$.

（3）$z = e^{xy} + yx^2$.

*（4）$z = x^y$．   *（5）$z = \ln(\sqrt{x} + \sqrt{y})$．   *（6）$z = e^y \sin x^2$．

【训练实例5-5】求二元函数的二阶偏导数

（1）$z = x^4 - 4x^2 y^2 + y^4$．   （2）$z = \sqrt{xy}$．

*（3）$z = x \ln(xy)$．   *（4）$z = y^x$．

【训练实例5-6】求二元函数的全微分

（1）求二元函数 $z = \dfrac{y}{x}$，当 $x = 2$，$y = 1$，$\Delta x = 0.1$，$\Delta y = -0.2$ 的全增量和全微分．

*（2）计算二元函数 $z = e^{xy}$ 在点（2，1）处的全微分．

【训练实例5-7】求二元函数的驻点和极值

（1）求二元函数 $z = x^2 + xy + 2y^2 - 5x - 6y + 20$ 的驻点和极值．

*（2）求二元函数 $z = y^2 - x^2 + 1$ 的驻点和极值．

*（3）求二元函数 $z = x + y + 7$ 在约束条件 $x^2 + y^2 = 1$ 下的极值．

应用求解

【日常应用】

【应用实例5-1】估计圆柱体体积的改变量

【实例描述】

某圆柱体的半径为1cm，高为5cm，如果半径和高的偏离量为 $dr = +0.03$ 和 $dh = -0.1$，估计圆柱体体积的改变量是多少．

【实例求解】

圆柱体的体积 $V = \pi r^2 h$，近似计算公式为

$$\Delta V \approx dV = V_r dr + V_h dh$$

所以

$$\Delta V = 2\pi rh dr + \pi r^2 dh$$

由已知条件可知，$r_0 = 1$，$h_0 = 5$，$dr = +0.03$，$dh = -0.1$，因此

$$\Delta V = 2\pi \times 1 \times 5 \times 0.03 + \pi \times 1^2 \times (-0.1) = 0.3\pi - 0.1\pi \approx 0.628 \text{cm}^3,$$

即圆柱体体积的改变量约为 0.628cm^3．

【经济应用】

【应用实例5-2】求两种产品的最大利润及相应的产量

【实例描述】

某企业生产两种产品A与B，出售价格分别为10元与9元，生产 x 件的A产品与生产 y 件

B产品的总费用为400+2x+3y+0.01($3x^2 + xy + 3y^2$)元，求

　　a. 取得最大利润时，两种产品的产量分别是多少？

　　b. 生产两种产品的最大利润为多少？

【实例求解】

　　设$L(x，y)$表示产品A和B分别生产x件与y件时所得的总利润，因为总利润等于总收入减去总费用，所以

$$L(x，y)=R(x，y)-C(x，y)$$
$$=(10x+9y)-[400+2x+3y+0.01(3x^2 + xy + 3y^2)]$$
$$=8x+6y-0.01(3x^2 + xy + 3y^2)-400$$

利润函数分别对x和y求偏导数，得

$$L_x'(x，y)=8-0.01(6x+y)，$$
$$L_y'(x，y)=6-0.01(x+6y).$$

令$L_x'(x，y)=0$，$L_y'(x，y)=0$，解得$x=120$，$y=80$，即求得驻点为（120，80）.

再由

$$A=L_{xx}'=-0.06，B=L_{xy}'=-0.01，C=L_{yy}'=-0.06$$

得　　　$AC-B^2=(-0.06)\times(-0.06)-(-0.01)^2=0.0035>0$，即极值存在.

同时由$A=-0.06<0$可以断定利润存在极大值.

　　所以，当$x=120$，$y=80$时，即A和B两种产品的产量分别为120件和80件时，取得的利润最大.

　　最大利润为

$$L_{\max}(x，y)=8x+6y-0.01(3x^2 + xy + 3y^2)-400$$
$$=8\times120+6\times80-0.01\times(3\times120^2 +120\times80+3\times80^2)-400$$
$$=320（元）$$

即生产120件A产品，生产80件B产品时，利润最大，最大利润为320元.

【应用实例5-3】求最优广告策略

【实例描述】

　　某公司可通过电台及报纸两种方式做销售某商品的广告，根据统计资料，销售收入R（万元）与电台广告费用x（万元）及报纸广告费用y（万元）之间的关系有如下的经验公式：

$$R=15+14x+32y-8xy-2x^2 -10y^2.$$

　　a. 在广告费用不限的情况下，求最优广告策略.

　　b. 若提供的广告费用为1.5万元，求相应的最优广告策略.

【实例求解】

　　因为总利润等于总收入减去总费用，所以

$$L(x,\ y)=R(x,\ y)-C(x,\ y)$$
$$=(15+14x+32y-8xy-2x^2-10y^2)-(x+y)$$
$$=15+13x+31y-8xy-2x^2-10y^2$$

a. 如果广告费用不限，利润函数分别对 x 和 y 求偏导数，得

$$L_x'(x,\ y)=13-8y-4x,$$
$$L_y'(x,\ y)=31-8x-20y.$$

令 $L_x'(x,\ y)=0$，$L_y'(x,\ y)=0$，求得 $x=0.75$，$y=1.25$，即驻点为（0.75，1.25）.

唯一驻点（0.75，1.25）也是最大值点.

所以在广告费用不限的情况下，花 0.75 万元做电台广告，1.25 万元做报纸广告为最优策略.

b. 如果提供的广告费用限制为 1.5 万元，即 $x+y=1.5$，令

$$F(x,\ y,\ \lambda)=(15+13x+31y-8xy-2x^2-10y^2)+\lambda(x+y-1.5).$$

将函数 $F(x,\ y,\ \lambda)$ 分别对 x，y，λ 求偏导数，得

$$F_x'(x,\ y,\ \lambda)=13-8y-4x+\lambda,$$
$$F_y'(x,\ y,\ \lambda)=31-8x-20y+\lambda,$$
$$F_\lambda'(x,\ y,\ \lambda)=x+y-1.5.$$

令 $F_x'(x,\ y,\ \lambda)=0$，$F_y'(x,\ y,\ \lambda)=0$，$F_\lambda'(x,\ y,\ \lambda)=0$，解得 $x=0$，$y=1.5$，$\lambda=1$，即求得驻点为（0，1.5，1），由于驻点唯一所以驻点也是最大值点.

所以在提供的广告费用限制为 1.5 万元的情况下，将全部 1.5 万元做报纸广告为最优策略.

【电类应用】

【应用实例 5-4】估算并联电路中总电阻的计算误差

【实例描述】

并联电路中总电阻 R 是分电阻 R_1，R_2 的二元函数，即 $R=\dfrac{R_1R_2}{R_1+R_2}$，现测出两电阻的电阻值分别为 $R_1=25\,\Omega$，$R_2=40\,\Omega$. 如果每个电阻都有 0.5% 的误差，试估算在计算总电阻时，最大误差是多少？

【实例求解】

由于 $R=\dfrac{R_1R_2}{R_1+R_2}$，所以 $R_{R_1}=\dfrac{R_2^2}{(R_1+R_2)^2}$，$R_{R_2}=\dfrac{R_1^2}{(R_1+R_2)^2}$.

近似计算公式为 $\Delta R\approx \mathrm{d}R=R_{R_1}\mathrm{d}R_1+R_{R_2}\mathrm{d}R_2$，即

$$\Delta R=\frac{R_2^2}{(R_1+R_2)^2}\,\mathrm{d}R_1+\frac{R_1^2}{(R_1+R_2)^2}\,\mathrm{d}R_2.$$

由已知条件可知，$R_1=25$，$R_2=40$，$\mathrm{d}R_1=\mathrm{d}R_2=0.005$，所以

$$\Delta R = \frac{40^2}{(25+40)^2} \times 0.005 + \frac{25^2}{(25+40)^2} \times 0.005$$

$$= \frac{40^2 + 25^2}{(25+40)^2} \times 0.005 = \frac{2225 \times 0.005}{4225} \approx 0.002633 \, \Omega .$$

【机类应用】

【应用实例 5-5】求梯形水槽的最大面积

【实例描述】

有一宽为 24cm 的长方形铁板，把它两边折起来做成一断面为等腰梯形的水槽，如图 5-11 所示. 问怎样折才能使断面的面积最大，并求出最大面积？

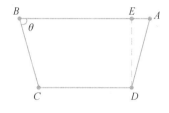

图 5-11 梯形断面

【实例求解】

如图 5-11 所示，设折起来的边长为 $x$cm，倾角为 θ，即 $AD=BC=x$，那么梯形断面的下底长 $CD=24-2x$，$AE=x\cos\theta$，梯形高 $DE=x\sin\theta$，上底长 $AB=CD+2AE=24-2x+2x\cos\theta$，所以梯形断面面积为

$$A = \frac{1}{2}[(24-2x+2x\cos\theta)+(24-2x)]x\sin\theta ,$$

即

$$A = 24x\sin\theta - 2x^2\sin\theta + x^2\sin\theta\cos\theta \ (0<x<12，0<\theta<90°),$$

可见断面面积 A 是 x 和 θ 的二元函数.

分别对 x 和 θ 求偏导数，得

$$A_x' = 24\sin\theta - 4x\sin\theta + 2x\sin\theta\cos\theta ,$$

$$A_\theta' = 24x\cos\theta - 2x^2\cos\theta + x^2(\cos^2\theta - \sin^2\theta).$$

要求这个函数取得最大值的驻点 $(x，\theta)$，令

$$A_x' = 0，\quad A_\theta' = 0,$$

即

$$\begin{cases} 24\sin\theta - 4x\sin\theta + 2x\sin\theta\cos\theta = 0, \\ 24x\cos\theta - 2x^2\cos\theta + x^2(\cos^2\theta - \sin^2\theta) = 0. \end{cases}$$

由于 $\sin\theta \neq 0$，$x \neq 0$，将上述方程组化简为

$$\begin{cases} 12 - 2x + x\cos\theta = 0, & （1） \\ 24\cos\theta - 2x\cos\theta + x(\cos^2\theta - \sin^2\theta) = 0. & （2） \end{cases}$$

由上述方程组中的（1）可得

$$\cos\theta = 2 - \frac{12}{x}. \qquad （3）$$

将式（3）代入方程组中的（2），可求得 $x=8$.

然后将 $x=8$ 代入式（3），可求得 $\cos\theta = \dfrac{1}{2}$，即 $\theta = 60°$. 所以求得驻点为（8，60°）.

根据题意可知，断面面积的最大值一定存在，并且在区域 $D=\{(x,y)|0<x<12, 0<\theta<90°\}$ 内取得. 通过计算得知，$\theta = 90°$ 时的函数值比 $\theta = 60°$，$x=8\mathrm{cm}$ 时的函数小. 又因为函数区域 D 内只有一个驻点，因此可以推断，当 $x=8\mathrm{cm}$，$\theta = 60°$ 时，就能使梯形断面的面积最大，其最大面积为

$$A=24x\sin\theta - 2x^2\sin\theta + x^2\sin\theta\cos\theta = 24\times 8\times \frac{\sqrt{3}}{2} - 2\times 64\times \frac{\sqrt{3}}{2} + 64\times \frac{\sqrt{3}}{2}\times \frac{1}{2}$$

$$=32\sqrt{3} + 16\sqrt{3} \approx 48\times 1.732 = 83.136\,\mathrm{cm}^2.$$

应用拓展

【应用实例 5-6】计算正圆锥体体积变化的近似值

【应用实例 5-7】计算生产两种产品的最低成本

【应用实例 5-8】计算电路中的电流及其偏导数

【应用实例 5-9】计算制作用料最省的有盖长方体水箱的尺寸

扫描二维码，浏览电子活页 5-1，完成本模块拓展应用题的求解.

电子活页 5-1

模块小结

1. 基本知识

（1）二元函数的定义

设有三个变量 x，y，z，如果对于变量 x，y 在它们的变化范围 D（非空点集）内所取的每一对值（x，y）时，变量 z 按照一定的法则，总有一个确定的值与之对应，则称变量 z 为变量 x，y 的二元函数，记作 $z = f(x, y)$ 或 $z = z(x, y)$.

（2）二元函数 $z = f(x, y)$ 的定义域

该定义域是使函数有意义的所有自变量的取值范围.

（3）二元函数 $z = f(x, y)$，当 $x \to x_0$，$y \to y_0$ 时的极限，记作

$$\lim_{\substack{x\to x_0 \\ y\to y_0}} f(x, y) = A \text{ 或 } \lim_{(x, y)\to(x_0, y_0)} f(x, y) = A$$

（4）二元函数 $z = f(x, y)$ 在点 $P_0(x_0, y_0)$ 处连续

函数 $z = f(x, y)$ 在点 $P_0(x_0, y_0)$ 的某一邻域内有定义，当点 $P(x, y)$ 趋于点 $P_0(x_0, y_0)$

时，函数 $z = f(x, y)$ 的极限等于 $f(x, y)$ 在点 $P_0(x_0, y_0)$ 处的函数值 $f(x_0, y_0)$，即
$$\lim_{\substack{x \to x_0 \\ y \to y_0}} f(x, y) = f(x_0, y_0).$$

（5）二元函数的偏导数

① 函数 $z = f(x, y)$ 在点 (x_0, y_0) 处对 x 的偏导数，定义为
$$\left.\frac{\partial z}{\partial x}\right|_{(x_0, y_0)} = \lim_{\Delta x \to 0} \frac{f(x_0 + \Delta x, y_0) - f(x_0, y_0)}{\Delta x}$$

又可记为 $\left.\dfrac{\partial f}{\partial x}\right|_{(x_0, y_0)}$，$z'_x(x_0, y_0)$ 或 $f'_x(x_0, y_0)$.

② 函数 $z = f(x, y)$ 在点 (x_0, y_0) 处对 y 的偏导数，定义为
$$\left.\frac{\partial z}{\partial y}\right|_{(x_0, y_0)} = \lim_{\Delta y \to 0} \frac{f(x_0, y_0 + \Delta y) - f(x_0, y_0)}{\Delta y}$$

又可记为 $\left.\dfrac{\partial f}{\partial y}\right|_{(x_0, y_0)}$，$z'_y(x_0, y_0)$ 或 $f'_y(x_0, y_0)$.

③ 二元函数 $z = f(x, y)$ 在点 (x_0, y_0) 处的偏导数就是偏导函数在点 (x_0, y_0) 处的函数值，即 $f'_x(x_0, y_0) = f'_x(x, y)|_{(x_0, y_0)}$，$f'_y(x_0, y_0) = f'_y(x, y)|_{(x_0, y_0)}$.

2. 基本方法

（1）求二元函数分别关于 x 与 y 的偏导数

只须将二元函数表达式中的 y 或 x 看成常数，按照一阶函数的求导法则求解就可以了，复合函数与高阶导数求偏导数的方法也如此.

（2）二元函数 $z = f(x, y)$ 求极值的方法与步骤

由极值点存在的必要条件和充分条件，可以得到求具有二阶连续偏导数的函数 $z = f(x, y)$ 的极值的步骤如下：

第 1 步　通过求偏导数得到驻点，即解方程组 $f'_x(x, y) = 0$，$f'_y(x, y) = 0$ 求得所有驻点.

第 2 步　求出二阶偏导数 $f''_{xx}(x, y)$，$f''_{xy}(x, y)$，$f''_{yy}(x, y)$，并对每个驻点 (x_0, y_0) 求出二阶偏导数的值 $f''_{xx}(x_0, y_0)$，$f''_{xy}(x_0, y_0)$，$f''_{yy}(x_0, y_0)$，即得到 A，B，C 的值.

第 3 步　对每一驻点 (x_0, y_0) 求出 $\Delta = AC - B^2$，并根据 Δ 值的正负情况判断极值.

① 当 $\Delta > 0$ 时，$f(x_0, y_0)$ 有极值，且当 $A < 0$ 时有极大值，当 $A > 0$ 时有极小值.

② 当 $\Delta < 0$ 时，$f(x_0, y_0)$ 不是极值.

③ 当 $\Delta = 0$ 时，此判断方法失效，不能确定 $f(x_0, y_0)$ 是否为极值，须通过其他方法判断.

 模块考核

扫描二维码，浏览电子活页 5-2，完成本模块的在线考核.

扫描二维码，浏览电子活页 5-3，查看本模块考核试题的答案.

电子活页 5-2　　　　电子活页 5-3

模块 6　不定积分及其应用

前面模块我们学习了如何求一个函数的导函数或微分问题．正如加法有逆运算减法，乘法有逆运算除法一样，微分运算也有逆运算——积分．微分是由已知函数求导数的过程，而积分是已知某个函数的导数，把这个函数求出来的过程．这在很多实际问题中都有广泛的应用，例如，已知速度函数求路程函数，已知曲线上任一点切线的斜率求曲线方程等．已知一个函数的导数（或微分），求其原函数，这就是一元函数积分学，积分学包括不定积分和定积分两部分，本模块主要介绍不定积分的概念、性质及基本积分方法．

 教学导航

教学目标	（1）理解原函数与不定积分的概念，熟悉不定积分的几何意义 （2）熟练掌握不定积分的基本公式和基本运算法则 （3）熟练掌握不定积分的第一换元积分法和第二换元积分法 （4）熟悉掌握不定积分的分部积分法 （5）掌握简单有理函数式、三角函数的有理式及简单无理函数的积分
教学重点	（1）原函数与不定积分的概念 （2）不定积分的基本公式和基本运算法则 （3）不定积分的第一换元积分法和第二换元积分法 （4）不定积分的分部积分法 （5）简单有理函数式、三角函数的有理式及简单无理函数的积分
教学难点	（1）基本积分公式 （2）不定积分的第一换元积分法和第二换元积分法 （3）不定积分的分部积分法 （4）三角函数的有理式、无理函数的积分

价值引导

微分与积分相互转化的辩证关系，揭示了客观事物的矛盾运动过程．大学生要善于发现各种数学结构、数学运算之间的关系，建立和应用它们之间的联系和转换，汲取蕴藏在数学中的辩证思维的力量，学会用不同的策略去解决问题，培养遵守原则、逐步进取和不断探索的创新精神．

引例导入

【引导实例6-1】根据自由落体物体的运动速率函数求其运动规律

【引例描述】

已知自由落体运动中物体下落的运动速度 v 与时刻 t 的函数是 $v(t) = gt$（g 为重力加速度，是一个常数），试求自由落体的运动规律.

【引例求解】

这是一个典型的已知某个函数的导数求这个函数的问题.

设自由落体的运动规律为 $s=s(t)$，由导数的物理意义可知，若已知物体的路径函数 $s=s(t)$，则可以通过求导数得到物体的运动速度函数 $v(t) = s'(t) = gt$.

又因为 $\left(\dfrac{1}{2}gt^2\right)' = gt$，

同时由于常数的导数为 0，所以 $\left(\dfrac{1}{2}gt^2 + C\right)' = gt$（$C$ 为任意常数）.

由此可以推断自由落体的运动规律为 $s=s(t) = \dfrac{1}{2}gt^2 + C$.

由于当 $t=0$ 时，$s(0)=0$，即自由落体的起始点时刻为 0，距离也为 0.

将 $t=0$ 和 $s=0$ 代入 $s = \dfrac{1}{2}gt^2 + C$ 可得 $C=0$.

最终确定自由落体的运动规律为 $s=s(t) = \dfrac{1}{2}gt^2$.

【引导实例6-2】根据产品的边际成本函数求其成本函数

【引例描述】

已知某产品的边际成本函数为 $f(x)=2x+1$，其中 x 是产量数，固定成本为 2 元，求该产品的成本函数.

【引例求解】

设该产品的成本函数为 $C(x)$，由于成本函数的导数为边际成本函数，即 $f(x) = C'(x)$.

所以 $C'(x)=2x+1$，本引例就是求一个函数 $C(x)$，使得 $C'(x)=2x+1$，且满足 $C(0)=2$.

由导数公式可知，$(x^2 + x + C)' = 2x+1$（C 为任意常数），即 $C(x) = x^2 + x + C$，根据已知条件固定成本为 2 元，即当 $x=0$ 时，$C(0)=2$，将 $x=0$，$C=2$ 代入 $C = x^2 + x + C$ 可得 $C=2$.

所以，该产品的成本函数是 $C(x) = x^2 + x + 2$.

【引导实例6-3】根据曲线切线斜率函数求曲线方程

【引例描述】

已知一曲线经过点（2，5），且在任意点 x 处切线的斜率函数为该点横坐标的 2 倍，试求对应的曲线方程.

【引例求解】

设所求曲线的方程为$y=f(x)$，根据导数的几何意义可知，切线斜率为该函数$y=f(x)$的导数，即$y'=f'(x)=2x$.

由基本导数公式可知，$(x^2+C)'=2x$（C为任意常数），即$y=f(x)=x^2+C$. 由已知条件可知，该曲线经过点（2，5），即$f(2)=5$.

将$x=2$，$y=5$代入$y=x^2+C$可得$C=1$.

所以，所求曲线方程为$y=f(x)=x^2+1$.

 概念认知

【概念6-1】原函数

上述3个引例，第1个是运动学的问题，第2个是经济学的问题，第3个是几何学的问题，它们的实际背景不同，但三个问题解决的方法从数学上来看却是一致的，即已知一个函数的导数，求原来的函数.

在自由落体运动中，物体运动的距离s与时间t的关系式为$s(t)=\dfrac{1}{2}gt^2$.

它在时刻t的速度是$v(t)=s'(t)=gt$. 反过来，如果知道自由落体运动中物体下落的速度v与在时刻t的函数是$v(t)=s'(t)=gt$，那么下落的距离函数$s(t)$又怎样求呢？这就是已知某个函数的导数求这个函数的问题，我们称这样的函数为原函数.

【定义6-1】原函数的定义

> 设$f(x)$在区间D上有定义，如果存在函数$F(x)$，对任意$x\in D$，可导函数$F(x)$的导函数为$f(x)$，即$F'(x)=f(x)$（或$\mathrm{d}F(x)=f(x)\mathrm{d}x$），则称$F(x)$为$f(x)$在区间$D$上的一个原函数，简称为$f(x)$的原函数.

由于$s(t)=\dfrac{1}{2}gt^2$的导数是gt，所以$\dfrac{1}{2}gt^2$就是$v(t)=gt$的一个原函数.

又$(x^2)'=2x$，所以x^2是$2x$的一个原函数.

函数$f(x)$满足什么条件，它一定有原函数呢？

【定理6-1】原函数存在定理

> 如果函数$f(x)$在区间D上连续，则$f(x)$在该区间D上存在可导函数$F(x)$，使对任意$x\in D$都有$F'(x)=f(x)$. 简单地说就是，连续函数一定有原函数.

由于初等函数在其定义区间上连续，因此，初等函数在其定义区间上都存在原函数.

【定理6-2】原函数族定理

> 如果$F(x)$是$f(x)$在区间D上的一个原函数，则$F(x)+C$（C为任意常数)都是$f(x)$在

区间 D 上的原函数.

$F(x)+C$（C 为任意常数）是 $f(x)$ 的全体原函数，称为原函数族.

一般地，由 $F'(x)=f(x)$，有 $[F(x)+C]'=f(x)$（C 为任意常数）.

【说明】

① 如果函数 $f(x)$ 在区间 D 上有原函数 $F(x)$，那么 $f(x)$ 就有无限多个原函数 $F(x)+C$ 都是 $f(x)$ 的原函数（C 为任意常数）.

② $f(x)$ 的任意两个原函数之间只差一个常数，即如果 $\phi(x)$ 和 $F(x)$ 都是 $f(x)$ 的原函数，则 $\phi(x)-F(x)=C$（C 为某个常数）.

例如，$\sin x$ 为 $\cos x$ 的原函数，则 $\sin x+1$，$\sin x-\sqrt{5}$，$\sin x+\dfrac{1}{5}$ 都是 $\cos x$ 的原函数. 显然，如果函数有一个原函数存在，则必有无穷多个原函数，且它们彼此间相差一个常数.

【概念6-2】不定积分

【定义6-2】不定积分的定义

在区间 D 内，若 $F(x)$ 是 $f(x)$ 在区间 D 上的一个原函数，则 $f(x)$ 的全体原函数 $F(x)+C$（C 为任意常数）称为 $f(x)$ 在 D 内的不定积分，记为 $\int f(x)\mathrm{d}x$，即

$$\int f(x)\mathrm{d}x = F(x)+C.$$

其中"$\int$"称为积分号，$f(x)$ 称为被积函数，$f(x)\mathrm{d}x$ 称为被积表达式，x 称为积分变量.

根据定义，如果 $F(x)$ 是 $f(x)$ 在区间 D 上的一个原函数，那么 $F(x)+C$ 就是 $f(x)$ 的不定积分，即 $\int f(x)\mathrm{d}x = F(x)+C$.

因而不定积分 $\int f(x)\mathrm{d}x$ 可以表示 $f(x)$ 的任意一个原函数.

我们把求已知函数的全部原函数的方法称为不定积分法，简称积分法. 显然，它是微分运算的逆运算.

由不定积分的定义可知，求 $f(x)$ 的不定积分，只须求出 $f(x)$ 的任意一个原函数，再加任意常数 C 即可. 但要注意，求 $\int f(x)\mathrm{d}x$ 时，切记要加上常量 C，否则求出的只是 $f(x)$ 的一个原函数，而不是不定积分.

例如，因为 $\sin x$ 是 $\cos x$ 的原函数，所以 $\int \cos x\mathrm{d}x = \sin x+C$.

【验证实例6-1】求 $\int x^5\mathrm{d}x$

解：由于 $\left(\dfrac{1}{6}x^6\right)'=x^5$，所以 $\dfrac{1}{6}x^6$ 是 x^5 的一个原函数，因此 $\int x^5\mathrm{d}x=\dfrac{1}{6}x^6+C$.

【验证实例6-2】求 $\int \dfrac{1}{1+x^2}\mathrm{d}x$

解：因为 $(\arctan x)'=\dfrac{1}{1+x^2}$，所以 $\int \dfrac{1}{1+x^2}\mathrm{d}x = \arctan x+C$.

 知识疏理

【知识6-1】不定积分的几何意义

$f(x)$ 的一个原函数 $F(x)$ 的图形叫作 $f(x)$ 的一条积分曲线,其方程是 $y = F(x)$;而 $f(x)$ 的全部原函数是 $F(x) + C$,所有这些函数 $F(x) + C$ 的图形组成一个曲线族,即 $\int f(x)\mathrm{d}x$ 在几何上表示一簇曲线,称为 $f(x)$ 的积分曲线族,其方程是 $y = F(x) + C$. 这就是 $\int f(x)\mathrm{d}x$ 的几何意义,如图6-1所示.

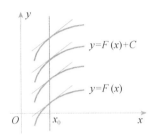

图 6-1　积分曲线族

函数 $f(x)$ 的积分曲线族有如下特点:

任何一条积分曲线都可以通过其中某一条曲线沿 y 轴方向向上、向下平移而得到,并且在每条积分曲线上横坐标为 x 的点处作曲线的切线,所有切线的斜率都为 $f(x)$. 在相同横坐标 x 处的所有切线是互相平行的.

【验证实例6-3】求过点 $(1, 0)$,斜率为 $2x$ 的曲线方程

解:设曲线方程为 $y = f(x)$,则由题意得 $k = y' = 2x$,由不定积分的定义得 $y = \int 2x\mathrm{d}x$. 因为 $(x^2 + C)' = 2x$,所以 $y = \int 2x\mathrm{d}x = x^2 + C$.

$y = x^2 + C$ 就是 $2x$ 的积分曲线族. 将点 $(1, 0)$ 代入 $y = x^2 + C$,得 $C = -1$.

那么所求曲线为 $y = x^2 - 1$,这是 $2x$ 的一条积分曲线.

【知识6-2】不定积分的性质

根据不定积分的定义,函数的不定积分与导数(或微分)之间有如下的运算关系,即不定积分有以下性质.

【性质6-1】"微分运算"和"积分运算"互为逆运算

> ① $\left[\int f(x)\mathrm{d}x\right]' = f(x)$ 　或　 $\mathrm{d}\left[\int f(x)\mathrm{d}x\right] = f(x)$.
>
> 此式表明:先求积分再求导数(或微分),两种运算的作用相互抵消.
>
> ② $\int F'(x)\mathrm{d}x = F(x) + C$ 　或　 $\int \mathrm{d}F(x) = F(x) + C$.
>
> 此式表明:先求导数(或微分)再积分,得到的是一个族原函数,而不是一个原函数,必须加上任意常数 C.

由此可见,微分运算(以记号 d 表示)与求不定积分的运算(简称积分运算,以记号 $\int$

表示）是互逆的，当两个运算连在一起时，d∫完全抵消，∫d抵消后相差一个常数.

例如，$\left(\int e^x \arcsin x^2 dx\right)' = e^x \arcsin x^2$，$\int (3a^x \ln x)' dx = 3a^x \ln x + C$.

【知识6-3】不定积分的基本公式与直接积分法

由于不定积分是微分运算的逆运算，因此根据导数的基本公式，可以相应地推出积分公式，例如，因为 $(\sin x)' = \cos x$，所以 $\int \cos x dx = \sin x + C$.

类似地，可以推导出其他基本积分公式，现将导数求导公式及对应的不定积分的基本积分公式列表对照如表6-1所示.

表 6-1　导数公式与积分公式对照一览表

序号	导数公式	积分公式
1	$C' = 0$	$\int 0 dx = C$
2	$(kx)' = k$（k 是常数）	$\int k dx = kx + C$（k 是常数）
3	$(x)' = 1$	$\int 1 dx = x + C$
4	$(x^{\mu+1})' = (\mu+1)x^\mu$	$\int x^\mu dx = \frac{1}{\mu+1}x^{\mu+1} + C$
5	$(a^x)' = a^x \ln a$	$\int a^x dx = \frac{a^x}{\ln a} + C$
6	$(e^x)' = e^x$	$\int e^x dx = e^x + C$
7	$(\ln x)' = \frac{1}{x}$	$\int \frac{1}{x}dx = \ln|x| + C$
8	$(\cos x)' = -\sin x$	$\int \sin x dx = -\cos x + C$
9	$(\sin x)' = \cos x$	$\int \cos x dx = \sin x + C$
10	$(\tan x)' = \sec^2 x = \frac{1}{\cos^2 x}$	$\int \sec^2 x dx = \tan x + C$
11	$(\cot x)' = -\csc^2 x = -\frac{1}{\sin^2 x}$	$\int \csc^2 x dx = -\cot x + C$
12	$(\sec x)' = \sec x \tan x$	$\int \sec x \tan x dx = \sec x + C$
13	$(\csc x)' = -\csc x \cot x$	$\int \csc x \cot x dx = -\csc x + C$
14	$(\arcsin x)' = \frac{1}{\sqrt{1-x^2}}$	$\int \frac{1}{\sqrt{1-x^2}}dx = \arcsin x + C$
15	$(\arctan x)' = \frac{1}{1+x^2}$	$\int \frac{1}{1+x^2}dx = \arctan x + C$

上表中的公式是计算不定积分的基础，必须熟记. 在上述公式的基础上，再对被积函

数进行适当的恒等变形，就可以求多种不同形式的不定积分. 这种方法称为直接积分法.

【验证实例6-4】求 $\int x^8 \mathrm{d}x$

解：由幂函数的不定积分公式可得

$$\int x^8 \mathrm{d}x = \frac{1}{8+1} x^{8+1} + C = \frac{1}{9} x^9 + C.$$

【验证实例6-5】求 $\int \frac{1}{x^2} \mathrm{d}x$

解：被积函数是分式，先将被积函数化成幂函数的形式，再利用基本积分公式可得

$$\int \frac{1}{x^2} \mathrm{d}x = \int x^{-2} \mathrm{d}x = \frac{1}{-2+1} x^{-2+1} + C = -\frac{1}{x} + C.$$

【验证实例6-6】求 $\int \frac{1}{\sqrt{x}} \mathrm{d}x$

解：被积函数是无理式，先把被积函数化为幂函数的形式，再利用基本积分公式可得

$$\int \frac{1}{\sqrt{x}} \mathrm{d}x = \int x^{-\frac{1}{2}} \mathrm{d}x = \frac{1}{-\frac{1}{2}+1} x^{-\frac{1}{2}+1} + C = 2\sqrt{x} + C.$$

【验证实例6-7】求 $\int x^2 \sqrt{x} \mathrm{d}x$

解：被积函数是乘积的形式，先把被积函数整理为指数函数的形式，再利用基本积分公式可得

$$\int x^2 \sqrt{x} \mathrm{d}x = \int x^{\frac{5}{2}} \mathrm{d}x = \frac{1}{\frac{5}{2}+1} x^{\frac{5}{2}+1} + C = \frac{2}{7} x^{\frac{7}{2}} + C = \frac{2}{7} x^3 \sqrt{x} + C.$$

【说明】

为了计算方便，通常将 $\int \frac{1}{x^2} \mathrm{d}x$ 和 $\int \frac{1}{\sqrt{x}} \mathrm{d}x$ 也作为公式处理，即

$$\int \frac{1}{x^2} \mathrm{d}x = -\frac{1}{x} + C, \quad \int \frac{1}{\sqrt{x}} \mathrm{d}x = 2\sqrt{x} + C.$$

【知识6-4】不定积分的基本运算法则

不定积分的基本运算法则如下.

【法则6-1】提取常数因子法则

被积函数中的非零常数因子可提到不定积分符号前面，即

$\int kf(x)\mathrm{d}x = k \int f(x)\mathrm{d}x$（ k 是常数，$k \neq 0$）.

【法则6-2】不定积分的和、差运算法则

两个函数代数和的不定积分，等于这两个函数的不定积分的代数和，即

$\int [f(x) \pm g(x)]\mathrm{d}x = \int f(x)\mathrm{d}x \pm \int g(x)\mathrm{d}x.$

不定积分的和差运算法则可推广到任意有限多个函数代数和的情形，即

$$\int [f_1(x) \pm f_2(x) \pm \cdots \pm f_n(x)]\mathrm{d}x = \int f_1(x)\mathrm{d}x \pm \int f_2(x)\mathrm{d}x \pm \cdots \pm \int f_n(x)\mathrm{d}x.$$

【验证实例6-8】利用不定积分的运算法则和基本公式求下列不定积分

（1）求 $\int \sqrt{x}(x^2 - 5)\mathrm{d}x$ （2）求 $\int \dfrac{(x-1)^3}{x^2}\mathrm{d}x$ （3）求 $\int 2^x \mathrm{e}^x \mathrm{d}x$

（4）求 $\int (\mathrm{e}^x - 3\cos x)\mathrm{d}x$ （5）求 $\int \sin^2 \dfrac{x}{2}\mathrm{d}x$ （6）求 $\int \tan^2 x \mathrm{d}x$

解：

（1）$\displaystyle \int \sqrt{x}(x^2 - 5)\mathrm{d}x = \int \left(x^{\frac{5}{2}} - 5x^{\frac{1}{2}} \right)\mathrm{d}x = \int x^{\frac{5}{2}}\mathrm{d}x - \int 5x^{\frac{1}{2}}\mathrm{d}x$

$$= \int x^{\frac{5}{2}}\mathrm{d}x - 5\int x^{\frac{1}{2}}\mathrm{d}x = \frac{2}{7}x^{\frac{7}{2}} - 5 \cdot \frac{2}{3}x^{\frac{3}{2}} + C = \frac{2}{7}x^{\frac{7}{2}} - \frac{10}{3}x^{\frac{3}{2}} + C$$

（2）$\displaystyle \int \frac{(x-1)^3}{x^2}\mathrm{d}x = \int \frac{x^3 - 3x^2 + 3x - 1}{x^2}\mathrm{d}x = \int \left(x - 3 + \frac{3}{x} - \frac{1}{x^2} \right)\mathrm{d}x$

$$= \int x\mathrm{d}x - 3\int \mathrm{d}x + 3\int \frac{1}{x}\mathrm{d}x - \int \frac{1}{x^2}\mathrm{d}x$$

$$= \frac{1}{2}x^2 - 3x + 3\ln|x| + \frac{1}{x} + C$$

（3）$\displaystyle \int 2^x \mathrm{e}^x \mathrm{d}x = \int (2\mathrm{e})^x \mathrm{d}x = \frac{(2\mathrm{e})^x}{\ln(2\mathrm{e})} + C = \frac{2^x \mathrm{e}^x}{1 + \ln 2} + C$

（4）$\displaystyle \int (\mathrm{e}^x - 3\cos x)\mathrm{d}x = \int \mathrm{e}^x \mathrm{d}x - 3\int \cos x\mathrm{d}x = \mathrm{e}^x - 3\sin x + C$

（5）$\displaystyle \int \sin^2 \frac{x}{2}\mathrm{d}x = \int \frac{1 - \cos x}{2}\mathrm{d}x = \frac{1}{2}\int (1 - \cos x)\mathrm{d}x = \frac{1}{2}(x - \sin x) + C$

（6）$\displaystyle \int \tan^2 x\mathrm{d}x = \int (\sec^2 x - 1)\mathrm{d}x = \int \sec^2 x\mathrm{d}x - \int \mathrm{d}x = \tan x - x + C$

【说明】

① 在分项积分后，每一个不定积分的结果都应有一个任意常数，但任意常数的和仍是常数，因此，最后结果只须写一个任意常数即可.

② 检验不定积分的计算结果是否正确，只要将计算结果求导数，看它的导数是否等于被积函数即可.

③ 当被积函数是1时，可省略不写，即写成 $\int \mathrm{d}x$ 的形式.

【知识6-5】不定积分的换元积分法

能用直接积分法计算的不定积分是非常有限的. 因此，我们有必要进一步研究新的积分方法. 本节开始，我们将介绍换元积分法，换元积分法就是通过适当的变量替换，可以把某些不定积分化为基本积分公式进行积分计算. 换元积分法通常分为两类：第一类换元积分法和第二类换元积分法.

6.4.1　第一类换元积分法

首先我们尝试求 $\int e^{2x} dx$.

这个积分不能直接用公式 $\int e^{x} dx = e^{x} + C$ 来求，为能套用公式，将积分做如下变化.

$$\int e^{2x} dx \xrightarrow{\text{变换积分}} \int e^{2x} \frac{1}{2} (2x)' dx \xrightarrow{\text{凑微分}} \frac{1}{2} \int e^{2x} d(2x) \xrightarrow{\text{令} u = 2x} \frac{1}{2} \int e^{u} d(u)$$

$$\xrightarrow{\text{由基本公式求积分}} \frac{1}{2} e^{u} + C \xrightarrow{\text{回代} u = 2x} \frac{1}{2} e^{2x} + C .$$

对积分结果进验证：由于 $\left(\frac{1}{2} e^{2x} + C \right)' = \frac{1}{2} e^{2x} \cdot (2x)' = e^{2x}$，所以上述结果是正确的.

求 $\int e^{2x} dx$ 的过程中我们利用了第一类换元积分法.

【定理6-3】第一类换元积分公式

> 设 $f(u)$ 具有原函数 $F(u)$，$u = \varphi(x)$ 可导，则有换元公式
>
> $\int f[\varphi(x)] \varphi'(x) dx = \int f[\varphi(x)] d\varphi(x) = \int f(u) du = F(u) + C = F[\varphi(x)] + C .$

被积表达式中的 dx 可当作变量 x 的微分来对待，从而微分等式 $\varphi'(x) dx = d\varphi(x)$ 可以被应用到被积表达式中.

电子活页 6-1

扫描二维码，浏览电子活页 6-1，了解"证明【定理 6-3】第一类换元积分公式"的相关内容.

在求积分 $\int g(x) dx$ 时，如果函数 $g(x)$ 可以化为 $g(x) = f[\varphi(x)] \varphi'(x)$ 的形式，那么

$$\int g(x) dx = \int f[\varphi(x)] \varphi'(x) dx = [\int f(u) du]_{u = \varphi(x)} .$$

其换元过程如下：

如果 $\int f(u) du = F(u) + C$，且 $u = \varphi(x)$ 有连续导数，则

$$\int g(x) dx \xrightarrow{\text{变换积分}} \int f[\varphi(x)] \varphi'(x) dx \xrightarrow{\text{凑微分}} \int f[\varphi(x)] d\varphi(x) \xrightarrow{\text{令} u = \varphi(x)} \int f(u) du$$

$$\xrightarrow{\text{由基本公式求积分}} F(u) + C \xrightarrow{\text{回代} u = \varphi(x)} F(\varphi(x)) + C$$

这种先"凑"微分式，再做变量代换的积分方法，称为第一类换元积分法. 上式中，由 $\varphi'(x) dx$ 凑成微分 $d\varphi(x)$ 是关键的一步，因此也称为凑微分法.

【验证实例6-9】求 $\int \dfrac{1}{4 + 3x} dx$

解：$\int \dfrac{1}{4 + 3x} dx = \dfrac{1}{3} \int \dfrac{1}{4 + 3x} (4 + 3x)' dx = \dfrac{1}{3} \int \dfrac{1}{4 + 3x} d(4 + 3x)$

$\xrightarrow{\text{令} u = 4 + 3x} \dfrac{1}{3} \int \dfrac{1}{u} du = \dfrac{1}{3} \ln |u| + C$

$\xrightarrow{\text{回代} u = 4 + 3x} \dfrac{1}{3} \ln |4 + 3x| + C .$

【验证实例6-10】求 $\int (2x+1)^3 \mathrm{d}x$

解： $\int (2x+1)^3 \mathrm{d}x = \dfrac{1}{2}\int (2x+1)^3 (2x+1)' \mathrm{d}x = \dfrac{1}{2}\int (2x+1)^3 \mathrm{d}(2x+1)$

$\underline{\underline{\diamondsuit u = 2x+1}} \dfrac{1}{2}\int u^3 \mathrm{d}u = \dfrac{1}{8}u^4 + C \underline{\underline{\text{回代}u=2x+1}} \dfrac{1}{8}(2x+1)^4 + C$.

【验证实例6-11】求 $\int 2\cos 2x \mathrm{d}x$

解： $\int 2\cos 2x \mathrm{d}x = \int \cos 2x \cdot (2x)' \mathrm{d}x = \int \cos 2x \mathrm{d}(2x)$

$\qquad = \int \cos u \mathrm{d}u = \sin u + C = \sin 2x + C.$

【验证实例6-12】求 $\int 2x\mathrm{e}^{x^2} \mathrm{d}x$

解： $\int 2x\mathrm{e}^{x^2} \mathrm{d}x = \int \mathrm{e}^{x^2}(x^2)' \mathrm{d}x = \int \mathrm{e}^{x^2} \mathrm{d}(x^2) = \int \mathrm{e}^u \mathrm{d}u = \mathrm{e}^u + C = \mathrm{e}^{x^2} + C.$

【验证实例6-13】求 $\int x\sqrt{1-x^2}\,\mathrm{d}x$

解： $\int x\sqrt{1-x^2}\,\mathrm{d}x = \dfrac{1}{2}\int \sqrt{1-x^2}(x^2)' \mathrm{d}x = \dfrac{1}{2}\int \sqrt{1-x^2}\,\mathrm{d}x^2$

$\qquad = -\dfrac{1}{2}\int \sqrt{1-x^2}\,\mathrm{d}(1-x^2) = -\dfrac{1}{2}\int u^{\frac{1}{2}}\mathrm{d}u = -\dfrac{1}{3}u^{\frac{3}{2}} + C$

$\qquad = -\dfrac{1}{3}(1-x^2)^{\frac{3}{2}} + C.$

【验证实例6-14】求 $\int \tan x\mathrm{d}x$

解： $\int \tan x\mathrm{d}x = \int \dfrac{\sin x}{\cos x}\mathrm{d}x = -\int \dfrac{1}{\cos x}\mathrm{d}\cos x$

$\qquad = -\int \dfrac{1}{u}\mathrm{d}u = -\ln|u| + C = -\ln|\cos x| + C.$

即 $\int \tan x\mathrm{d}x = -\ln|\cos x| + C$. 类似地，可求得 $\int \cot x\mathrm{d}x = \ln|\sin x| + C$.

【说明】在熟悉第一类换元积分法后，变量代换就不必再写出了，直接写出结果即可.

【验证实例6-15】求 $\int x\mathrm{e}^{-x^2}\mathrm{d}x$

解： $\int x\mathrm{e}^{-x^2}\mathrm{d}x = -\dfrac{1}{2}\int \mathrm{e}^{-x^2}\mathrm{d}(-x^2) = -\dfrac{1}{2}\mathrm{e}^{-x^2} + C.$

【验证实例6-16】求 $\int \sin\dfrac{x}{3}\mathrm{d}x$

解： $\int \sin\dfrac{x}{3}\mathrm{d}x = 3\int \sin\dfrac{x}{3}\mathrm{d}\left(\dfrac{x}{3}\right) = -3\cos\dfrac{x}{3} + C.$

6.4.2 第二类换元积分法

使用第一类换元积分法的关键在于把被积表达式 $g(x)\mathrm{d}x$ 凑成 $f(\phi(x))\phi'(x)\mathrm{d}x$ 的形式，以便选取变换 $u = \phi(x)$ ，化为易于积分的 $\int f(u)\mathrm{d}u$.

下面我们来尝试求 $\int \dfrac{1}{1+\sqrt{x}}\mathrm{d}x$.

被积函数中含有根式 $\sqrt{x}$，用直接积分法和凑微分法难以求解，可通过换元去根式，化难为易.

令 $x = t^2$（$t > 0$），则 $\sqrt{x} = t$，$dx = 2tdt$，于是

$$\int \frac{1}{1+\sqrt{x}}dx = \int \frac{1}{1+t} \cdot 2tdt = 2\int \frac{(1+t)-1}{1+t}dt = 2\int \left(1 - \frac{1}{1+t}\right)dt$$

$$= 2\left[\int dt - \int \frac{1}{1+t}d(1+t)\right] = 2(t - \ln|1+t|) + C$$

$$= 2[\sqrt{x} - \ln(1+\sqrt{x})] + C.$$

求 $\int \frac{1}{1+\sqrt{x}}dx$ 过程利用了第二类换元积分法.

运用第二类换元积分法的关键是适当选择变量代换 $x = \phi(t)$. 而 $x = \phi(t)$ 单调可导，且 $\phi'(t) \neq 0$，$x = \phi(t)$ 的反函数是 $\phi^{-1}(x)$.

【定理6-4】第二类换元积分公式

> 设 $x = \phi(t)$ 是单调、可导的函数，并且 $\phi'(t) \neq 0$，又设 $f[\phi(t)]\phi'(t)$ 具有原函数 $F(t)$，则有以下换元公式：
>
> $$\int f(x)dx = \int f[\phi(t)]\phi'(t)dt = F(t) + C = F[\phi^{-1}(x)] + C.$$
>
> 其中 $t = \phi^{-1}(x)$ 是 $x = \phi(t)$ 的反函数.

这是因为 $\{F[\phi^{-1}(x)]\}' = F'(t)\dfrac{dt}{dx} = f[\phi(t)]\phi'(t)\dfrac{1}{\frac{dx}{dt}} = f[\phi(t)] = f(x)$.

第二类换元公式从形式上看是第一类换元公式的逆行运算，但目的都是将公式化为容易求得的原函数的形式，最终同样不要忘记变量还原.

【验证实例6-17】求 $\int \sqrt{a^2 - x^2}\,dx$ （$a > 0$）

解：利用三角公式 $\sin^2 t + \cos^2 t = 1$ 消去根式.

令 $x = a\sin t\left(-\dfrac{\pi}{2} < x < \dfrac{\pi}{2}\right)$，则 $dx = a\cos t\,dt$，则 $\sqrt{a^2 - x^2} = a\cos t$，从而

$$\int \sqrt{a^2 - x^2}\,dx = \int a\cos t \cdot a\cos t\,dt = \int a^2\cos^2 t\,dt$$

$$= a^2 \int \frac{1 + \cos 2t}{2}dt = \frac{a^2}{2}\left(t + \frac{1}{2}\sin 2t\right) + C.$$

为了换回原积分变量，根据代换 $x = a\sin t$ 作辅助直角三角形，如图6-2所示，可得

$\cos t = \dfrac{\sqrt{a^2 - x^2}}{a}$，$t = \arcsin \dfrac{x}{a}$，

故 $\int \sqrt{a^2 - x^2}\,dx = \dfrac{a^2}{2}(t + \sin t\cos t) + C$

$$= \frac{a^2}{2}\arcsin \frac{x}{a} + \frac{x}{2}\sqrt{a^2 - x^2} + C.$$

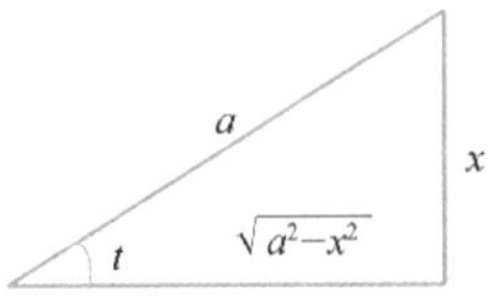

图 6-2

【验证实例 6-18】求 $\int \dfrac{1}{\sqrt{a^2+x^2}}\mathrm{d}x \quad (a>0)$

解：利用三角公式 $1+\tan^2 t=\sec^2 t$ 消去根式.

令 $x=a\tan t\left(-\dfrac{\pi}{2}<t<\dfrac{\pi}{2}\right)$，则 $\mathrm{d}x=a\sec^2 t\mathrm{d}t$，$\sqrt{a^2+x^2}=a\sec t$，从而

$$\int \dfrac{1}{\sqrt{a^2+x^2}}\mathrm{d}x=\int \dfrac{a\sec^2 t}{a\sec t}\mathrm{d}t=\int \sec t\mathrm{d}t=\ln|\sec t+\tan t|+C_1.$$

为了换回原积分变量，根据代换 $x=a\tan t$ 作辅助直角三角形，如图 6-3 所示，可得

$\sec t=\dfrac{\sqrt{a^2+x^2}}{a}, \tan t=\dfrac{x}{a}$，故

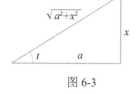

图 6-3

$$\int \dfrac{1}{\sqrt{a^2+x^2}}\mathrm{d}x=\ln\left|\dfrac{\sqrt{a^2+x^2}}{a}+\dfrac{x}{a}\right|+C_1$$

$$=\ln\left|x+\sqrt{a^2+x^2}\right|+C,$$

其中 $C=C_1-\ln a$.

可见，第一类换元积分法应先进行凑微分，然后再换元，换元过程可省略；而第二类换元积分法必须先进行换元，目的是把"根号"去掉，不可省略换元及回代过程.

现将本节一些例子的结论作为前面积分公式的补充，以后可直接引用，归纳如下.

（1）$\int \tan x\mathrm{d}x=-\ln|\cos x|+C$

（2）$\int \cot x\mathrm{d}x=\ln|\sin x|+C$

（3）$\int \sec x\mathrm{d}x=\int \dfrac{\mathrm{d}x}{\cos x}=\ln|\sec x+\tan x|+C$

（4）$\int \csc x\mathrm{d}x=\int \dfrac{\mathrm{d}x}{\sin x}=\ln|\csc x-\cot x|+C$

（5）$\int \dfrac{1}{x^2+a^2}\mathrm{d}x=\dfrac{1}{a}\arctan \dfrac{x}{a}+C$

（6）$\int \dfrac{1}{a^2-x^2}\mathrm{d}x=\dfrac{1}{2a}\ln\left|\dfrac{a+x}{a-x}\right|+C$

（7）$\int \dfrac{1}{x^2-a^2}\mathrm{d}x=\dfrac{1}{2a}\ln\left|\dfrac{x-a}{x+a}\right|+C$

（8）$\int \dfrac{\mathrm{d}x}{\sqrt{a^2-x^2}}=\arcsin \dfrac{x}{a}+C \quad (a>0)$

（9）$\int \sqrt{a^2-x^2}\mathrm{d}x=\dfrac{a^2}{2}\arcsin \dfrac{x}{a}+\dfrac{x}{2}\sqrt{a^2-x^2}+C \quad (a>0)$

（10）$\int \dfrac{\mathrm{d}x}{\sqrt{x^2+a^2}}=\ln(x+\sqrt{x^2+a^2})+C$

（11）$\int \dfrac{\mathrm{d}x}{\sqrt{x^2-a^2}} = \ln|x+\sqrt{x^2-a^2}|+C$

【知识6-6】不定积分的分部积分法

前面我们介绍了直接积分法和换元积分法，但对于某些不定积分，用前面介绍的方法往往不能奏效．为此，本节将利用两个函数乘积的微分法则，来推得另一种求积分的基本方法——分部积分法．分部积分法常用于被积函数是两种不同类型函数乘积的积分．例如，$\int x\cos x\mathrm{d}x$，$\int x\mathrm{e}^x\mathrm{d}x$，$\int x^2\ln \mathrm{d}x$ 等．

【定理6-5】不定积分的分部积分公式

> 设函数 $u=u(x)$，$v=v(x)$ 均可微，则有以下分部积分公式：
>
> $$\int u\mathrm{d}v = uv - \int v\mathrm{d}u .$$

电子活页6-2

扫描二维码，浏览电子活页6-2，了解"证明【定理6-5】不定积分的分部积分公式"的相关内容．

我们先通过一个实例来说明如何使用分部积分公式．

【验证实例6-19】求积分 $\int x\mathrm{e}^x\mathrm{d}x$

解：选取 $u=x$，$du=\mathrm{d}x$，$dv=\mathrm{e}^x\mathrm{d}x=\mathrm{d}(\mathrm{e}^x)$，$v=\mathrm{e}^x$，则

$$\int x\mathrm{e}^x\mathrm{d}x = \int x\mathrm{d}(\mathrm{e}^x) = x\mathrm{e}^x - \int \mathrm{e}^x\mathrm{d}x = x\mathrm{e}^x - \mathrm{e}^x + C = \mathrm{e}^x(x-1) + C .$$

如果选取 $u=\mathrm{e}^x$，$du=\mathrm{d}(\mathrm{e}^x)=\mathrm{e}^x\mathrm{d}x$，$v=\dfrac{1}{2}x^2$，$dv=x\mathrm{d}x=\mathrm{d}\left(\dfrac{x^2}{2}\right)$，则

$$\int x\mathrm{e}^x\mathrm{d}x = \int \mathrm{e}^x\mathrm{d}\left(\dfrac{x^2}{2}\right) = \dfrac{1}{2}x^2\mathrm{e}^x - \int \dfrac{1}{2}x^2\mathrm{e}^x\mathrm{d}x .$$

上式右边的积分 $\int \dfrac{1}{2}x^2\mathrm{e}^x\mathrm{d}x$ 比左边的积分 $\int x\mathrm{e}^x\mathrm{d}x$ 更不易求出．

由此可见，u 和 $\mathrm{d}v$ 的选择不当，就求不出结果．所以在用分部积分法求积分时，关键是在于恰当地选取 u 和 $\mathrm{d}v$，选取 u 和 $\mathrm{d}v$ 一般要考虑以下两点：

① 将被积式凑成 $u\mathrm{d}v$ 的形式时，v 要容易求得．

② $\int v\mathrm{d}u$ 要比 $\int u\mathrm{d}v$ 容易积出．

熟练后选取 u 和 $\mathrm{d}v$ 的过程不必写出．可通过凑微分，将积分 $\int f(x)g(x)\mathrm{d}x$ 凑成 $\int u\mathrm{d}v$ 的形式，然后应用公式．

应用公式后，须将积分 $\int v\mathrm{d}u$ 写成 $\int vu'\mathrm{d}x$，以便进一步计算积分，即

$$\int uv'\mathrm{d}x = \int u\mathrm{d}v = uv - \int v\mathrm{d}u = uv - \int vu'\mathrm{d}x .$$

【验证实例6-20】求积分 $\int x^2\sin x\mathrm{d}x$

解：$\int x^2\sin x\mathrm{d}x = \int x^2\mathrm{d}(-\cos x) = -x^2\cos x - \int(-\cos x)\mathrm{d}(x^2)$

$\qquad = -x^2\cos x + \int \cos x \cdot 2x\mathrm{d}x = -x^2\cos x + \int 2x\cos x\mathrm{d}x$

$\qquad = -x^2\cos x + 2\int x\mathrm{d}(\sin x) = -x^2\cos x + 2x\sin x - 2\int \sin x\mathrm{d}x$

$\qquad = -x^2\cos x + 2x\sin x + 2\cos x + C .$

【注意】有些积分需要连续使用分部积分法，才能求出积分结果.

【验证实例6-21】求积分 $\int e^x \sin x dx$

解：令 $u = e^x$，$du = e^x dx$，$dv = \sin x dx = d(-\cos x)$，$v = -\cos x$，则

$$\int e^x \sin x dx = -e^x \cos x + \int e^x \cos x dx，$$

而　　　　　　　　$\int e^x \cos x dx = \int e^x d\sin x = e^x \sin x - \int e^x \sin x dx，$

于是　　　　　　　$\int e^x \sin x dx = -e^x \cos x + e^x \sin x - \int e^x \sin x dx，$

上式右端出现原积分，将此项移到左端，再两端同除以2，得

$$\int e^x \sin x dx = \frac{1}{2} e^x (\sin x - \cos x) + C.$$

【知识6-7】有理函数及可化为有理函数的不定积分

6.7.1　简单有理函数的不定积分

有理函数是指两个多项式之商的函数，即

$$\frac{P(x)}{Q(x)} = \frac{b_m x^m + b_{m-1} x^{m-1} + \cdots + b_1 x + b_0}{a_n x^n + a_{n-1} x^{n-1} + \cdots + a_1 x + a_0} \quad (a_n \neq 0, \ b_m \neq 0)，$$

其中，m，n 是非负整数，并且假定 $P(x)$ 与 $Q(x)$ 之间没有公因子. 若 $m < n$，则称 $\dfrac{P(x)}{Q(x)}$ 为有

理真分式；若 $m > n$，则称 $\dfrac{P(x)}{Q(x)}$ 为有理假分式.

任何假分式都可以通过多项式除法化成一个多项式和一个有理真分式的和的形式.

例如，$\dfrac{x^3}{x-1} = x^2 + x + 1 + \dfrac{1}{x-1}$.

有理函数的积分就是多项式与真分式的积分，多项式的积分是很容易求出的，因此只须讨论真分式的积分法.

由代数学我们知道，n 次实系数多项式 $Q(x)$ 在实数范围内总可以分解成一次因式（可能有重因式）与二次质因式的乘积，然后就可以把真分式按分母的因式，分解成若干个简单分式之和.

① 当 $Q(x)$ 含有一次因式 $(x-a)$ 时，分解后得到对应有形如 $\dfrac{A}{x-a}$ 的部分分式，其中 A 为待定常数.

② 当 $Q(x)$ 含有 k 重一次因式 $(x-a)^k$ 时，分解后得到下列 k 个部分分式之和：

$$\frac{P(x)}{Q(x)} = \frac{A_1}{(x-a)^k} + \frac{A_2}{(x-a)^{k-1}} + \cdots + \frac{A_k}{x-a}，$$

其中 A_1，A_2，…，A_k 为待定常数.

③ 当 $Q(x)$ 含有质因式 $x^2 + px + q(p^2 - 4q < 0)$ 时，分解后对应有形如 $\dfrac{Bx + C}{x^2 + px + q}$ 的部

分分式，其中 B，C 为待定常数.

④ 当 $Q(x)$ 含有质因式 $(x^2 + px + q)^s (p^2 - 4q < 0)$ 时，这种情况积分过于复杂，在此不

讨论.

⑤ 当 $Q(x)$ 既有因式 $(x-a)^k$ 又有质因式 x^2+px+q 时，分解后得到下列 $k+1$ 个部分分式之和：

$$\frac{P(x)}{Q(x)} = \frac{A_1}{(x-a)^k} + \frac{A_2}{(x-a)^{k-1}} + \cdots + \frac{A_k}{x-a} + \frac{Bx+C}{x^2+px+q}.$$

例如，$\dfrac{2x+3}{(x-1)^2(x^2+x+2)} = \dfrac{A_1}{(x-1)^2} + \dfrac{A_2}{x-1} + \dfrac{Bx+C}{x^2+x+2}.$

真分式经过上面的分解后，它的积分就容易求出了.

【验证实例 6-22】 求 $\displaystyle\int \frac{x-1}{x(x+2)}\mathrm{d}x$

解：由于 $\dfrac{x-1}{x(x+2)} = \dfrac{A}{x} + \dfrac{B}{x+2}$，去分母，得 $x-1 = A(x+2) + Bx$.

合并同类项，得 $x-1 = (A+B)x + 2A$.

比较两端同次幂的系数，得方程组

$$\begin{cases} A+B=1, \\ 2A=-1, \end{cases} \quad 解得 \begin{cases} A=-\dfrac{1}{2}, \\ B=\dfrac{3}{2}. \end{cases}$$

于是 $\dfrac{x-1}{x(x+2)} = \dfrac{1}{2}\left(-\dfrac{1}{x} + \dfrac{3}{x+2}\right)$，所以

$$\int \frac{x-1}{x(x+2)}\mathrm{d}x = \frac{1}{2}\int\left(-\frac{1}{x} + \frac{3}{x+2}\right)\mathrm{d}x = \frac{1}{2}(-\ln|x| + 3\ln|x+2|) + C.$$

【验证实例 6-23】 $\displaystyle\int \frac{5x+4}{x^3+4x^2+4x}\mathrm{d}x$

解：由于 $\dfrac{5x+4}{x^3+4x^2+4x} = \dfrac{5x+4}{x(x+2)^2} = \dfrac{A}{x} + \dfrac{B}{x+2} + \dfrac{C}{(x+2)^2}$，

去分母，得 $5x+4 = A(x+2)^2 + Bx(x+2) + Cx$.

合并同类项，得 $5x+4 = (A+B)x^2 + (4A+2B+C)x + 4A$.

比较两端同次幂的系数，得方程组

$$\begin{cases} A+B=0, \\ 4A+2B+C=5, \\ 4A=4, \end{cases} \quad 解得 \begin{cases} A=1, \\ B=-1, \\ C=3. \end{cases}$$

于是 $\dfrac{5x+4}{x^3+4x^2+4x} = \dfrac{1}{x} + \dfrac{-1}{x+2} + \dfrac{3}{(x+2)^2}$，所以

$$\int \frac{5x+4}{x^3+4x^2+4x}\mathrm{d}x = \int \frac{1}{x} + \frac{-1}{x+2} + \frac{3}{(x+2)^2}\mathrm{d}x$$

$$= \ln|x| - \ln|x+2| - \frac{3}{x+2} + C = \ln\left|\frac{x}{x+2}\right| - \frac{3}{x+2} + C.$$

6.7.2　可化为有理函数的简单无理函数的不定积分

无理函数的积分一般要采用第二类换元法把根号消去，化为有理函数的积分.

【验证实例 6-24】求 $\displaystyle\int\frac{\sqrt{x-1}}{x}\mathrm{d}x$

解：设 $\sqrt{x-1}=u$，即 $x=u^2+1$，则

$$\int\frac{\sqrt{x-1}}{x}\mathrm{d}x=\int\frac{u}{u^2+1}\cdot 2u\mathrm{d}u=2\int\frac{u^2}{u^2+1}\mathrm{d}u$$

$$=2\int\left(1-\frac{1}{1+u^2}\right)\mathrm{d}u=2(u-\arctan u)+C$$

$$=2(\sqrt{x-1}-\arctan\sqrt{x-1})+C.$$

6.7.3　求三角函数的不定积分

三角函数有理式是指由三角函数和常数经过有限次四则运算所构成的函数，其特点是分子分母都包含三角函数的和差与乘积运算. 由于各种三角函数都可以用 $\sin x$ 及 $\cos x$ 的有理式表示，所以三角函数有理式也就是 $\sin x$，$\cos x$ 的有理式.

用于三角函数有理式积分的变换：

把 $\sin x$，$\cos x$ 表示成 $\tan\dfrac{x}{2}$ 的函数，然后做变换 $u=\tan\dfrac{x}{2}$，

$$\sin x=2\sin\frac{x}{2}\cos\frac{x}{2}=\frac{2\tan\dfrac{x}{2}}{\sec^2\dfrac{x}{2}}=\frac{2\tan\dfrac{x}{2}}{1+\tan^2\dfrac{x}{2}}=\frac{2u}{1+u^2},$$

$$\cos x=\cos^2\frac{x}{2}-\sin^2\frac{x}{2}=\frac{1-\tan^2\dfrac{x}{2}}{\sec^2\dfrac{x}{2}}=\frac{1-u^2}{1+u^2}.$$

变换后原积分变成了有理函数的积分.

【验证实例 6-25】求 $\displaystyle\int\frac{1+\sin x}{\sin x(1+\cos x)}\mathrm{d}x$

解：令 $u=\tan\dfrac{x}{2}$，则 $\sin x=\dfrac{2u}{1+u^2}$，$\cos x=\dfrac{1-u^2}{1+u^2}$，$x=2\arctan u$，$\mathrm{d}x=\dfrac{2}{1+u^2}\mathrm{d}u$.

于是 $\displaystyle\int\frac{1+\sin x}{\sin x(1+\cos x)}\mathrm{d}x=\int\frac{\left(1+\dfrac{2u}{1+u^2}\right)}{\dfrac{2u}{1+u^2}\left(1+\dfrac{1-u^2}{1+u^2}\right)}\frac{2}{1+u^2}\mathrm{d}u=\frac{1}{2}\int\left(u+2+\frac{1}{u}\right)\mathrm{d}u$

$$=\frac{1}{2}\left(\frac{u^2}{2}+2u+\ln|u|\right)+C$$

$$=\frac{1}{4}\tan^2\frac{x}{2}+\tan\frac{x}{2}+\frac{1}{2}\ln\left|\tan\frac{x}{2}\right|+C.$$

【说明】并非所有的三角函数有理式的积分都要通过变换化为有理函数的积分. 例如,

$$\int \frac{\cos x}{1+\sin x} dx = \int \frac{1}{1+\sin x} d(1+\sin x) = \ln(1+\sin x) + C .$$

 问题解惑

【问题 6-1】函数 $f(x)$ 的一个原函数就是该函数的不定积分吗?

$f(x)$ 的一个原函数不是不定积分. 根据不定积分的定义可知, 在区间 D 内, 如果 $F(x)$ 是 $f(x)$ 在区间 D 上的一个原函数, 则 $f(x)$ 的全体原函数 $F(x)+C$ (C 为任意常数) 称为 $f(x)$ 在 D 内的不定积分.

【问题 6-2】初等函数在其定义区间上都可积分吗?

由于连续函数一定有原函数, 而初等函数在其定义区间上连续, 因此, 初等函数在其定义区间上都存在原函数.

根据积分的定义可知, 在定义区间上存在原函数即可积分, 所以初等函数在其定义区间上都可积分.

【问题 6-3】"微分运算"和"积分运算"互为逆运算吗?

由不定积分的性质可知, 以下两式都成立, 即"微分运算"和"积分运算"互为逆运算.

① $\left[\int f(x)dx\right]' = f(x)$ 或 $d\left[\int f(x)dx\right] = f(x)dx$.

② $\int F'(x)dx = F(x)+C$ 或 $\int dF(x) = F(x)+C$.

【问题 6-4】第一类换元法与分部积分法的共同点是什么?

第一类换元积分法与分部积分法的共同点是, 第一步都是凑微分, 具体说明如下:

① 第一类换元积分法的第一步: $\int f[\phi(x)]\phi'(x)dx = \int f[\phi(x)]d\phi(x) \xrightarrow{\text{令}\phi(x)=u} \int f(u)du$.

例如, $\int 2xe^{x^2}dx = \int e^{x^2}dx^2 = \int e^u du$.

② 分部积分法的第一步: $\int u(x)v'(x)dx = \int u(x)dv(x) = u(x)v(x) - \int v(x)du(x)$.

例如, $\int x^2 e^x dx = \int x^2 de^x = x^2 e^x - \int e^x dx^2$.

【问题 6-5】不定积分 $\int 5^x dx = \dfrac{5^{x+1}}{x+1} + C$ 是否正确?

$\int 5^x dx = \dfrac{5^{x+1}}{x+1} + C$ 是错误的, 其原因是混淆了幂函数和指数函数, 未能真正区分两者在表达式上的差别, 错套了幂函数的不定积分公式, 而被积函数 5^x 应为指数函数, 应套用指

数函数的不定积分公式. 正确的计算结果应为 $\int 5^x \mathrm{d}x = \dfrac{5^x}{\ln 5} + C$.

【问题 6-6】不定积分 $\int \sin x \cos x \mathrm{d}x = -\cos x + C$ 是否正确？

$\int \sin x \cos x \mathrm{d}x = -\cos x + C$ 是错误的. 该题解答的第 1 步是，根据被积函数形式判断出将其中的 $\cos x$ 与 $\mathrm{d}x$ 进行结合，凑成 $\mathrm{d}(\sin x)$ 这种微分形式，接下来应进行换元，即把 $\sin x$ 看成积分变量 u，化成 $\int u \mathrm{d}u$ 的形式，然后应用幂函数的不定积分公式求得结果为 $\dfrac{1}{2}\sin^2 x + C$. 正确的计算是 $\int \sin x \cos x \mathrm{d}x = \int \sin x \mathrm{d}\sin x = \dfrac{1}{2}\sin^2 x + C$.

 方法探析

【方法 6-1】求不定积分的方法

【方法 6-1-1】应用原函数的定义求不定积分的方法

【方法实例 6-1】

求函数 $f(x) = \dfrac{1}{2\sqrt{x}}$ 的不定积分.

解：因为 $\sqrt{x}$ 是 $\dfrac{1}{2\sqrt{x}}$ 的原函数，所以 $\displaystyle\int \dfrac{1}{2\sqrt{x}} \mathrm{d}x = \sqrt{x} + C$.

【方法实例 6-2】

求函数 $f(x) = \dfrac{1}{x}$ 的不定积分.

解：当 $x>0$ 时，$(\ln x)' = \dfrac{1}{x}$，所以 $\displaystyle\int \dfrac{1}{x} \mathrm{d}x = \ln x + C\ (x>0)$.

当 $x<0$ 时，$[\ln(-x)]' = \dfrac{1}{-x} \cdot (-1) = \dfrac{1}{x}$，所以 $\displaystyle\int \dfrac{1}{x} \mathrm{d}x = \ln(-x) + C\ (x<0)$.

合并上面两式得到 $\displaystyle\int \dfrac{1}{x} \mathrm{d}x = \ln|x| + C\ (x\neq0)$.

【方法 6-1-2】利用不定积分的基本公式求不定积分的方法

【方法实例 6-3】

求 $\displaystyle\int \dfrac{\mathrm{d}x}{x\sqrt[3]{x}}$.

解：$\displaystyle\int \dfrac{\mathrm{d}x}{x\sqrt[3]{x}} = \int x^{-\frac{4}{3}} \mathrm{d}x = \dfrac{x^{-\frac{4}{3}+1}}{-\dfrac{4}{3}+1} + C = -3x^{-\frac{1}{3}} + C = -\dfrac{3}{\sqrt[3]{x}} + C$.

【方法 6-1-3】被积函数进行恒等变形后，再利用不定积分的基本公式、基本运算法则求不定积分的方法

【方法实例 6-4】

求 $\int \dfrac{1+x+x^2}{x(1+x^2)}\,\mathrm{d}x$.

解：恒等变形说明，对被积函数分子中的各组成项按分母组成项特征进行调整，这里分母包括两项 x 和 $1+x^2$，分子也调整为两项 x 和 $1+x^2$，并且第 2 项 $1+x^2$ 使用小括号 () 括起来.

$$\int \frac{1+x+x^2}{x(1+x^2)}\,\mathrm{d}x = \int \frac{x+(1+x^2)}{x(1+x^2)}\,\mathrm{d}x = \int \left(\frac{1}{1+x^2} + \frac{1}{x} \right)\mathrm{d}x$$
$$= \int \frac{1}{1+x^2}\,\mathrm{d}x + \int \frac{1}{x}\,\mathrm{d}x = \arctan x + \ln|x| + C .$$

【方法实例 6-5】

求 $\int \dfrac{x^4}{1+x^2}\,\mathrm{d}x$.

解：恒等变形说明，在被积函数的分子中加一个常数和减一个常数，这里加 1 和减 1，保持被积函数分子的值不变.

$$\int \frac{x^4}{1+x^2}\,\mathrm{d}x = \int \frac{x^4-1+1}{1+x^2}\,\mathrm{d}x = \int \frac{(x^2+1)(x^2-1)+1}{1+x^2}\,\mathrm{d}x$$
$$= \int \left(x^2 - 1 + \frac{1}{1+x^2} \right)\mathrm{d}x = \int x^2\,\mathrm{d}x - \int \mathrm{d}x + \int \frac{1}{1+x^2}\,\mathrm{d}x$$
$$= \frac{1}{3}x^3 - x + \arctan x + C .$$

【方法实例 6-6】

求 $\int \dfrac{3x^2}{1+x^2}\,\mathrm{d}x$.

解：恒等变形说明，将被积函数的分子中的常数因子提到不定积分符号前面，然后分子再加一个常数和减一个常数，这里加 1 和减 1，保持被积函数分子的值不变.

$$\int \frac{3x^2}{1+x^2}\,\mathrm{d}x = 3\int \frac{1+x^2-1}{1+x^2}\,\mathrm{d}x = 3\left(\int \mathrm{d}x - \int \frac{1}{1+x^2}\,\mathrm{d}x \right) = 3x - 3\arctan x + C .$$

【方法实例 6-7】

求 $\int \dfrac{1}{x^2(1+x^2)}\,\mathrm{d}x$.

解：恒等变形说明，在被积函数的分子中加一个函数和减一个函数，这里加 x^2 和减 x^2，保持被积函数分子的值不变.

$$\int \frac{1}{x^2(1+x^2)}\,\mathrm{d}x = \int \frac{1+x^2-x^2}{x^2(1+x^2)}\,\mathrm{d}x = \int \left(\frac{1}{x^2} - \frac{1}{x^2+1} \right)\mathrm{d}x$$
$$= \int \frac{1}{x^2}\,\mathrm{d}x - \int \frac{1}{x^2+1}\,\mathrm{d}x = -\frac{1}{x} - \arctan x + C .$$

【**方法 6-1-4**】对被积函数中的三角函数进行恒等变形后，再利用不定积分的基本公式、基本运算法则求不定积分的方法

【**方法实例 6-8**】

求 $\int \dfrac{\cos 2x}{\sin^2 x \cos^2 x} \mathrm{d}x$.

解：利用余弦函数二倍角公式 $\cos 2x = \cos^2 x - \sin^2 x$ 进行恒等变形.

$$\int \frac{\cos 2x}{\sin^2 x \cos^2 x} \mathrm{d}x = \int \frac{\cos^2 x - \sin^2 x}{\sin^2 x \cos^2 x} \mathrm{d}x = \int \frac{1}{\sin^2 x} \mathrm{d}x - \int \frac{1}{\cos^2 x} \mathrm{d}x$$
$$= -\cot x - \tan x + C .$$

【**方法实例 6-9**】

求 $\int \cos^2 \dfrac{x}{2} \mathrm{d}x$.

解：利用三角函数半角公式 $\cos^2 \dfrac{x}{2} = \dfrac{1 + \cos x}{2}$ 进行恒等变形.

$$\int \cos^2 \frac{x}{2} \mathrm{d}x = \int \frac{1 + \cos x}{2} \mathrm{d}x = \frac{1}{2} \int \mathrm{d}x + \frac{1}{2} \int \cos x \mathrm{d}x = \frac{1}{2} x + \frac{1}{2} \sin x + C .$$

【**方法实例 6-10**】

求 $\int \dfrac{1}{\sin^2 \dfrac{x}{2} \cos^2 \dfrac{x}{2}} \mathrm{d}x$.

解：利用正弦函数二倍角公式 $\sin x = 2 \sin \dfrac{x}{2} \cos \dfrac{x}{2}$ 进行恒等变形.

$$\int \frac{1}{\sin^2 \dfrac{x}{2} \cos^2 \dfrac{x}{2}} \mathrm{d}x = 4 \int \frac{1}{\sin^2 x} \mathrm{d}x = -4 \cot x + C .$$

【**方法 6-1-5**】利用不定积分的第一类换元积分法求不定积分的方法

【**方法实例 6-11**】

求 $\int \dfrac{1}{3 + 2x} \mathrm{d}x$.

解：令 $u = 3 + 2x$.

$$\int \frac{1}{3 + 2x} \mathrm{d}x = \frac{1}{2} \int \frac{1}{3 + 2x} (3 + 2x)' \mathrm{d}x = \frac{1}{2} \int \frac{1}{3 + 2x} \mathrm{d}(3 + 2x)$$
$$= \frac{1}{2} \int \frac{1}{u} \mathrm{d}u = \frac{1}{2} \ln |u| + C = \frac{1}{2} \ln |3 + 2x| + C .$$

【**方法实例 6-12**】

求 $\int \dfrac{\mathrm{e}^{3\sqrt{x}}}{\sqrt{x}} \mathrm{d}x$.

解：令 $u = \sqrt{x}$.

$$\int \frac{e^{3\sqrt{x}}}{\sqrt{x}}dx = 2\int e^{3\sqrt{x}}d\sqrt{x} = \frac{2}{3}\int e^{3\sqrt{x}}d3\sqrt{x} = \frac{2}{3}e^{3\sqrt{x}} + C .$$

【方法实例6-13】

求 $\int \frac{\cos\sqrt{x}}{\sqrt{x}}dx$.

解：令 $u=\sqrt{x}$.

$$\int \frac{\cos\sqrt{x}}{\sqrt{x}}dx = 2\int \cos\sqrt{x}d(\sqrt{x}) = 2\sin\sqrt{x} + C .$$

【方法实例6-14】

求 $\int \frac{dx}{x(1+2\ln x)}$.

解：令 $u=\ln x$.

$$\int \frac{dx}{x(1+2\ln x)} = \int \frac{d\ln x}{1+2\ln x} = \frac{1}{2}\int \frac{d(1+2\ln x)}{1+2\ln x} = \frac{1}{2}\ln|1+2\ln x| + C .$$

【方法实例6-15】

求 $\int \frac{1}{\sqrt{a^2-x^2}}dx$.

解：先将被积函数分子分母同时除以 a，然后令 $u=\dfrac{x}{a}$.

$$\int \frac{1}{\sqrt{a^2-x^2}}dx = \int \frac{1}{\sqrt{1-\left(\dfrac{x}{a}\right)^2}}d\left(\frac{x}{a}\right) = \arcsin\frac{x}{a} + C .$$

【方法实例6-16】

求 $\int \tan x dx$.

解：先利用三角函数公式 $\tan x = \dfrac{\sin x}{\cos x}$ 进行恒等变换，然后令 $u=\cos x$.

$$\int \tan x dx = \int \frac{\sin x}{\cos x}dx = -\int \frac{d(\cos x)}{\cos x} = -\ln|\cos x| + C .$$

类似地，可得 $\int \cot x dx = \ln|\sin x| + C$.

【方法实例6-17】

求 $\int \sin^3 x dx$.

解：先将 $\sin^3 x$ 变换为 $\sin^2 x \sin x$，然后利用三角函数公式 $\sin^2 x = 1 - \cos^2 x$ 对 $\sin^2 x$ 进行恒等变换，接着令 $u=\cos x$.

$$\int \sin^3 x dx = \int \sin^2 x \cdot \sin x dx = -\int (1-\cos^2 x)d\cos x$$

$$= -\int d\cos x + \int \cos^2 x d\cos x = -\cos x + \frac{1}{3}\cos^3 x + C .$$

【方法实例6-18】

求 $\int \cos^2 x \mathrm{d}x$.

解：先将 $\cos^2 x$ 利用三角函数公式 $\cos^2 x = \dfrac{1+\cos 2x}{2}$ 进行变换，然后利用不定积分的提取常数因子法则和运算法则求不定积分．

$$\int \cos^2 x \mathrm{d}x = \int \frac{1+\cos 2x}{2}\mathrm{d}x = \frac{1}{2}\left(\int \mathrm{d}x + \int \cos 2x \mathrm{d}x\right)$$

$$= \frac{1}{2}\int \mathrm{d}x + \frac{1}{4}\int \cos 2x \mathrm{d}2x = \frac{1}{2}x + \frac{1}{4}\sin 2x + C .$$

【方法 6-1-6】利用不定积分的第二类换元积分法求不定积分的方法

一般地，利用第二类换元积分法求不定积分的具体步骤如下：

① 换元，令 $x = \phi(t)$，即 $\int f(x)\mathrm{d}x = \int f[\phi(t)]\phi'(t)\mathrm{d}t$.

② 积分，即 $\int f[\phi(t)]\phi'(t)\mathrm{d}t = F(t) + C$.

③ 回代，$F(t) + C = F[\phi^{-1}(x)] + C$.

【方法实例6-19】利用根式代换求不定积分

求 $\int \dfrac{\mathrm{d}x}{\sqrt{x+1}+\sqrt[3]{x+1}}$.

解：为了同时消去两个异次根式，令 $x+1 = t^6$，　$\mathrm{d}x = 6t^5\mathrm{d}t$，从而

$$\int \frac{\mathrm{d}x}{\sqrt{x+1}+\sqrt[3]{x+1}} = \int \frac{6t^5}{t^3+t^2}\mathrm{d}t = 6\int \frac{t^3+1-1}{t+1}\mathrm{d}t = 6\int \left(t^2 - t + 1 - \frac{1}{1+t}\right)\mathrm{d}t$$

$$= 6\left(\frac{1}{3}t^3 - \frac{1}{2}t^2 + t - \ln|1+t|\right) + C$$

$$= 2\sqrt{x+1} - 3\sqrt[3]{x+1} + \sqrt[6]{x+1} - 6\ln|1+\sqrt[6]{x+1}| + C .$$

【方法实例6-20】利用三角代换求不定积分

求 $\int \dfrac{1}{\sqrt{x^2-a^2}}\mathrm{d}x$　$(a>0)$.

解：利用三角公式 $\sec 2t - 1 = \tan 2t$ 消去根式．

令 $x = a\sec t$　$(0 < t < \dfrac{\pi}{2})$，则 $\mathrm{d}x = a\sec t \cdot \tan t \mathrm{d}t$，$\sqrt{x^2-a^2} = a\tan t$，从而

$$\int \frac{1}{\sqrt{x^2-a^2}}\mathrm{d}x = \int \frac{a\sec t \cdot \tan t}{a\tan t}\mathrm{d}t = \int \sec t \mathrm{d}t = \ln|\sec t + \tan t| + C_1 .$$

为了换回原积分变量，根据代换 $x = a\sec t$ 作辅助直角三角形，如图6-4所示，可得

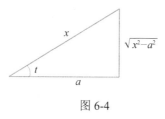

图 6-4

$$\sec t = \frac{x}{a}, \quad \tan t = \frac{\sqrt{x^2 - a^2}}{a}, \quad 故$$

$$\int \frac{1}{\sqrt{x^2 - a^2}} dx = \ln \left| \frac{x}{a} + \frac{\sqrt{x^2 - a^2}}{a} \right| + C_1 = \ln |x + \sqrt{x^2 - a^2}| + C, \quad 其中 C = C_1 - \ln a.$$

由上面三例可知，若被积函数含有根式 $\sqrt{a^2 - x^2}$ 或 $\sqrt{a^2 + x^2}$ 或 $\sqrt{x^2 - a^2}$，则可利用代换 $x = a\sin t$ 或 $x = a\tan t$ 或 $x = a\sec t$ 消去根式，这种代换称为三角代换.

【方法 6-1-7】利用不定积分的分部积分法求不定积分的方法

【方法实例 6-21】

求 $\int \ln x dx$.

解：令 $u = \ln x$，$v = x$，于是

$$\int \ln x dx = x \ln x - \int x d(\ln x) = x \ln x - \int x \cdot \frac{1}{x} dx = x \ln x - \int dx = x \ln x - x + C.$$

【方法实例 6-22】

求 $\int x e^x dx$.

解：令 $u = x$，$v = e^x$，于是

$$\int x e^x dx = \int x de^x = x e^x - \int e^x dx = x e^x - e^x + C.$$

【方法实例 6-23】

求 $\int x \cos x dx$.

解：令 $u = x$，$v = \cos x$，于是

$$\int x \cos x dx = \int x d\sin x = x \sin x - \int \sin x dx = x \sin x + \cos x + C.$$

【方法实例 6-24】

求 $\int x^2 e^x dx$.

解：第 1 次令 $u = x^2$，$v = e^x$，于是

$$\int x^2 e^x dx = \int x^2 de^x = x^2 e^x - \int e^x dx^2.$$

第 2 次令 $u = x$，$v = e^x$，于是

$$x^2 e^x - \int e^x d x^2 = x^2 e^x - 2\int x e^x dx = x^2 e^x - 2\int x de^x = x^2 e^x - 2x e^x + 2\int e^x dx$$

$$= x^2 e^x - 2x e^x + 2e^x + C = e^x(x^2 - 2x + 2) + C.$$

【方法实例 6-25】

求 $\int x \ln x dx$.

解：令 $u = \ln x$，$v = x^2$，于是

$$\int x\ln x\mathrm{d}x = \frac{1}{2}\int \ln x\mathrm{d}x^2 = \frac{1}{2}x^2\ln x - \frac{1}{2}\int x^2\cdot\frac{1}{x}\mathrm{d}x$$

$$= \frac{1}{2}x^2\ln x - \frac{1}{2}\int x\mathrm{d}x = \frac{1}{2}x^2\ln x - \frac{1}{4}x^2 + C.$$

【方法实例 6-26】

求 $\int \mathrm{e}^{\sqrt{x}}\mathrm{d}x$.

解：令 $x=t^2$，则 dx=2tdt，于是

$$\int \mathrm{e}^{\sqrt{x}}\mathrm{d}x = 2\int t\mathrm{e}^t\mathrm{d}t = 2\mathrm{e}^t(t-1) + C = 2\mathrm{e}^{\sqrt{x}}(\sqrt{x}-1) + C.$$

【方法 6-2】求简单有理函数不定积分的方法

【方法实例 6-27】

求 $\int \dfrac{1}{x(x-1)^2}\mathrm{d}x$.

解：求真分式的不定积分时，如果分母可因式分解，则先因式分解，然后化成部分分式再积分.

由于 $\dfrac{1}{x(x-1)^2} = \dfrac{1-x+x}{x(x-1)^2} = -\dfrac{1}{x(x-1)} + \dfrac{1}{(x-1)^2}$

$$= -\frac{1-x+x}{x(x-1)} + \frac{1}{(x-1)^2} = \frac{1}{x} - \frac{1}{x-1} + \frac{1}{(x-1)^2}, \quad 于是$$

$$\int \frac{1}{x(x-1)^2}\mathrm{d}x = \int\left[\frac{1}{x} - \frac{1}{x-1} + \frac{1}{(x-1)^2}\right]\mathrm{d}x$$

$$= \int\frac{1}{x}\mathrm{d}x - \int\frac{1}{x-1}\mathrm{d}x + \int\frac{1}{(x-1)^2}\mathrm{d}x$$

$$= \ln|x| - \ln|x-1| - \frac{1}{x-1} + C.$$

【方法实例 6-28】

求 $\int \dfrac{x+3}{x^2-5x+6}\mathrm{d}x$.

解：$\dfrac{x+3}{(x-2)(x-3)} = \dfrac{A}{x-3} + \dfrac{B}{x-2} = \dfrac{(A+B)x+(-2A-3B)}{(x-2)(x-3)}$,

即 $A+B=1$，$-3A-2B=3$，$A=6$，$B=-5$，于是

$$\int\frac{x+3}{x^2-5x+6}\mathrm{d}x = \int\frac{x+3}{(x-2)(x-3)}\mathrm{d}x = \int\left(\frac{6}{x-3} - \frac{5}{x-2}\right)\mathrm{d}x$$

$$= \int\frac{6}{x-3}\mathrm{d}x - \int\frac{5}{x-2}\mathrm{d}x$$

$$= 6\ln|x-3| - 5\ln|x-2| + C.$$

【方法实例6-29】

求 $\displaystyle\int \frac{3x+1}{x^2-3x+2}dx$.

解：由于 $\displaystyle\frac{3x+1}{x^2-3x+2}=\frac{7(x-1)-4(x-2)}{(x-2)(x-1)}=\frac{7}{x-2}-\frac{4}{x-1}$ ，于是

$$\int \frac{3x+1}{x^2-3x+2}dx=\int \frac{7(x-1)-4(x-2)}{(x-2)(x-1)}dx=\int\left(\frac{7}{x-2}-\frac{4}{x-1}\right)dx$$

$$=7\int \frac{1}{x-2}dx-4\int \frac{1}{x-1}dx=7\ln|x-2|-4\ln|x-1|+C .$$

【方法实例6-30】

求 $\displaystyle\int \frac{x-2}{x^2+2x+3}dx$.

解：由于 $\displaystyle\frac{x-2}{x^2+2x+3}=\frac{\frac{1}{2}(2x+2)-3}{x^2+2x+3}=\frac{1}{2}\cdot\frac{2x+2}{x^2+2x+3}-3\cdot\frac{1}{x^2+2x+3}$ ，于是

$$\int \frac{x-2}{x^2+2x+3}dx=\int\left(\frac{1}{2}\frac{2x+2}{x^2+2x+3}-3\frac{1}{x^2+2x+3}\right)dx$$

$$=\frac{1}{2}\int \frac{2x+2}{x^2+2x+3}dx-3\int \frac{1}{x^2+2x+3}dx$$

$$=\frac{1}{2}\int \frac{d(x^2+2x+3)}{x^2+2x+3}-3\int \frac{d(x+1)}{(x+1)^2+(\sqrt{2})^2}$$

$$=\frac{1}{2}\ln(x^2+2x+3)-\frac{3}{\sqrt{2}}\arctan\frac{x+1}{\sqrt{2}}+C .$$

【方法6-3】求简单无理函数不定积分的方法

【方法实例6-31】

求 $\displaystyle\int \frac{dx}{1+\sqrt[3]{x+2}}$.

解：设 $\sqrt[3]{x+2}=u$ ，即 $x=u^3-2$ ，则

$$\int \frac{dx}{1+\sqrt[3]{x+2}}=\int \frac{1}{1+u}\cdot 3u^2 du=3\int \frac{u^2-1+1}{1+u}du$$

$$=3\int\left(u-1+\frac{1}{1+u}\right)du=3\left(\frac{u^2}{2}-u+\ln|1+u|\right)+C$$

$$=\frac{3}{2}\sqrt[3]{(x+2)^2}-3\sqrt[3]{x+2}+\ln|1+\sqrt[3]{x+2}|+C .$$

【方法实例6-32】

求 $\displaystyle\int \frac{1}{x}\sqrt{\frac{1+x}{x}}dx$.

解：设 $\sqrt{\dfrac{1+x}{x}}=t$ ，即 $x=\dfrac{1}{t^2-1}$ ，则

$$\int \frac{1}{x}\sqrt{\frac{1+x}{x}}\mathrm{d}x = \int (t^2-1)t \cdot \frac{-2t}{(t^2-1)^2}\mathrm{d}t$$

$$= -2\int \frac{t^2}{t^2-1}\mathrm{d}t = -2\int \left(1+\frac{1}{t^2-1}\right)\mathrm{d}t$$

$$= -2t - \ln\left|\frac{t-1}{t+1}\right| + C = -2\sqrt{\frac{1+x}{x}} - \ln\frac{\sqrt{1+x}-\sqrt{x}}{\sqrt{1+x}+\sqrt{x}} + C .$$

【方法 6-4】求被积函数中包含三角函数不定积分的方法

【方法实例 6-33】

求 $\displaystyle\int \frac{\mathrm{d}x}{2+\cos x}$.

解：做变换 $t=\tan\dfrac{x}{2}$ ，则有 $\mathrm{d}x=\dfrac{2}{1+t^2}\mathrm{d}t$ ， $\cos x=\dfrac{1-t^2}{1+t^2}$ ，

$$\int \frac{\mathrm{d}x}{2+\cos x} = \int \frac{\dfrac{2\mathrm{d}t}{1+t^2}}{2+\dfrac{1-t^2}{1+t^2}} = 2\int \frac{1}{3+t^2}\mathrm{d}t = \frac{2}{\sqrt{3}}\int \frac{1}{1+\left(\dfrac{t}{\sqrt{3}}\right)^2}\mathrm{d}\frac{t}{\sqrt{3}}$$

$$= \frac{2}{\sqrt{3}}\arctan\frac{t}{\sqrt{3}} + C = \frac{2}{\sqrt{3}}\arctan\left(\frac{1}{\sqrt{3}}\tan\frac{x}{2}\right) + C .$$

【方法实例 6-34】

求 $\displaystyle\int \frac{\sin^5 x}{\cos^4 x}\mathrm{d}x$.

解： $\displaystyle\int \frac{\sin^5 x}{\cos^4 x}\mathrm{d}x = -\int \frac{\sin^4 x}{\cos^4 x}\mathrm{d}\cos x = -\int \frac{(1-\cos^2 x)^2}{\cos^4 x}\mathrm{d}\cos x$

$$= -\int \left(1 - \frac{2}{\cos^2 x} + \frac{1}{\cos^4 x}\right)\mathrm{d}\cos x = -\cos x - \frac{2}{\cos x} + \frac{1}{3\cos^3 x} + C .$$

自主训练

本模块的自主训练题包括基本训练和提升训练两个层次，未标注*的为基本训练题，标注*的为提升训练题.

【训练实例 6-1】利用不定积分的基本公式求不定积分

（1） $\displaystyle\int x^2\sqrt{x}\,\mathrm{d}x$.

（2） $\displaystyle\int \frac{1-x}{\sqrt[3]{x}}\mathrm{d}x$.

（3） $\displaystyle\int \left(\frac{1}{x} + 2^x\mathrm{e}^x + \frac{1}{\cos^2 x}\right)\mathrm{d}x$.

（4） $\displaystyle\int \frac{x^2+\sqrt{x^3}+3}{\sqrt{x}}\mathrm{d}x$.

*（5）$\int \dfrac{-2}{\sqrt{1-x^2}}\mathrm{d}x$．

*（6）$\int \sec x(\sec x - \tan x)\mathrm{d}x$．

【训练实例6-2】被积函数进行恒等变形后，再利用不定积分的基本公式、基本运算法则求不定积分

（1）$\int \dfrac{x^2}{1+x^2}\mathrm{d}x$．

（2）$\int \dfrac{e^{2x}-1}{e^x+1}\mathrm{d}x$．

*（3）$\int \dfrac{6^x-2^x}{3^x}\mathrm{d}x$．

【训练实例6-3】对被积函数中的三角函数进行恒等变形后，再利用不定积分的基本公式、基本运算法则求不定积分

（1）$\int \dfrac{1}{\sin^2 x + \cos^2 x}\mathrm{d}x$．

（2）$\int \dfrac{\cos 2x}{\cos x - \sin x}\mathrm{d}x$．

*（3）$\int \dfrac{1}{1+\cos 2x}\mathrm{d}x$．

*（4）$\int \sin^2 \dfrac{x}{2}\mathrm{d}x$．

*（5）$\int (10^x + \cot^2 x)\mathrm{d}x$．

【训练实例6-4】求曲线的方程

（1）曲线 $y=f(x)$ 在点 (x,y) 处的切线斜率为 $-x+2$，曲线过点（2，5），求此曲线的方程．

*（2）设物体以速度 $v=2\cos t$ 做直线运动，开始时质点的位移为 s_0，求质点的运动方程．

【训练实例6-5】直接应用第一类换元积分法求不定积分

（1）$\int \dfrac{1}{1-2x}\mathrm{d}x$．

（2）$\int \sqrt{2x-1}\mathrm{d}x$．

（3）$\int e^{3x+1}\mathrm{d}x$．

（4）$\int \dfrac{x}{\sqrt{1-x^2}}\mathrm{d}x$．

（5）$\int \dfrac{e^x}{1+e^x}\mathrm{d}x$．

（6）$\int \dfrac{\ln^2 x}{x}\mathrm{d}x$．

*（7）$\int \dfrac{x^2}{1+x^3}\mathrm{d}x$．

*（8）$\int \dfrac{e^{2x}}{1+e^{2x}}\mathrm{d}x$．

*（9）$\int \sin \dfrac{5x}{3}\mathrm{d}x$．

*（10）$\int \cos(1-2x)\mathrm{d}x$．

*（11）$\int \dfrac{1}{\cos^2 7x}\mathrm{d}x$．

*（12）$\int \dfrac{(\arctan x)^2}{1+x^2}\mathrm{d}x$．

【训练实例6-6】对被积函数中的三角函数进行恒等变形后，再应用第一类换元积分法求不定积分

（1）$\int \sin^3 x\mathrm{d}x$．

*（2）$\int \sec^6 x\mathrm{d}x$．

*（3）$\int \sin^2 x\cos^5 x\mathrm{d}x$．

【训练实例6-7】利用根式代换求不定积分

$\int \dfrac{x+1}{\sqrt[3]{3x+1}}\mathrm{d}x$．　　【提示】令 $3x+1=t^3$

【训练实例6-8】利用三角代换求不定积分

（1）$\int \dfrac{x^2}{\sqrt{4-x^2}}\mathrm{d}x$．　　【提示】令 $x=2\sin \theta$

*（2） $\int \dfrac{\sqrt{x^2-2}}{x}\mathrm{d}x$.　　　　【提示】令 $x=\sqrt{2}\sec\theta$

【训练实例6-9】利用根式代换与被积函数恒等变形相结合求不定积分

（1） $\int \dfrac{\sqrt{x-1}}{x}\mathrm{d}x$.　　　　【提示】令 $x-1=t^2$

*（2） $\int \dfrac{1}{\sqrt{2x-3}+1}\mathrm{d}x$.　　　　【提示】令 $2x-3=t^2$

*（3） $\int \dfrac{1}{\sqrt{x}+\sqrt[3]{x}}\mathrm{d}x$　　　　【提示】令 $x=t^6$ ， $t^3=t^3+1-1=(t+1)(t^2-t+1)-1$

【训练实例6-10】应用一次分部积分法求函数的积分

（1） $\int x\ln x\mathrm{d}x$.　　　　【提示】令 $u=\ln x$ ， $v=\dfrac{1}{2}x^2$

（2） $\int x\cos x\mathrm{d}x$.　　　　【提示】令 $u=x$ ， $v=\sin x$

（3） $\int x\mathrm{e}^{-x}\mathrm{d}x$.　　　　【提示】令 $u=x$ ， $v=-\mathrm{e}^{-x}$

*（4） $\int \dfrac{\ln x}{x^2}\mathrm{d}x$.　　　　【提示】令 $u=\ln x$ ， $v=-\dfrac{1}{x}$

*（5） $\int x\ln(x-1)\mathrm{d}x$.　　　　【提示】令 $u=\ln(x-1)$ ， $v=\dfrac{1}{2}x^2$

【训练实例6-11】应用两次分部积分法求函数的积分

（1） $\int x^2\mathrm{e}^x\mathrm{d}x$.　　　　【提示】第一次分部积分令 $u=x^2$ ， $v=\mathrm{e}^x$

*（2） $\int \mathrm{e}^{-x}\cos x\mathrm{d}x$.　　　　【提示】第一次分部积分令 $u=\cos x$ ， $v=-\mathrm{e}^{-x}$

【训练实例6-12】对被积函数中的三角函数进行恒等变形后，再利用分部积分法求函数的积分

$\int x\sin x\cos x\mathrm{d}x$.　　　　【提示】 $x\sin x\cos x=\dfrac{1}{2}x\sin 2x$ ，令 $u=x$ ， $v=-\dfrac{1}{2}\cos 2x$

【训练实例6-13】求简单有理函数不定积分

（1） $\int \dfrac{1}{x^2+5x+6}\mathrm{d}x$.　　　　【提示】 $\dfrac{1}{x^2+5x+6}=\dfrac{(x+3)-(x+2)}{(x+3)(x+2)}$

（2） $\int \dfrac{10-x}{x^2-5x+6}\mathrm{d}x$.　　　　【提示】 $\dfrac{10-x}{x^2-5x+6}=\dfrac{7}{x-3}-\dfrac{8}{x-2}$

（3） $\int \dfrac{5x-3}{x^2-6x-7}\mathrm{d}x$.　　　　【提示】 $\dfrac{5x-3}{x^2-6x-7}=\dfrac{4}{x-7}+\dfrac{1}{x+1}$

*（4） $\int \dfrac{2x}{(x+1)^2(x-1)}\mathrm{d}x$.　　　　【提示】 $\dfrac{2x}{(x+1)^2(x-1)}=\dfrac{-\dfrac{1}{2}}{x+1}+\dfrac{1}{(x+1)^2}+\dfrac{\dfrac{1}{2}}{x-1}$

*（5） $\int \dfrac{2x+3}{x^2+2x+2}\mathrm{d}x$.　　　　【提示】 $\dfrac{2x+3}{x^2+2x+2}=\dfrac{2x+2}{x^2+2x+2}+\dfrac{1}{1+(1+x)^2}$

应用求解

【日常应用】

【应用实例 6-1】求自由落体运动的速度方程和运动方程

【实例描述】

一物体在地球引力的作用下开始做自由落体运动，重力加速度为 g.

（1）试求自由落体运行的速度方程和运动方程.

（2）如果一只球从一幢楼的楼顶掉下，8 秒落地，求这幢楼的高度.

【实例求解】

（1）物体只受地球引力的作用，由加速度与速度的关系，有

$$a=\frac{\mathrm{d}v}{\mathrm{d}t}=g，\text{且}\ t=0\ \text{时}，v=0，$$

积分后得 $v=\int g\mathrm{d}t=gt+C.$

将 $v(0)=0$ 代入上式，得 $C=0$，所以做自由落体运动的速度方程为

$$v=gt.$$

又由 $v=\frac{\mathrm{d}s}{\mathrm{d}t}=gt$，积分得 $s=\int gt\mathrm{d}t=\frac{1}{2}gt^2+C.$

将 $s(0)=0$ 代入上式，得 $C=0$，所以自由落体运动的运动方程为

$$s=\frac{1}{2}gt^2.$$

（2）因球做的是自由落体运动，所以它满足运动方程 $s=\frac{1}{2}gt^2$，将时间 $t=8$ 代入上式，

可得楼顶距地面的高度 h 为 $h=\frac{1}{2}g\cdot 8^2=32g.$

如果重力加速度取 $g=9.8\mathrm{m/s}^2$，则可得这幢楼的高度为 $h=313.6$（m）.

【经济应用】

【应用实例 6-2】根据产品的边际成本求总成本与产量的函数关系

【实例描述】

某公司生产一种电器产品，已知每月生产产品的边际成本是 $C'(Q)=2+\dfrac{7}{\sqrt[3]{Q^2}}$，且固定

成本为 5000 元，求总成本 C 与月产量 Q 的函数关系.

【实例求解】

因为 $C'(Q)=2+\dfrac{7}{\sqrt[3]{Q^2}}$，所以 $C(Q)=\displaystyle\int\left(2+\dfrac{7}{\sqrt[3]{Q^2}}\right)\mathrm{d}Q=2Q+7\cdot\dfrac{1}{-\dfrac{2}{3}+1}Q^{\frac{1}{3}}=2Q+21\sqrt[3]{Q}+C_1$

（C_1 为任意常数）．

又因为 $Q=0$ 时，$C=5000$，所以 $C_1=5000$，从而有
$$C=5000+2Q+21\sqrt[3]{Q}.$$

【电类应用】

【应用实例 6-3】求电路中电流关于时间的函数

【实例描述】

已知一电路中电流关于时间的变化率为 $\dfrac{\mathrm{d}i}{\mathrm{d}t}=4t-0.6t^2$，若 $t=0$ 时，$i=2\mathrm{A}$，求电流关于时间的函数．

【实例求解】

因为 $\dfrac{\mathrm{d}i}{\mathrm{d}t}=4t-0.6t^2$，所以 $i=\displaystyle\int(4t-0.6t^2)\mathrm{d}t=2t^2-0.2t^3+C$．

又因为 $t=0$ 时，$i=2$，于是 $C=2$，所以电流关于时间的函数为
$$i=2t^2-0.2t^3+2.$$

【应用实例 6-4】求电路中电容上的电量关于时间的函数

【实例描述】

图 6-5 所示的 RC 串联电路中，设任意时刻 t 的电流 $i=\dfrac{4}{5}\mathrm{e}^{-t}+\dfrac{16}{5}\cos 2t-\dfrac{8}{5}\sin 2t$，求电容 C 上的电量 $q=q(t)$ 满足的函数式（假设电容没有初始电量）．

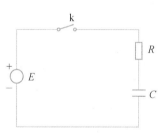

图 6-5　RC 串联电路

【实例求解】

因为 $i=\dfrac{4}{5}\mathrm{e}^{-t}+\dfrac{16}{5}\cos 2t-\dfrac{8}{5}\sin 2t$，

所以 $q=\displaystyle\int\left(\dfrac{4}{5}\mathrm{e}^{-t}+\dfrac{16}{5}\cos 2t-\dfrac{8}{5}\sin 2t\right)\mathrm{d}t$

$=-\dfrac{4}{5}\mathrm{e}^{-t}+\dfrac{8}{5}\cos 2t+\dfrac{4}{5}\sin 2t+C$．

根据题意可知，$t=0$ 时，$q=0$，于是

$$-\frac{4}{5}e^0+\frac{8}{5}\cos 0+\frac{4}{5}\sin 0+C=0,$$

$$C=\frac{4}{5}-\frac{8}{5}=-\frac{4}{5}.$$

所以，电容 C 上的电量 $q=q(t)$ 满足的函数式为

$$q=\frac{4}{5}e^{-t}+\frac{8}{5}\cos 2t+\frac{4}{5}\sin 2t-\frac{4}{5}.$$

【机类应用】

【应用实例 6-5】求曲柄连杆机构中滑块的运动方程

【实例描述】

图 6-6　曲柄连杆机构

建筑机械中经常采用曲柄连杆机构，把圆周运动转化为直线运动，坐标系如图 6-6 所示．若滑块的运动速度 $\dfrac{ds}{dt}=$

$$\frac{-2r^2\sin\omega t\cdot\cos\omega t\cdot\omega}{2\sqrt{l^2-r^2\sin^2\omega t}}-r\omega\sin\omega t，其中 l，r，\omega 都是常数，$$

图 6-6 中 $AB=r$，$BC=l$，$AC=s$，$\angle CAB=\omega t$，求滑块的运动方程．

【实例求解】

$$s=\int\left(\frac{-2r^2\sin\omega t\cdot\cos\omega t\cdot\omega}{2\sqrt{l^2-r^2\sin^2\omega t}}-r\omega\sin\omega t\right)dt$$

$$=\int\left(\frac{-2r^2\sin\omega t\cdot\cos\omega t\cdot\omega}{2\sqrt{l^2-r^2\sin^2\omega t}}\right)dt-\int(r\omega\sin\omega t)\,dt$$

$$=\int\frac{-2r^2\sin\omega t}{2\sqrt{l^2-r^2\sin^2\omega t}}d\sin\omega t-r\int\sin\omega t d\omega t$$

$$=\int\frac{1}{2\sqrt{l^2-r^2\sin^2\omega t}}d(-r^2\sin^2\omega t)+r\cos\omega t$$

$$=\int\frac{(l^2-r^2\sin^2\omega t)^{-\frac{1}{2}}}{2}d(l^2-r^2\sin^2\omega t)+r\cos\omega t$$

$$=\sqrt{l^2-r^2\sin^2\omega t}+r\cos\omega t+C.$$

又因为 $s(0)=l+r$，所以 $C=0$，于是运动方程为

$$s=\sqrt{l^2-r^2\sin^2\omega t}+r\cos\omega t.$$

应用拓展

【应用实例 6-6】求列车进站时制动减速的距离

【应用实例 6-7】求结冰厚度 y 关于时间 t 的函数

【应用实例 6-8】求物体做直线运动的运动规律

【应用实例 6-9】根据切线斜率求曲线方程

【应用实例 6-10】求天然气井的总产量函数

【应用实例 6-11】求生产产品的总成本函数

【应用实例 6-12】根据电场中质子运动的加速度求其运动速度

【应用实例 6-13】求摆线运动的推程运动方程

扫描二维码，浏览电子活页 6-3，完成本模块拓展应用题的求解.

电子活页 6-3

模块小结

1. 基本知识

（1）原函数

若 $F'(x) = f(x)$ （或 $\mathrm{d}F(x) = f(x)\mathrm{d}x$ ），则称 $F(x)$ 为 $f(x)$ 在区间 D 上的一个原函数.

（2）不定积分

$f(x)$ 的全体原函数 $F(x) + C$ （ C 为任意常数）称为 $f(x)$ 在 D 内的不定积分，即

$$\int f(x)\mathrm{d}x = F(x) + C .$$

（3）不定积分的性质

微分运算和积分运算互为逆运算.

① $\left[\int f(x)\mathrm{d}x\right]' = f(x)$　　或　　$\mathrm{d}\left[\int f(x)\mathrm{d}x\right] = f(x)\mathrm{d}x$.

② $\int F'(x)\mathrm{d}x = F(x) + C$　　或　　$\int \mathrm{d}F(x) = F(x) + C$.

（4）不定积分的运算法则

① 积分的基本公式：积分的 15 个基本公式如表 6-1 所示.

② 和差积分法则： $\int [f(x) \pm g(x)]\mathrm{d}x = \int f(x)\mathrm{d}x \pm \int g(x)\mathrm{d}x$.

③ 常数提取法则： $\int kf(x)\mathrm{d}x = k\int f(x)\mathrm{d}x$.

2. 基本方法

不定积分是微积分学中的一个重要概念，求解不定积分需要掌握一些常用的方法如图 6-7 所示.

以下是一些重点掌握的常用方法.

（1）直接积分法

直接运用不定积分的性质和公式进行积分.

（2）分项积分法

当被积函数是几个函数的和、差时，可以将每个部分分别积分，然后求和或求差. 例如，对于 $\int [f(x) + g(x) - h(x)]\mathrm{d}x$ ，可以分别计算 $\int f(x)\mathrm{d}x$ ， $\int g(x)\mathrm{d}x$ 和 $\int h(x)\mathrm{d}x$ ，然后相加或相减.

（3）换元积分法

换元法是求解不定积分的重要方法. 根据被积函数的特点，通过选择一个合适的变量替换，可以将复杂的被积函数转化为更简单的形式. 常用的换元方法包括：

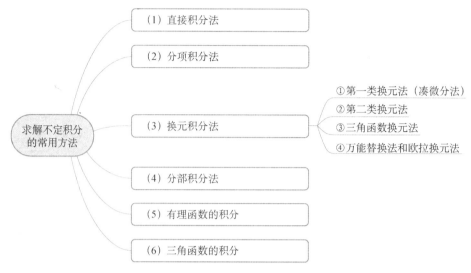

图 6-7　求解不定积分常用方法的思维导图

① 第一类换元法（凑微分法）.

通过凑微分，将被积函数转化为某个函数的导数形式，从而简化积分.

$$\int g(x)\mathrm{d}x \xlongequal{\text{变换积分}} \int f[\phi(x)]\phi'(x)\mathrm{d}x \xlongequal{\text{凑微分}} \int f[\phi(x)]\mathrm{d}\phi(x) \xlongequal{\text{令} u = \phi(x)} \int f(u)\mathrm{d}u$$

$$\xlongequal{\text{由基本公式求积分}} F(u) + C \xlongequal{\text{回代} u = \phi(x)} F(\phi(x)) + C.$$

② 第二类换元法.

通过改变自变量，将被积函数转化为新的形式，以便进行积分.

$$\int f(x)\mathrm{d}x \xlongequal{x = \varphi(t)} \int f[\varphi(t)]\varphi(t)\mathrm{d}t = F(t) + C \xlongequal{t = \varphi^{-1}(x)} F[\varphi^{-1}(X)] + C.$$

③ 三角函数换元法.

当被积函数中出现三角函数时，可以考虑使用三角换元法.

④ 万能替换法和欧拉换元法.

这些也是解决特定类型问题的有效换元方法.

（4）分部积分法

分部积分法是求解不定积分的另一种重要方法，它适用于被积函数是两个函数乘积的情况. 选择一个函数进行求导，另一个函数进行积分，可以将复杂的积分问题转化为两个较简单的积分问题.

$$\int u\mathrm{d}v = uv - \int v\mathrm{d}u.$$

（5）有理函数的积分

有理函数指的是多项式除以多项式的形式. 对于有理函数的积分，通常可以将其分解为部分分式，然后分别进行积分. 分解的关键是根据多项式的次数进行合适的分子、分母的拆分.

（6）三角函数的积分

三角函数的积分是求解不定积分中常见的一类问题. 需要掌握三角函数之间的积分关系，例如，正弦函数、余弦函数、正切函数等的积分公式.

在某些情况下，可以利用倍角公式将被积函数转化为更简单的形式，从而简化积分过程.

以上方法并不是孤立的，可以根据具体问题的特点灵活选择和应用. 同时，在求解不定积分时，还须要注意积分常数的处理. 通过不断练习和实践，可以逐渐掌握这些常用方法，并灵活运用它们来解决实际问题.

 模块考核

扫描二维码，浏览电子活页 6-4，完成本模块的在线考核.

扫描二维码，浏览电子活页 6-5，查看本模块考核试题的答案.

电子活页 6-4

电子活页 6-5

模块 7　定积分及其应用

定积分和不定积分是积分学中的两大基本问题．求不定积分是求导数的逆运算，定积分则是某种特殊和式的极限，它们之间既有区别又有联系．定积分是在解决一系列实际问题的过程中逐渐形成的，是研究微小量的无限累加．微积分基本公式能把不定积分和定积分密切地联系起来．使用定积分的方法能解决科学技术中大量的计算问题．

 教学导航

教学目标	（1）掌握定积分的定义、几何意义和定积分存在定理 （2）掌握并会用定积分的基本性质和积分中值定理 （3）掌握并会求积分上限函数的导数，掌握微积分学的基本定理和牛顿—莱布尼茨公式 （4）会运用定积分的换元积分法、分部积分法求定积分 （5）掌握微元法，熟悉应用定积分求简单平面图形的面积、旋转立体的体积，会应用定积分求解经济问题、电类问题及变力做功问题
教学重点	（1）定积分的概念和性质、牛顿—莱布尼茨公式 （2）微元法，求解平面图形的面积和旋转体的体积 （3）应用定积分求解经济问题、电类问题及变力做功等问题
教学难点	（1）积分上限函数的导数 （2）定积分与不定积分的联系 （3）求解旋转体的体积 （4）求解变力做功问题

价值引导

定积分蕴含着对立统一思想，揭示辩证唯物主义思想中量变与质变的哲学关系．我们要学会用发展的观点看待问题、解决问题，平时要做好量的积累，才能促进质的改变．

定积分的概念主要来源于两类科学问题：第一类是已知加速度函数求瞬时速度和路程，第二类是求曲线长、曲线围成的面积、曲面围成的体积、物体的重心及物体之间的引力等问题．这些问题的共性是涉及不恒定量的求解，可以用"化整为零，局部以直代曲，积零为整"的思路来解决，再复杂的事情都是由简单的事情组合起来的，这就是定积分的思想．应用积分思想，通过"微元法"，将大而复杂的问题化为小而简单的问题加以解决．我们要学会理性做事，让"化整为零、化曲为直"的数学思想融入到我们的生活实践中，培养勇于探索、精益求精的科学精神．

引例导入

【引导实例 7-1】计算曲边梯形的面积

【引例描述】

在平面图形中，曲边梯形是一种基本图形，设 $y=f(x)$ 为闭区间 $[a，b]$ 上的连续函数，且 $f(x) \geqslant 0$，由连续曲线 $y=f(x)$（$x \in [a，b]$）与直线 $x=a$，$x=b$ 及 x 轴所围成的平面图形，称为曲边梯形．其中 x 轴上的区间 $[a，b]$ 称为底边，对应的曲线弧线 $y=f(x)$（$x \in [a，b]$）称为曲边，如图 7-1 所示．

试采取"化整为零、积零为整"的方法来计算曲边梯形的面积 A．

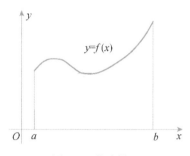

图 7-1　曲边梯形

【引例求解】

下面我们将采取"化整为零、积零为整"的方法来计算曲边梯形的面积 A．

我们知道，矩形的面积等于底乘高．$y=f(x)$ 随着 x 的变化而连续变化，因此它的面积就不可以直接按矩形面积计算．为此我们要寻找一个解决此问题的方法．我们观察曲边梯形可以发现，该曲边梯形的高 $y=f(x)$ 随着 x 在区间 $[a，b]$ 上的变化而连续变化，所以在非常小的子区间上，高 $f(x)$ 近似于不变．因此如果将区间 $[a，b]$ 分成若干个小区间，这样曲边梯形就被分成若干个小曲边梯形，每一个小曲边梯形就可以近似地看成小矩形，将所有这些小矩形面积相加，就可以作为曲边梯形面积的近似值．不难看出，小曲边梯形的底边越窄，这种近似值的精确度就越高，因此将区间无限细分下去，再运用极限的思想即可求出曲边梯形的面积．

计算曲边梯形面积可分为四个步骤：

（1）分割区间

将曲边梯形分成若干个小曲边梯形，在区间 $[a,b]$ 中任意取 $n-1$ 个分点，它们依次为 $a=x_0<x_1<x_2<\cdots<x_{i-1}<x_i<\cdots<x_{n-1}<x_n=b$，这些点把区间 $[a，b]$ 划分成 n 个小区间

$$[x_0，x_1]，[x_1，x_2]，\cdots，[x_{i-1}，x_i]，\cdots，[x_{n-1}，x_n]．$$

每一个小区间的长度依次为

$$\Delta x_1=x_1-x_0，\Delta x_2=x_2-x_1，\cdots，\Delta x_i=x_i-x_{i-1}，\cdots，\Delta x_n=x_n-x_{n-1}．$$

过各分点 x_i（$i=1，2，\cdots，n-1$）做平行于 y 轴的直线段，把曲边梯形分成 n 个小曲边

梯形，如图 7-2 所示，其中第 i 个小曲边梯形的面积记为

$$\Delta A_i (i = 1, 2, \cdots, n),$$

则有 $A = \Delta S_1 + \Delta S_2 + \cdots + \Delta S_i + \cdots + \Delta S_n$.

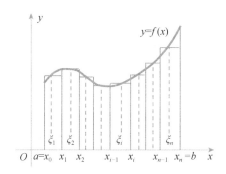

图 7-2 将曲边梯形分成 n 个小曲边梯形

（2）近似代替

使用小矩形面积近似代替小曲边梯形的面积.

当第 i 个小区间 $[x_{i-1}, x_i]$ 的长度 Δx_i 很小时，曲边梯形的高 $f(x)$ 在该区间内的变化很小，这时用该小区间上任一点 $\xi_i (x_{i-1} \leqslant \xi_i \leqslant x_i)$ 处的函数值 $f(\xi_i)$ 近似作为第 i 个小曲边梯形的高，即用以第 i 个小区间 $[x_{i-1}, x_i]$（长为 Δx_i）为底，$f(\xi_i)$ 为高的小矩形的面积来近似代替同一底 $[x_{i-1}, x_i]$ 上的第 i 个小曲边梯形的面积 ΔA_i，即

$$\Delta A_i \approx f(\xi_i)\Delta x_i (i = 1, 2, \cdots, n).$$

（3）求和

将 n 个小矩形面积相加，便得所求曲边梯形的面积 A 的近似值，

$$A \approx f(\xi_1)\Delta x_1 + f(\xi_2)\Delta x_2 + \cdots + f(\xi_i)\Delta x_i + \cdots + f(\xi_n)\Delta x_n,$$

即 $A = \sum_{i=1}^{n} \Delta A_i \approx \sum_{i=1}^{n} f(\xi_i)\Delta x_i$.

【注意】

上式右边的和式既依赖于对区间 $[a, b]$ 的分割，又与所有中间点 $\xi_i (i = 1, 2, \cdots, n)$ 的取法有关. 可以想象，当分点无限增多，且对 $[a, b]$ 无限细分时，如果此和式与某一常数无限接近，而且与分点 x_i 和中间点 ξ_i 的选取无关，就把此常数定义为曲边梯形的面积 A.

（4）计算极限

从直观上看，区间 $[a, b]$ 分点越多，即分割越细，$\sum_{i=1}^{n} f(\xi_i)\Delta x_i$ 就越接近于曲边梯形的面积 A. 因此，若用 $\lambda = \max_{1 \leqslant i \leqslant n}\{\Delta x_i\}$ 表示被分割的 n 个小区间中最大的小区间的长度，则当 $\lambda \to 0$ 时，和式 $\sum_{i=1}^{n} f(\xi_i)\Delta x_i$ 的极限就是 A，即

$$A = \lim_{\lambda \to 0} \sum_{i=1}^{n} f(\xi_i)\Delta x_i.$$

这样便可得到所求曲边梯形的面积.

可见，曲边梯形的面积是一个和式的极限.

【引导实例 7-2】求变速直线运动的路程

【引例描述】

设某物体做变速直线运动，已知速度 $v=v(t)$（$v(t) \geqslant 0$）是时间区间 $[a, b]$ 上的连续函数，求该物体在这段时间内所经过的路径 s.

【引例求解】

我们知道，物体做匀速直线运动时，有公式：路程=速度×时间.

变速直线运动的速度 $v(t)$ 是时间 t 的函数，不是常量，而是随时间 t 变化而变化的变量，因此所求路程不能直接按匀速直线运动的路程公式来计算.

由于 $v(t)$ 是时间 t 的连续函数，所以在很短的一段时间内速度的变化很小，近似于匀速，因此在这段时间内可以用匀速运动的路程公式计算出这部分路程的近似值. 时间间隔越小，得出的结果越准确. 由此，我们可以采用与求曲边梯形的面积类似的方法来计算路程 s. 具体计算步骤如下：

（1）分割区间

在时间区间 $[a, b]$ 中任意插入若个分点，把时间区间 $[a, b]$ 分成 n 个小时间段

$$[t_0, \ t_1], [t_1, \ t_2], \cdots, [t_{i-1}, \ t_i], \cdots, [t_{n-1}, \ t_n],$$

其中第 i 个小时间段 $[t_{i-1}, \ t_i]$ 的长度记为 $\Delta t_i = t_i - t_{i-1}$（$i=1, 2, \cdots, n$），并将物体在第 i 个小时间段 $[t_{i-1}, \ t_i]$ 内走过的路程记为 Δs_i（$i=1, 2, \cdots, n$），则有

$$s = \Delta s_1 + \Delta s_2 + \cdots + \Delta s_i + \cdots + \Delta s_n.$$

（2）近似代替

在第 i 个小时间段 $[t_{i-1}, \ t_i]$ 上，任取一个时刻 ξ_i，用这个时刻 ξ_i 的速度 $v(\xi_i)$ 近似代替在第 i 个小时间段 $[t_{i-1}, \ t_i]$ 上各时刻的速度，便可得到第 i 个小时间段 $[t_{i-1}, \ t_i]$ 上的路程 Δs_i 的近似值为 $\Delta s_i \approx v(\xi_i) \Delta t_i$（$i = 1, 2, \cdots, n$）.

（3）求和

将 n 段小时间段上的路程 s_i 的近似值 $v(\xi_i) \Delta t_i$ 相加，便得物体在时间区间 $[a, b]$ 上所经过的路程 s 的近似值.

所求路程 s 的近似值为

$$s \approx v(\xi_1) \Delta t_1 + v(\xi_2) \Delta t_2 + \cdots + v(\xi_i) \Delta t_i + \cdots + v(\xi_n) \Delta t_n,$$

即 $s \approx \sum_{i=1}^{n} v(\xi_i) \Delta t_i$.

（4）求极限

若用 $\lambda = \max\limits_{1 \leqslant i \leqslant n} \{\Delta t_i\}$ 表示被分割的 n 段小时间段中最长的小段时间长，则当 $\lambda \to 0$ 时，和式 $\sum\limits_{i=1}^{n} v(\xi_i) \Delta t_i$ 的极限就是 s，即 $s = \lim\limits_{\lambda \to 0} \sum\limits_{i=1}^{n} v(\xi_i) \Delta t_i$.

可见，变速直线运动的路程也是一个和式的极限.

【引导实例7-3】计算变力所做的功

【引例描述】

设质点受力 F 的作用沿 x 轴由点 a 移动到点 b，并设 F 处处平行于 x 轴．如果 F 为常力，则它对质点所做的功为 $W=F(b-a)$．现已知 F 为变力，它连续依赖于质点所在位置的坐标 x，即 $F=F(x)$，$x\in[a,b]$ 为一连续函数，计算变力 F 对质点所做的功 W．

【引例求解】

（1）分割区间

由于 $F(x)$ 为一连续函数，故在很小的一段位移区间上 $F(x)$ 可以近似地看作一常量．类似于求曲边梯形面积那样，把 $[a,b]$ 细分为 n 个小区间 $[x_{i-1},x_i]$，$\Delta x_i=x_i-x_{i-1}(i=1,2,\cdots,n)$．

（2）近似代替

在每个小区间上任取一点 ξ_i，就有 $F(x)\approx F(\xi_i)$，$x\in[x_{i-1},x_i](i=1,2,\cdots,n)$，于是，质点从 x_{i-1} 位移到 x_i 时，力 F 所做的功就近似等于 $\Delta W_i\approx F(\xi_i)\Delta x_i(i=1,2,\cdots,n)$．

（3）求和

将 n 段位移区间上所做的功 W_i 的近似值 $F(\xi_i)\Delta x_i$ 相加，便得变力在时间区间 $[a,b]$ 上所做功 W 的近似值．

变力所做的功 W 的近似值为 $W\approx\sum\limits_{i=1}^{n}F(\xi_i)\Delta x_i$．

（4）求极限

同样地，对 $[a,b]$ 做无限细分时，上式右边的和式与某一常数无限接近，则把此常数定义为变力所做的功 W．

若用 $\lambda=\max\limits_{1\leqslant i\leqslant n}\{\Delta x_i\}$ 表示被分割的 n 段小位移区间中最长的小段位移区间长，则当 $\lambda\to0$ 时，和式 $\sum\limits_{i=1}^{n}F(\xi_i)\Delta x_i$ 的极限就是 W，即 $W=\lim\limits_{\lambda\to0}\sum\limits_{i=1}^{n}F(\xi_i)\Delta x_i$．

可见，变力所做的功也是一个和式的极限．

 概念认知

【概念7-1】定积分

以上所分析的三个引例，第一个是计算曲边梯形面积的几何问题，第二个是求变速直线运动路径的物理问题，第三个是计算变力做功的力学问题，这些问题计算的量虽然具有不同的实际意义，但是它们的解决方法都是"分割区间、近似代替、求和、求极限"，最终都归结为一个特定形式的和式极限，即 $\lim\limits_{\lambda\to0}\sum\limits_{i=1}^{n}f(\xi_i)\Delta x_i$．科学技术中还有许多类似的实际问题也归结为这类和式的极限，这就是定积分概念产生的背景，由此可抽象定积分的定义．

抛开这些问题的具体意义，抓住它们在数量关系上共同的本质与特性加以概括，我们就可以抽象出下述定积分定义.

【定义 7-1】定积分

设函数 $y=f(x)$ 在闭区间 $[a, b]$ 上有界，在 $[a, b]$ 中任意插入 $n-1$ 个分点

$$a = x_0 < x_1 < x_2 < \cdots < x_{i-1} < x_i < \cdots < x_{n-1} < x_n = b.$$

把区间 $[a, b]$ 分成 n 个小区间

$$[x_0, x_1], [x_1, x_2], \cdots, [x_{i-1}, x_i], \cdots, [x_{n-1}, x_n].$$

各个小区间的长度依次为

$$\Delta x_1 = x_1 - x_0, \ \Delta x_2 = x_2 - x_1, \cdots, \ \Delta x_i = x_i - x_{i-1}, \cdots, \ \Delta x_n = x_n - x_{n-1}.$$

在每个小区间 $[x_{i-1}, x_i]$ 上任取一点 $\xi_i (x_{i-1} \leqslant \xi_i \leqslant x_i)$，作函数值 $f(\xi_i)$ 与小区间长度 Δx_i 的乘积 $f(\xi_i) \Delta x_i (i = 1, 2, \cdots, n)$，并求和

$$\sum_{i=1}^{n} f(\xi_i) \Delta x_i.$$

记 $\lambda = \max\{\Delta x_1, \Delta x_2, \cdots, \Delta x_n\} = \max_{1 \leqslant i \leqslant n}\{\Delta x_i\}$，如果当 $\lambda \to 0$ 时，和式 $\sum_{i=1}^{n} f(\xi_i) \Delta x_i$ 的极限存在，且其值与 $[a, b]$ 的分法及点 ξ_i 在小区间 $[x_{i-1}, x_i]$ 的选取无关，那么我们称这个极限为函数 $y=f(x)$ 在区间 $[a, b]$ 上的定积分，记为 $\int_a^b f(x)\mathrm{d}x$，即

$$\int_a^b f(x)\mathrm{d}x = \lim_{\lambda \to 0} \sum_{i=1}^{n} f(\xi_i) \Delta x_i. \tag{7-1}$$

其中 $f(x)$ 叫作被积函数，$f(x)\mathrm{d}x$ 叫作被积表达式，x 叫作积分变量，a，b 分别叫作积分下限与积分上限，$[a, b]$ 叫作积分区间.

如果定积分 $\int_a^b f(x)\mathrm{d}x$ 存在，则称 $f(x)$ 在 $[a, b]$ 上可积.

利用定积分的定义，前面所讨论的三个实际问题可以分别表述如下：

（1）曲边梯形的面积 A 等于其曲边函数 $y=f(x)$ 在其底边所在的区间 $[a, b]$ 上的定积分：

$$A = \int_a^b f(x)\mathrm{d}x$$

（2）变速直线运动的物体所经过的路程 s 等于其速度函数 $v = v(t)$ 在时间区间 $[a, b]$ 上的定积分：

$$s = \int_a^b v(t)\mathrm{d}t$$

（3）在连续变力 $F(x)$ 的作用下，质点从 a 位移到 b 所做的功为

$$W = \int_a^b F(x)\mathrm{d}x$$

关于定积分的定义，有以下几点说明：

① 定积分 $\int_a^b f(x)\mathrm{d}x$ 表示的是一个和式 $\sum_{i=1}^{n} f(\xi_i) \Delta x_i$ 的极限，是一个确定的数值，这个数值只与被积函数 $f(x)$ 及积分区间 $[a, b]$ 有关，而与积分变量所用的字母无关. 如果不改变被积函数和积分区间，而只把积分变量 x 换成其他字母，例如，t 或 u，那么，定积分的值

不变，即 $\int_a^b f(x)\mathrm{d}x = \int_a^b f(t)\mathrm{d}t = \int_a^b f(u)\mathrm{d}u$. 换言之，定积分中积分变量符号的更换不影响定积分的值.

② 定积分的定义中强调了区间分法和 ξ_i 的取法是任意的.

③ 上述定积分的定义中要求 $a<b$，为了今后运算方便，我们给出以下的补充规定：

当 $a=b$ 时，规定 $\int_a^a f(x)\mathrm{d}x = 0$；

当 $a>b$ 时，规定 $\int_a^b f(x)\mathrm{d}x = -\int_b^a f(x)\mathrm{d}x$.

④ 初等函数在其定义区间内都是可积的.

【验证实例 7-1】

求在区间 $[0, 1]$ 上，以抛物线 $y = x^2$ 为曲边的曲边三角形的面积.

解：因 $y = x^2$ 在 $[0, 1]$ 上连续，故所求面积为

$$S = \int_0^1 x^2 \mathrm{d}x = \lim_{\lambda \to 0} \sum_{i=1}^n \xi_i^2 \Delta x_i.$$

为求得此极限，在定积分存在的前提下，允许选择某种特殊的分割 T 和特殊的点集 $\{\xi_i\}$. 在此只须取等分分割：$T = \left\{ 0, \dfrac{1}{n}, \dfrac{2}{n}, \cdots, \dfrac{n-1}{n}, 1 \right\}$，即取 $\xi_i = x_i = \dfrac{i-1}{n}$（$i = 1, 2, \cdots, n$），$\lambda = \dfrac{1}{n}$；并取 $\xi_i = \dfrac{i-1}{n} \in \left[\dfrac{i-1}{n}, \dfrac{i}{n} \right]$（$i = 1, 2, \cdots, n$），则有

$$S = \lim_{n \to \infty} \sum_{i=1}^n \left(\frac{i-1}{n} \right)^2 \cdot \frac{1}{n} = \lim_{n \to \infty} \frac{1}{n^3} \sum_{i=1}^n (i-1)^2 = \lim_{n \to \infty} \frac{n(n-1)(2n-1)}{6n^3}$$

$$= \lim_{n \to \infty} \frac{1}{6} \left(1 - \frac{1}{n} \right) \left(2 - \frac{1}{n} \right) = \frac{1}{3}.$$

【概念 7-2】无穷区间广义积分

一般地，对于积分区间是无穷区间的积分，给出以下定义.

【定义 7-2】函数 $f(x)$ 在无穷区间的广义积分

设函数 $f(x)$ 在区间 $[a, +\infty)$ 上连续，取实数 $b>a$，如果极限 $\lim\limits_{b \to +\infty} \int_a^b f(x)\mathrm{d}x$ 存在，那么称此极限为函数 $f(x)$ 在无穷区间 $[a, +\infty)$ 上的广义积分，记作 $\int_a^{+\infty} f(x)\mathrm{d}x$.

知识疏理

【知识 7-1】定积分的几何意义

我们已经知道，在区间 $[a, b]$ 上，当 $f(x) \geqslant 0$ 时，定积分 $\int_a^b f(x)\mathrm{d}x$ 表示由连续曲线 $y = f(x)$ 与直线 $x = a$，$x = b$ 及 x 轴所围成的曲边梯形的面积.

而在$[a, b]$上，当$f(x) \leqslant 0$时，如图 7-3 所示，由于曲边梯形位于 x 轴的下方，$f(\xi_i) < 0$，但$\Delta x_i > 0$，因此和式$\sum\limits_{i=1}^{n} f(\xi_i)\Delta x_i$ 的值为负值，从而定积分

$$\int_a^b f(x)\mathrm{d}x = \lim_{|\Delta x_i| \to 0} \sum_{i=1}^{n} f(\xi_i)\Delta x_i,$$

也是一个负数，故此时曲边梯形的面积为

$$S = -\int_a^b f(x)\mathrm{d}x \quad 或 \quad \int_a^b f(x)\mathrm{d}x = -S.$$

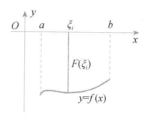

图 7-3　位于 x 轴下方的曲边梯形

若$f(x)$在$[a, b]$上既取得正值又取得负值，如图 7-4 所示，则曲线 $f(x)$ 与直线 $x = a$，$x=b$ 及 x 轴所围成的图形是由三个曲边梯形组成的，那么由定积分的定义可得

$$\int_a^b f(x)\mathrm{d}x = S_1 - S_2 + S_3.$$

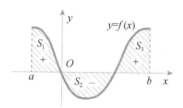

图 7-4　位于 x 轴两边的曲边梯形

由上面的分析我们可以得到如下结果.

定积分$\int_a^b f(x)\mathrm{d}x$ 的几何意义为：

对于$[a, b]$上的连续函数 $f(x)$，当$f(x) \geqslant 0$，$x \in [a, b]$时，定积分的几何意义就是该曲边梯形的面积；当$f(x) \leqslant 0$，$x \in [a, b]$时，$J = -\int_a^b [f(x)]\mathrm{d}x$ 是位于 x 轴下方的曲边梯形面积的相反数，不妨称为"负面积"；对于一般非定号的 $f(x)$ 而言，定积分 J 的值则是曲线 $y = f(x)$ 在 x 轴上方部分所有曲边梯形的正面积与下方部分所有曲边梯形的负面积的代数和.

【验证实例 7-2】

利用定积分表示图 7-5 中四个图形的面积.

解：图 7-5(a)中阴影部分的面积为$S = \int_0^a x^2\mathrm{d}x$.

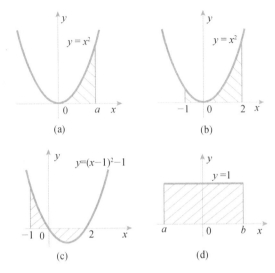

图 7-5　不同图形的面积

图 7-5(b)中阴影部分的面积为 $S = \int_{-1}^{2} x^2 \mathrm{d}x$.

图 7-5(c)中阴影部分的面积为 $S = \int_{-1}^{0} [(x-1)^2 - 1]\mathrm{d}x - \int_{0}^{2} [(x-1)^2 - 1]\mathrm{d}x$.

图 7-5(d)中阴影部分的面积为 $S = \int_{a}^{b} \mathrm{d}x$.

【知识 7-2】定积分存在定理

对于定积分，有这样一个重要问题：什么函数是可积的？

这个问题我们不做深入讨论，而只是直接给出下面的定积分存在定理.

【定理 7-1】定积分存在定理

> 如果函数 $f(x)$ 在 $[a,\ b]$ 上连续，则函数 $y = f(x)$ 在 $[a,\ b]$ 上可积.

这个定理在直观上是很容易接受的：如图 7-1 所示，由定积分的几何意义可知，若 $f(x)$ 在 $[a,\ b]$ 上连续，则由曲线 $y=f(x)$，直线 $x=a$，$x=b$ 和 x 轴所围成的曲边梯形面积的代数和是一定存在的，即定积分 $\int_{a}^{b} f(x)\mathrm{d}x$ 一定存在.

【知识 7-3】定积分的基本性质

下面各性质中若无特别说明，假定各函数在闭区间 $[a,\ b]$ 上连续，对 $a,\ b$ 的大小不加限制.

【性质 7-1】函数和（差）定积分的运算规则

> 函数的和（差）的定积分等于它们的定积分的和（差），即
> $$\int_{a}^{b} [f(x) \pm g(x)]\mathrm{d}x = \int_{a}^{b} f(x)\mathrm{d}x \pm \int_{a}^{b} g(x)\mathrm{d}x .$$ （7-2）

这个性质可以推广到任意有限个连续函数的代数和的定积分.

【性质 7-2】被积函数的常数因子的提取规则

被积函数的常数因子可以提到积分号外面，即 $\int_a^b kf(x)\mathrm{d}x = k\int_a^b f(x)\mathrm{d}x$. （7-3）

性质 7-1 与性质 7-2 是定积分的线性性质，合起来即为

$$\int_a^b [\alpha f(x) \pm \beta g(x)]\mathrm{d}x = \alpha \int_a^b f(x)\mathrm{d}x \pm \beta \int_a^b g(x)\mathrm{d}x.$$

【性质 7-3】单位常数定积分的运算规则

如果在区间 $[a, b]$ 上，$f(x) \equiv 1$，那么有 $\int_a^b 1\mathrm{d}x = \int_a^b \mathrm{d}x = b - a$. （7-4）

定积分 $\int_a^b \mathrm{d}x$ 在几何上表示以 $[a, b]$ 为底，$f(x) \equiv 1$ 为高的矩形的面积.

以上三条性质可用定积分定义和极限运算法则导出.

【性质 7-4】函数乘积的可积性

若函数 $f(x)$，$g(x)$ 都在 $[a, b]$ 上可积，则 $f(x) \cdot g(x)$ 在 $[a, b]$ 上也可积.

【性质 7-5】积分区间可加性

如果把区间 $[a, b]$ 分为 $[a, c]$ 和 $[c, b]$ 两个区间，不论 a，b，c 的大小顺序如何，总有

$$\int_a^b f(x)\mathrm{d}x = \int_a^c f(x)\mathrm{d}x + \int_c^b f(x)\mathrm{d}x,$$ （7-5）

即函数 $y = f(x)$ 在区间 $[a, b]$ 上可积的充要条件是：任意 $c \in (a, b)$，函数 $f(x)$ 在 $[a, c]$ 与 $[c, b]$ 上都可积.

当 $f(x) \geq 0$ 时，式（7-5）的几何意义就是曲边梯形面积的可加性.

按定积分的定义，记号 $\int_a^b f(x)\mathrm{d}x$ 只有当 $a < b$ 时才有意义，而当 $a = b$ 或 $a > b$ 时本来是没有意义的. 但为了运用上的方便，前面已做如下规定：

① 当 $a = b$ 时，$\int_a^b f(x)\mathrm{d}x = 0$.

② 当 $a > b$ 时，$\int_a^b f(x)\mathrm{d}x = -\int_b^a f(x)\mathrm{d}x$.

有了这个规定之后，等式（7-5）对于 a, b, c 的任何大小顺序都能成立. 例如，当 $a < b < c$ 时，只要 f 在 $[a, c]$ 上可积，则有

$$\int_a^c f(x)\mathrm{d}x + \int_c^b f(x)\mathrm{d}x = \left(\int_a^b f(x)\mathrm{d}x + \int_b^c f(x)\mathrm{d}x\right) - \int_b^c f(x)\mathrm{d}x = \int_a^b f(x)\mathrm{d}x.$$

【性质 7-6】积分正值规则

设 $f(x)$ 为 $[a, b]$ 上的可积函数，若 $f(x) \geq 0$，$x \in [a, b]$，则 $\int_a^b f(x)\mathrm{d}x \geq 0$.

【推论 7-1】积分不等式性质

若 $f(x)$ 与 $g(x)$ 为区间 $[a, b]$ 上的两个可积函数，且 $f(x) \leq g(x)$，$x \in [a, b]$，则有

$$\int_a^b f(x)\mathrm{d}x \leqslant \int_a^b g(x)\mathrm{d}x .\qquad(7\text{-}6)$$

【性质 7-7】定积分中值定理

如果函数 $f(x)$ 在区间 $[a, b]$ 上连续，则在 $[a, b]$ 上至少存在一点 ξ，使得下式成立：

$$\int_a^b f(x)\mathrm{d}x = f(\xi)(b-a) \quad (a\leqslant\xi\leqslant b).\qquad(7\text{-}7)$$

这个公式也称为积分中值公式.

定积分中值定理的几何意义为：若函数 $y = f(x)$ 在 $[a, b]$ 上非负连续，则 $f(x)$ 在区间 $[a, b]$ 上的曲边梯形面积等于以区间 $[a, b]$ 上某点 ξ 处的函数值 $f(\xi)$ 为高，以 $b-a$ 为底的矩形面积，如图 7-6 所示.

数值 $\dfrac{1}{b-a}\displaystyle\int_a^b f(x)\mathrm{d}x$ 可理解为连续函数 $f(x)$ 在区间 $[a, b]$ 上的平均高度，我们称其为函数 $f(x)$ 在区间 $[a, b]$ 上的平均值.

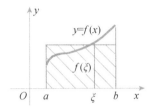

图 7-6　定积分中值定理的几何意义

【知识 7-4】微积分基本公式

按照定积分的定义计算定积分的值是困难的，本节先探讨定积分与不定积分的关系，从而得到计算定积分的基本公式（微积分基本公式）：牛顿—莱布尼兹公式.

7.2.1　探讨定积分与不定积分的关系

设有物体在一直线上运动，时刻 t 的物体运动规律为 $s(t)$，速度 $v(t)$，且 $v(t)\geqslant 0$，则根据定积分的定义，物体在时间间隔 $[t_1, t_2]$ 内经过的路径为 $s = \displaystyle\int_{t_1}^{t_2} v(t)\mathrm{d}t$.

另一方面，$v(t)= s'(t)$，所以运动规律为 $s(t)= \displaystyle\int v(t)\mathrm{d}t$ ，$s(t)$ 在 $[t_1, t_2]$ 上的增量 $s(t_2)- s(t_1)$ 即为所求路程.

由此可见，$\displaystyle\int_{t_1}^{t_2} v(t)\mathrm{d}t = s(t_2)- s(t_1)$.

因此，求速度 $v(t)$ 在时间间隔 $[t_1, t_2]$ 内经过的路径就转化为先求速度 $v(t)$ 不定积分（或原函数）$s(t)$，再求 $s(t)$ 在 $[t_1, t_2]$ 上的增量.

这个结论是否具有普遍性呢？答案是肯定的. 也就是说定积分 $\displaystyle\int_a^b f(x)\mathrm{d}x$ 的计算可以先求出不定积分 $F(x) = \displaystyle\int_a^b f(x)\mathrm{d}x$ ，再计算 $[a, b]$ 上的增量 $F(b)-F(a)$.

7.2.2　积分上限的函数及其导数

设函数 $f(x)$ 在区间 $[a, b]$ 上连续，x 为 $[a, b]$ 上任一点，则 $f(x)$ 在 $[a, x]$ 上仍连续，从而积分 $\int_a^x f(x)\mathrm{d}x$ 存在，且确定了 $[a, b]$ 上的一个以上限 x 为自变量的函数，称为积分上限的函数，记为

$$\phi(x) = \int_a^x f(x)\mathrm{d}x,\quad x \in [a, b].$$

这里定义了一个以积分上限为自变量的函数，称为变上限的定积分．类似可定义变下限的定积分：$\Psi(x) = \int_x^b f(t)\mathrm{d}t$，$x \in [a, b]$．

ϕ 与 Ψ 统称为变限积分．这里 x 既是定积分的上限，又是积分变量．为避免混淆，把积分变量改用 t 表示，则变上限定积分可改写为

$$\phi(x) = \int_a^x f(t)\mathrm{d}t \quad (a \leqslant x \leqslant b).$$

若 $f(t)$ 在 $[a, b]$ 上可积，则由上式所定义的函数 $\phi(x)$ 在 $[a, b]$ 上连续．

【定理 7-2】积分上限函数的导数

> 如果函数 $f(x)$ 在区间 $[a, b]$ 上连续，那么积分上限函数 $\phi(x) = \int_a^x f(t)\mathrm{d}t$ 在 $[a, b]$ 上具有导数，且它的导数为 $\phi'(x) = f(x)$ $(a \leqslant x \leqslant b)$．

扫描二维码，浏览电子活页 7-1，了解"证明【定理 7-2】积分上限函数的导数"的相关内容．

电子活页 7-1

由原函数的定义可知，函数 $\phi(x)$ 是连续函数 $f(x)$ 的一个原函数．因此也证明了下面的定理．

【定理 7-3】微积分学基本定理（微分形式）

> 如果函数 $f(x)$ 在区间 $[a, b]$ 上连续，则函数 $\phi(x) = \int_a^x f(t)\mathrm{d}t$ 在区间 $[a, b]$ 上处处可导，且 $\phi'(x) = \dfrac{\mathrm{d}}{\mathrm{d}x}\int_a^x f(t)\mathrm{d}t = f(x)$，$x \in [a, b]$，函数 $\phi(x)$ 就是 $f(x)$ 在区间 $[a, b]$ 上的一个原函数．

本定理沟通了导数和定积分这两个从表面看去似乎不相干的概念之间的内在联系；同时也证明了"连续函数必有原函数"这一基本结论，并以积分形式给出了函数 $f(x)$ 的一个原函数．定理 7-2、7-3 正因为其重要作用而被誉为微积分学基本定理．

7.2.3　牛顿—莱布尼兹（Newton-Leibniz）公式

【定理 7-4】微积分学基本定理（积分形式）——牛顿—莱布尼兹公式

> 如果函数 $F(x)$ 是连续函数 $f(x)$ 在区间 $[a, b]$ 上的一个原函数（即 $F'(x) = f(x)$，$x \in [a, b]$），则 $f(x)$ 在 $[a, b]$ 上可积，且
>
> $$\int_a^b f(x)\mathrm{d}x = F(b) - F(a)\ .\qquad(7\text{-}8)$$
>
> 它也常写成 $\int_a^b f(x)\mathrm{d}x = F(x)\Big|_a^b$．

公式（7-8）称为微积分基本公式，也称为牛顿—莱布尼兹（Newton-Leibniz）公式.

牛顿—莱布尼兹公式进一步提示了定积分与不定积分或定积分与原函数之间的联系，它将定积分计算问题转化为求被积函数 $f(x)$ 的一个原函数 $F(x)$ 在区间 $[a，b]$ 上的增量 $F(b)-F(a)$，提供了计算定积分的一个重要途径.

电子活页 7-2

扫描二维码，浏览电子活页 7-2，了解"证明【定理 7-4】微积分学基本定理（积分形式）——牛顿—莱布尼兹公式"的相关内容.

公式（7-8）表明：连续函数 $f(x)$ 在 $[a，b]$ 上的定积分等于它的一个原函数 $F(x)$ 在该区间上的增量. 它为定积分的计算提供了一个简便有效的方法.

若记 $F[b]-F[a]=[F(x)]_a^b$，则公式（7-8）也可以写成

$$\int_a^b f(x)\mathrm{d}x=[F(x)]_a^b=F(b)-F(a).$$

【验证实例 7-3】

计算 $\int_1^e \dfrac{\mathrm{d}x}{x}$.

解：因为 $\ln x$ 是 $\dfrac{1}{x}$ 的一个原函数，所以 $\int_1^e \dfrac{\mathrm{d}x}{x}=[\ln x]_1^e=\ln e-\ln 1=1$.

【验证实例 7-4】

计算 $\int_{-\frac{\pi}{4}}^{\frac{\pi}{4}} \sec^2 x\mathrm{d}x$.

解：因为 $\tan x$ 是 $\sec^2 x$ 的一个原函数，所以

$$\int_{-\frac{\pi}{4}}^{\frac{\pi}{4}}\sec^2 x\mathrm{d}x=[\tan x]_{-\frac{\pi}{4}}^{\frac{\pi}{4}}=1-(-1)=2.$$

【验证实例 7-5】

求曲线 $y=2^x$，$x=-1$，$x=2$ 及 x 轴所围图形的面积.

解：如图 7-7 所示，曲边梯形的面积为 $A=\int_{-1}^2 2^x\mathrm{d}x$.

因为 $\dfrac{2^x}{\ln 2}$ 是 2^x 的一个原函数，所以 $A=\int_{-1}^2 2^x\mathrm{d}x=\left[\dfrac{2^x}{\ln 2}\right]_{-1}^2=\dfrac{7}{\ln 4}$.

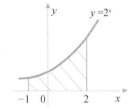

图 7-7　曲边梯形

【知识 7-5】定积分的换元积分法

【定理 7-5】定积分的换元积分法

> 如果
>
> ① 函数 $f(x)$ 在区间 $[a，b]$ 上连续.
>
> ② 函数 $x=\phi(t)$ 在区间 $[a，b]$ 上是单调的且有连续导数 $\phi'(t)$.
>
> ③ 当 t 在 $[\alpha，\beta]$ 上变化时，$x=\phi(t)$ 的值在 $[a，b]$ 上变化，且 $\phi(\alpha)=a$，$\phi(\beta)=b$，$a\leqslant\phi(t)\leqslant b$，$t\in[\alpha，\beta]$.
>
> 那么有定积分的换元公式为：

$$\int_a^b f(x)\mathrm{d}x = \int_\alpha^\beta f[\phi(t)]\phi'(t)\mathrm{d}t .\qquad (7\text{-}9)$$

上式称为定积分的换元积分公式，它与不定积分换元公式类似，相当于不定积分的第二类换元法.

扫描二维码，浏览电子活页 7-3，了解"证明【定理 7-5】定积分的换元积分法"的相关内容.

电子活页 7-3

显然，公式（7-9）对 $\alpha > \beta$ 也是适用的.

使用定积分的换元积分公式应注意以下三点：

① 用 $x = \phi(t)$ 把原来变量 x 换成变量 t 时，积分限也要换成相应于新变量 t 的积分限.

② 求出 $f[\phi(t)]\phi'(t)$ 的一个原函数 $F(t)$ 后，不必像计算不定积分那样再把 $F(t)$ 变换成原来变量 x 的函数，而只是把新变量 t 的上、下限分别代入 $F(t)$ 中然后相减就行了. 其原因在于不定积分所求的是被积函数的原函数，理应保留与原来相同的自变量；而定积分的计算结果是一个确定的数.

③ 如果在定理 7-5 的条件中只假定为 $f(x)$ 可积函数，但还要求 $\phi(t)$ 是单调的，那么式（7-9）仍然成立.

【验证实例 7-6】

计算 $\int_0^3 \dfrac{x}{\sqrt{1+x}}\,\mathrm{d}x$.

解：设 $\sqrt{1+x} = t$，则 $x = t^2 - 1$，$\mathrm{d}x = 2t\mathrm{d}t$.

当 $x=0$ 时，$t=1$；当 $x=3$ 时，$t=2$. 根据定理 7-5，可得

$$\int_0^3 \frac{x}{\sqrt{1+x}}\mathrm{d}x = \int_1^2 \frac{t^2-1}{t}2t\mathrm{d}t = 2\int_1^2(t^2-1)\mathrm{d}t = \frac{8}{3}.$$

【验证实例 7-7】

计算 $\int_0^a \sqrt{a^2 - x^2}\,\mathrm{d}x\ (a>0)$.

解：设 $x = a\sin t$，则 $\mathrm{d}x = a\cos t\mathrm{d}t$.

当 $x=0$ 时，$t=0$；当 $x=a$ 时，$t = \dfrac{\pi}{2}$，于是

$$\int_0^a \sqrt{a^2 - x^2}\mathrm{d}x = a^2\int_0^{\frac{\pi}{2}}\cos^2 t\mathrm{d}t = \frac{a^2}{2}\int_0^{\frac{\pi}{2}}(1+\cos 2t)\mathrm{d}t$$

$$= \frac{a^2}{2}\left[t + \frac{1}{2}\sin 2t\right]_0^{\frac{\pi}{2}} = \frac{\pi a^2}{4}.$$

【验证实例 7-8】

求椭圆 $\dfrac{x^2}{a^2} + \dfrac{y^2}{b^2} = 1$ 的面积.

解：如图 7-8 所示，根据椭圆的对称性，得

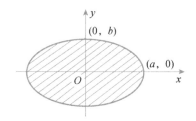

图 7-8 求椭圆面积

$$A = 4\int_0^a \frac{b}{a}\sqrt{a^2 - x^2}\,\mathrm{d}x = \frac{4b}{a}\int_0^a \sqrt{a^2 - x^2}\,\mathrm{d}x \,.$$

设 $x = a\sin t$，则 $\mathrm{d}x = a\cos t\,\mathrm{d}t$，当 $x=0$ 时，$t=0$；当 $x=a$ 时，$t = \dfrac{\pi}{2}$。

于是 $A = \dfrac{4b}{a}\int_0^{\frac{\pi}{2}} a^2\cos^2 t\,\mathrm{d}t = 4ab\int_0^{\frac{\pi}{2}}\cos^2 t\,\mathrm{d}t = 2ab\int_0^{\frac{\pi}{2}}(1+\cos 2t)\,\mathrm{d}t$

$= 2ab\left[t + \dfrac{\sin 2t}{2}\right]_0^{\frac{\pi}{2}} = ab\pi \,.$

【定理 7-6】偶函数和奇函数的积分运算规则

设 $f(x)$ 在 $[a,\ b]$ 上连续，

① 如果 $f(x)$ 为偶函数，那么 $\displaystyle\int_{-a}^a f(x)\,\mathrm{d}x = 2\int_0^a f(x)\,\mathrm{d}x$．　　　　　　（7-10）

② 如果 $f(x)$ 为奇函数，那么 $\displaystyle\int_{-a}^a f(x)\,\mathrm{d}x = 0$．　　　　　　　　　（7-11）

下面我们用图形来说明：

① 当 $f(x)$ 为偶函数时，$f(x)$ 的图形关于 y 轴对称，则由图 7-9（a）可知，$\displaystyle\int_{-a}^0 f(x)\,\mathrm{d}x = \int_0^a f(x)\,\mathrm{d}x$，从而有 $\displaystyle\int_{-a}^a f(x)\,\mathrm{d}x = 2\int_0^a f(x)\,\mathrm{d}x$．

② 当 $f(x)$ 为奇函数时，$f(x)$ 的图形关于原点对称，则由图 7-9（b）可知，$\displaystyle\int_{-a}^0 f(x)\,\mathrm{d}x = -\int_0^a f(x)\,\mathrm{d}x$，从而有 $\displaystyle\int_{-a}^a f(x)\,\mathrm{d}x = 0$．

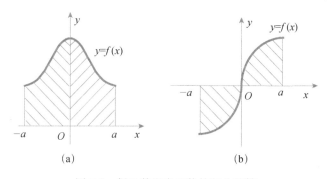

图 7-9 偶函数和奇函数的积分运算

【知识 7-6】定积分的分部积分法

【定理 7-7】定积分的分部积分法

> 如果函数 $u(x)$，$v(x)$ 在区间 $[a, b]$ 上具有连续导数，那么
> $$\int_a^b u(x)\mathrm{d}[v(x)] = [u(x)\,v(x)]_a^b - \int_a^b v(x)\mathrm{d}[u(x)].\qquad(7\text{-}12)$$
> 为方便起见，上式还可简写成 $\int_a^b u\mathrm{d}v = [uv]_a^b - \int_a^b v\mathrm{d}u$．

这就是定积分的分部积分公式．

证：因为 uv 是 $uv' + u'v$ 在 $[a, b]$ 上的一个原函数，所以有
$$\int_a^b u(x)v'(x)\mathrm{d}x + \int_a^b u'(x)v(x)\mathrm{d}x = \int_a^b [u(x)v'(x) + u'(x)v(x)]\mathrm{d}x = u(x)v(x)\Big|_a^b.$$

移项后即为式（7-12）．

【验证实例 7-9】

计算 $\int_0^\pi x\cos x\mathrm{d}x$．

解：$\int_0^\pi x\cos x\mathrm{d}x = \int_0^\pi x\mathrm{d}(\sin x) = [x\sin x]_0^\pi - \int_0^\pi \sin x\mathrm{d}x = 0 - [-\cos x]_0^\pi = -2$．

【验证实例 7-10】

计算 $\int_1^e x^2 \ln x\mathrm{d}x$．

解：$\int_1^e x^2 \ln x\mathrm{d}x = \dfrac{1}{3}\int_1^e \ln x\mathrm{d}(x^3) = \dfrac{1}{3}\left(x^3 \ln x\Big|_1^e - \int_1^e x^2\mathrm{d}x\right)$

$\qquad = \dfrac{1}{3}\left(e^3 - \dfrac{1}{3}x^3\Big|_1^e\right) = \dfrac{1}{9}(2e^3 + 1)$．

【验证实例 7-11】

求由 $y=\ln x$ 与 $x=1$，$x=e$ 及 x 轴所围成图形的面积．

解：设所围成的图形面积为 S，如图 7-10 所示，根据定积分的几何意义可知，
$$S = \int_1^e \ln x\mathrm{d}x = [x\ln x]_1^e - \int_1^e x \cdot \frac{1}{x}\mathrm{d}x = e - [x]_1^e = e - (e-1) = 1．$$

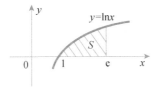

图 7-10　求图形面积

【知识 7-7】广义积分

在前面所讨论的定积分中，都假定积分区间 $[a, b]$ 是有限的，且 $f(x)$ 在 $[a, b]$ 上连续．但在一些实际问题中，我们常遇到积分区间为无穷区间，或被积函数在积分区间上有无穷型

间断点（即被积函数为无界函数）的情形，它们已经不属于前面所说的定积分了．因此，我们对定积分做下面两种推广，从而形成了"广义积分"的概念．

7.5.1 无穷区间的广义积分

1. 问题引出

求由曲线 $y = \dfrac{1}{x^2}$，x 轴及 $x=1$ 右边所围成"开口曲边梯形"的面积，如图 7-11 所示．

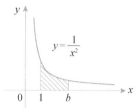

图 7-11　求"开口曲边梯形"的面积

因为这个图形不是封闭的曲边梯形，且在 x 轴的正方向是开口的，所以不能直接用前面所学的定积分来计算它的面积．

应该如何计算呢？我们任取一个大于 1 的数 b，那么在区间 $[1, b]$ 上由曲线 $y = \dfrac{1}{x^2}$ 和 x 轴所围成的曲边梯形的面积为

$$S = \int_1^b \frac{1}{x^2}\,\mathrm{d}x = -\frac{1}{x}\Big|_1^b = 1 - \frac{1}{b}\,.$$

很明显，当 b 改变时，曲边梯形的面积也随之改变，且随着 b 趋于无穷大，曲边梯形的面积趋于一个确定的极限值，即

$$\lim_{b \to +\infty} \int_1^b \frac{1}{x^2}\,\mathrm{d}x = \lim_{b \to +\infty}\left(1 - \frac{1}{b}\right) = 1\,.$$

我们把这个极限值作为所求"开口曲边梯形"的面积，同时把这个极限值理解为函数在区间 $[1, +\infty]$ 上的积分，记作 $\displaystyle\int_1^{+\infty} \frac{1}{x^2}\,\mathrm{d}x$．

2. 无穷区间广义积分的定义

函数 $f(x)$ 在无穷区间的广义积分记作 $\displaystyle\int_a^{+\infty} f(x)\,\mathrm{d}x$，即

$$\int_a^{+\infty} f(x)\,\mathrm{d}x = \lim_{b \to +\infty} \int_a^b f(x)\,\mathrm{d}x\,. \tag{7-13}$$

这时也称广义积分 $\displaystyle\int_a^{+\infty} f(x)\,\mathrm{d}x$ 收敛．

如果上述极限不存在，那么称广义积分 $\displaystyle\int_a^{+\infty} f(x)\,\mathrm{d}x$ 发散，这时虽用同样的记号，但已不表示数值了．

$\displaystyle\int_a^{+\infty} f(x)\,\mathrm{d}x$ 收敛的几何意义是：若 $f(x)$ 在 $[a, +\infty]$ 上为非负连续函数，则介于曲线 $y = f(x)$，直线 $x = a$ 及 x 轴之间那一块向右无限延伸的阴影区域面积 S 收敛．

类似地，可以定义下限为负无穷大或上下限都是无穷大的广义积分：

$$\int_{-\infty}^{b} f(x)\mathrm{d}x = \lim_{a \to -\infty} \int_{a}^{b} f(x)\mathrm{d}x .$$ 　　　　（7-14）

$\displaystyle\int_{-\infty}^{+\infty} f(x)\mathrm{d}x = \int_{-\infty}^{0} f(x)\mathrm{d}x + \int_{0}^{+\infty} f(x)\mathrm{d}x$，即

$$\int_{-\infty}^{+\infty} f(x)\mathrm{d}x = \lim_{a \to -\infty} \int_{a}^{0} f(x)\mathrm{d}x + \lim_{b \to +\infty} \int_{0}^{b} f(x)\mathrm{d}x .$$ 　　　（7-15）

上述广义积分统称为无穷区间的广义积分.

【验证实例 7-12】

计算广义积分 $\displaystyle\int_{-\infty}^{+\infty} \frac{\mathrm{d}x}{1+x^2}$.

解：如图 7-12 所示，由式（7-13）、式（7-14）、式（7-15）得

$$\int_{-\infty}^{+\infty} \frac{\mathrm{d}x}{1+x^2} = \int_{-\infty}^{0} \frac{\mathrm{d}x}{1+x^2} + \int_{0}^{+\infty} \frac{\mathrm{d}x}{1+x^2} = \lim_{a \to -\infty} \int_{a}^{0} \frac{\mathrm{d}x}{1+x^2} + \lim_{b \to +\infty} \int_{0}^{b} \frac{\mathrm{d}x}{1+x^2}$$

$$= \lim_{a \to -\infty} [\arctan x]_{a}^{0} + \lim_{b \to +\infty} [\arctan x]_{0}^{b} = -\lim_{a \to -\infty} \arctan a + \lim_{b \to +\infty} \arctan b$$

$$= -\left(-\frac{\pi}{2}\right) + \frac{\pi}{2} = \pi .$$

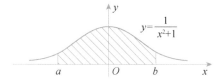

图 7-12　计算广义积分

这个广义积分值的几何意义是：当 $a \to -\infty$，$b \to +\infty$ 时，虽然图 7-12 中阴影部分向左、右无限延伸，但阴影部分的面积却有极限值 π.

7.5.2　无界函数的广义积分

如果被积函数 $f(x)$ 在有限区间 $[a, b]$ 内存在无穷间断点，那么称积分 $\displaystyle\int_{a}^{b} f(x)\mathrm{d}x$ 为瑕积分，相应地，这样的无穷间断点称为 $f(x)$ 的瑕点.

【定义 7-3】无界函数的广义积分

设函数 $f(x)$ 在区间 $(a, b]$ 内连续，点 a 为 $f(x)$ 的瑕点，即 $\displaystyle\lim_{x \to a+0} f(x) = \infty$.

如果极限 $\displaystyle\lim_{\varepsilon \to +0} \int_{a+\varepsilon}^{b} f(x)\mathrm{d}x$（$\varepsilon > 0$）存在，

那么称这个极限为函数 $f(x)$ 在区间 $(a, b]$ 内的广义积分，记为 $\displaystyle\int_{a}^{b} f(x)\mathrm{d}x$ ，即

$$\int_{a}^{b} f(x)\mathrm{d}x = \lim_{\varepsilon \to +0} \int_{a+\varepsilon}^{b} f(x)\mathrm{d}x .$$ 　　　（7-16）

这时也称广义积分 $\displaystyle\int_{a}^{b} f(x)\mathrm{d}x$ 收敛.

如果极限不存在，就称广义积分 $\displaystyle\int_{a}^{b} f(x)\mathrm{d}x$ 发散.

同样地，对于函数 $f(x)$ 在 $x=b$ 及 $x=c(a<c<b)$ 处有无穷间断点的广义积分分别给出以下的定义：

$$\int_a^b f(x)\mathrm{d}x = \lim_{\varepsilon\to+0}\int_a^{b-\varepsilon} f(x)\mathrm{d}x\ (\varepsilon>0)\ ; \tag{7-17}$$

$$\int_a^b f(x)\mathrm{d}x = \lim_{\varepsilon_1\to+0}\int_a^{c-\varepsilon_1} f(x)\mathrm{d}x + \lim_{\varepsilon_2\to+0}\int_{c+\varepsilon_2}^b f(x)\mathrm{d}x\ (\varepsilon_1>0,\varepsilon_2>0). \tag{7-18}$$

如果式（7-17）、式（7-18）中各极限存在，那么称对应的广义积分 $\int_a^b f(x)\mathrm{d}x$ 收敛，否则称广义积分 $\int_a^b f(x)\mathrm{d}x$ 发散.

【验证实例 7-13】

若 $f(x)=\dfrac{1}{\sqrt{1-x^2}}$ ，计算 $\int_0^1 f(x)\mathrm{d}x$.

解：如图 7-13 所示，因为 $\lim\limits_{x\to1-0}\dfrac{1}{\sqrt{1-x^2}}=+\infty$ ，所以 $x=1$ 为被积函数的无穷间断点. 于是，按式（7-16）有

$$\int_0^1 f(x)\mathrm{d}x = \int_0^1 \frac{\mathrm{d}x}{\sqrt{1-x^2}} = \lim_{\varepsilon\to+0}\int_0^{1-\varepsilon}\frac{\mathrm{d}x}{\sqrt{1-x^2}} = \lim_{\varepsilon\to+0}[\arcsin x]_0^{1-\varepsilon}$$

$$= \lim_{\varepsilon\to+0}\arcsin(1-\varepsilon) = \frac{\pi}{2}\ .$$

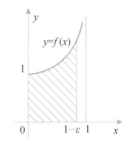

图 7-13　无界函数的广义积分

 问题解惑

【问题 7-1】定积分中积分变量的字母可以取任意英文字母吗？

定积分 $\int_a^b f(x)\mathrm{d}x$ 表示的是一个和式 $\sum\limits_{i=1}^n f(\xi_i)\Delta x_i$ 的极限，是一个确定的数值，这个数值只与被积函数 $f(x)$ 及积分区间 $[a,b]$ 有关，而与积分变量所用的字母无关. 如果不改变被积函数和积分区间，而只把积分变量 x 换成其他字母，例如，t 或 u，那么，定积分的值不变，即 $\int_a^b f(x)\mathrm{d}x=\int_a^b f(t)\mathrm{d}t=\int_a^b f(u)\mathrm{d}u$. 换言之，定积分中积分变量符号的更换不影响定积分的值.

【问题 7-2】定积分是不定积分在指定区间上的增量吗？

定积分与不定积分存在内在联系，定积分 $\int_a^b f(x)\mathrm{d}x$ 的计算可以先求出不定积分 $F(x)=\int f(x)\mathrm{d}x$，即对应函数的原函数，再计算 $[a，b]$ 上的增量 $F(b)-F(a)$.

【问题 7-3】积分上限函数 $\Phi(x)$ 是连续函数 $f(x)$ 的一个原函数吗？

如果函数 $f(x)$ 在区间 $[a，b]$ 上连续，那么积分上限函数 $\phi(x)=\int_a^x f(t)\mathrm{d}t$ 在区间 $[a，b]$ 上具有导数，且它的导数为 $\phi'(x)=f(x)$（$a\leqslant x\leqslant b$）. 由原函数的定义可知，函数 $\phi(x)$ 是连续函数 $f(x)$ 在区间 $[a，b]$ 上的一个原函数.

【问题 7-4】不定积分的第二类换元法与定积分的换元法有没有区别？

不定积分的第二类换元法与定积分的换元法有区别，主要区别如下：
① 用 $x=\phi(t)$ 把原来变量 x 换成变量 t 时，积分限也要换成相应于新变量 t 的积分限.
② 求出 $f[\phi(t)]\phi'(t)$ 的一个原函数 $F(t)$ 后，不必像计算不定积分那样再把 $F(t)$ 变换成原来变量 x 的函数，而只是把新变量 t 的上、下限分别代入 $F(t)$ 中然后相减就行了. 其原因在于不定积分所求的是被积函数的原函数，理应保留与原来相同的自变量；而定积分的计算结果是一个确定的数.

 # 方法探析

【方法 7-1】利用牛顿—莱布尼兹公式计算定积分的方法

【方法实例 7-1】

计算定积分 $\int_a^b x^n\mathrm{d}x$（n 为正整数）.

解：$\int_a^b x^n\mathrm{d}x=\dfrac{x^{n+1}}{n+1}\Big|_a^b=\dfrac{1}{n+1}(b^{n+1}-a^{n+1})$.

【方法实例 7-2】

计算定积分 $\int_a^b \dfrac{\mathrm{d}x}{x^2}$（$0<a<b$）.

解：$\int_a^b \dfrac{\mathrm{d}x}{x^2}=-\dfrac{1}{x}\Big|_a^b=\dfrac{1}{a}-\dfrac{1}{b}$.

【方法实例 7-3】

计算定积分 $\int_0^2 x\sqrt{4-x^2}\,\mathrm{d}x$.

解：先用不定积分法求出 $f(x)=x\sqrt{4-x^2}$ 的任一原函数，然后完成定积分计算.

因为 $\int x\sqrt{4-x^2}\,\mathrm{d}x=-\dfrac{1}{2}\int \sqrt{4-x^2}\,\mathrm{d}(4-x^2)=-\dfrac{1}{3}\sqrt{(4-x^2)^3}+C$，

所以 $\int_0^2 x\sqrt{4-x^2}\,dx = -\frac{1}{3}\sqrt{(4-x^2)^3}\,\Big|_0^2 = \frac{8}{3}$.

【方法 7-2】利用定积分的换元积分法计算定积分的方法

【方法实例 7-4】

计算定积分 $\int_0^{\frac{\pi}{2}} \cos^3 x \sin x\,dx$.

解：设 $\cos x = t$，则 $-\sin x\,dx = dt$.

当 $x=0$ 时，$t=1$；当 $x=\frac{\pi}{2}$ 时，$t=0$. 于是

$$\int_0^{\frac{\pi}{2}} \cos^3 x \sin x\,dx = -\int_1^0 t^3\,dt = \int_0^1 t^3\,dt = \left[\frac{1}{4}t^4\right]_0^1 = \frac{1}{4}.$$

这个定积分也可采用凑微分法来计算，即

$$\int_0^{\frac{\pi}{2}} \cos^3 x \sin x\,dx = -\int_0^{\frac{\pi}{2}} \cos^3 x\,d(\cos x) = -\left[\frac{1}{4}\cos^4 x\right]_0^{\frac{\pi}{2}} = \frac{1}{4}.$$

可以看出，这时由于没有进行变量代换，积分区间不变，所以计算更为简便.

【方法实例 7-5】

计算定积分 $\int_0^1 \sqrt{1-x^2}\,dx$.

解：令 $x = \sin t$，当 t 由 0 变到 $\frac{\pi}{2}$ 时，x 由 0 增到 1，故取 $[\alpha,\ \beta] = \left[0,\ \frac{\pi}{2}\right]$. 应用公式（7-9），并注意到在第一象限中 $\cos t \geqslant 0$，则有

$$\int_0^1 \sqrt{1-x^2}\,dx = \int_0^{\frac{\pi}{2}} \sqrt{1-\sin^2 t}\,\cos t\,dt = \int_0^{\frac{\pi}{2}} \cos^2 t\,dt$$

$$= \frac{1}{2}\int_0^{\frac{\pi}{2}} (1+\cos 2t)\,dt$$

$$= \frac{1}{2}\left[t + \frac{1}{2}\sin 2t\right]_0^{\frac{\pi}{2}} = \frac{\pi}{4}.$$

【方法 7-3】利用定积分的分部积分法计算定积分的方法

【方法实例 7-6】

（1）计算定积分 $\int_0^{\frac{\pi}{2}} x^2 \sin x\,dx$.

解：$\int_0^{\frac{\pi}{2}} x^2 \sin x\,dx = -\int_0^{\frac{\pi}{2}} x^2\,d(\cos x) = -\left[x^2 \cos x\right]_0^{\frac{\pi}{2}} + 2\int_0^{\frac{\pi}{2}} x\cos x\,dx$

$$= 0 + 2\int_0^{\frac{\pi}{2}} x\cos x\,dx = 2\int_0^{\frac{\pi}{2}} x\,d(\sin x) = 2\left\{[x\sin x]_0^{\frac{\pi}{2}} - \int_0^{\frac{\pi}{2}} \sin x\,dx\right\}$$

$$= 2\left\{\frac{\pi}{2} + [\cos x]_0^{\frac{\pi}{2}}\right\} = 2\left(\frac{\pi}{2} - 1\right) = \pi - 2.$$

【方法实例 7-7】

计算定积分 $\int_0^1 e^{\sqrt{x}} dx$.

解：先用换元法，令 $\sqrt{x} = t$ ，则 $x = t^2$ ， $dx = 2t dt$. 当 $x=0$ 时， $t=0$；当 $x=1$ 时， $t=1$. 于是有

$$\int_0^1 e^{\sqrt{x}} dx = 2\int_0^1 te^t dt .$$

再用分部积分法计算上式右端的积分.

设 $u = t, dv = e^t dt$ ，则 $du = dt, v = e^t$. 于是

$$\int_0^1 te^t dt = [te^t]_0^1 - \int_0^1 e^t dt = e - [e^t]_0^1 = e - (e-1) = 1 ,$$

即 $\int_0^1 e^{\sqrt{x}} dx = 2$.

【方法 7-4】利用广义积分方法计算定积分的方法

【方法实例 7-8】

计算广义积分 $\int_0^{+\infty} te^{-pt} dt$ （ p 是常数，且 $p > 0$）.

解：$\int_0^{+\infty} te^{-pt} dt = \lim_{b \to +\infty} \int_0^b te^{-pt} dt = \lim_{b \to +\infty} \left\{ \left[-\frac{t}{p} e^{-pt} \right]_0^b + \frac{1}{p} \int_0^b e^{-pt} dt \right\}$

$= \left[-\frac{t}{p} e^{-pt} \right]_0^{+\infty} - \frac{1}{p^2} [e^{-pt}]_0^{+\infty}$

$= -\frac{1}{p} \lim_{t \to +\infty} te^{-pt} - 0 - \frac{1}{p^2}(0-1) = \frac{1}{p^2}$.

【注意】

① 有时为了方便，把 $\lim_{b \to +\infty} [F(x)]_a^b$ 记作 $[F(x)]_a^{+\infty}$.

② 式中的极限 $\lim_{t \to +\infty} te^{-pt}$ 是未定式，可用洛必达法则确定为零.

【方法实例 7-9】

计算定积分 $\int_{-1}^1 \frac{dx}{x^2}$.

解：因为 $\lim_{x \to 0} \frac{1}{x^2} = +\infty$ ，所以 $x=0$ 为被积函数的无穷间断点. 于是，按式（7-15）有

$$\int_{-1}^1 \frac{1}{x^2} dx = \lim_{\varepsilon_1 \to 0+0} \int_{-1}^{0-\varepsilon_1} \frac{1}{x^2} dx + \lim_{\varepsilon_2 \to 0+0} \int_{0+\varepsilon_2}^1 \frac{1}{x^2} dx$$

$$= \lim_{\varepsilon_1 \to 0+0} \left[-\frac{1}{x} \right]_{-1}^{0-\varepsilon_1} + \lim_{\varepsilon_2 \to 0+0} \left[-\frac{1}{x} \right]_{0+\varepsilon_2}^1$$

$$= \lim_{\varepsilon_1 \to 0+0} \left(\frac{1}{\varepsilon_1} - 1 \right) + \lim_{\varepsilon_2 \to 0+0} \left(-1 + \frac{1}{\varepsilon_2} \right).$$

因为 $\lim\limits_{\varepsilon_1 \to 0+0}\left(\dfrac{1}{\varepsilon_1}-1\right)=+\infty$ ， $\lim\limits_{\varepsilon_2 \to 0+0}\left(-1+\dfrac{1}{\varepsilon_2}\right)=+\infty$ ，所以广义积分 $\displaystyle\int_{-1}^{1}\dfrac{\mathrm{d}x}{x^2}$ 是发散的.

【注意】

如果疏忽了 $x=0$ 是被积函数的无穷间断点，就会得到以下的错误结果：

$$\int_{-1}^{1}\frac{\mathrm{d}x}{x^2}=\left[-\frac{1}{x}\right]_{-1}^{1}=-1-1=-2 .$$

【方法 7-5】定积分的微元法

用定积分计算几何中的面积、体积、弧长，物理中的功、引力等量时，关键在于把所求量通过定积分表达出来. 微元法就是寻找积分表达式的一种有效且常用的方法.

前面我们用定积分表示过曲边梯形的面积和变速直线运动的路程. 解决这两个问题的基本步骤是：分割区间、近似代替、求和、求极限. 其中关键一步是近似代替，即在局部范围内"以常代变、以直代曲". 我们称这种方法为"微元法"或"元素法". 用元素法可以解决很多"累计求和"的问题.

用微元法解决总量 A 的"累计求和"问题的步骤为：

① 根据问题的具体情况，选取一个变量，例如， x 为积分变量，并确定它的变化区间 $[a, b]$.

② 设想把区间 $[a, b]$ 分成 n 个小区间，任取其中任一个小区间并记作 $[x, x+\mathrm{d}x]$，求出相应于这个小区间的部分量 ΔU 的近似值，如果 ΔU 能近似地表示为 $[a, b]$ 上的一个连续函数在 x 处的值 $f(x)$ 与 $\mathrm{d}x$ 的乘积（这里 ΔU 与 $f(x)\mathrm{d}x$ 相差一个比 $\mathrm{d}x$ 高阶的无穷小），就把 $f(x)\mathrm{d}x$ 称为量 U 的元素且记为 $\mathrm{d}U$，即 $\mathrm{d}U=f(x)\mathrm{d}x$.

③ 以所求量 U 的元素 $f(x)\mathrm{d}x$ 为被积表达式，在区间 $[a, b]$ 上作定积分，得

$$U=\int_{a}^{b}f(x)\mathrm{d}x .$$

这就是所求总量 U 的定积分表达式.

接下来我们将应用这个方法来讨论一些实际应用问题.

采用"微元法"法应注意以下两点：

① 所求量 U 关于分布区间 $[a, b]$ 具有代数可加性.

② ΔU 与 $f(x)\mathrm{d}x$ 相差一个比 $\mathrm{d}x$ 高阶的无穷小，即 $\Delta U-f(x)\mathrm{d}x=o(\mathrm{d}x)$.

【方法 7-5-1】应用定积分计算平面图形的面积

设函数 $f(x)$，$g(x)$ 在 $[a, b]$ 上连续且 $f(x)\geqslant g(x)$，求由曲线 $y=f(x)$，$y=g(x)$，直线 $x=a$，$x=b$ 所围图形的面积，如图 7-14 所示.

① 取 x 为积分变量，且 $x\in[a, b]$.

② 在 $[a, b]$ 上任取小区间 $[x, x+\mathrm{d}x]$，与 $[x, x+\mathrm{d}x]$ 对应的小窄条面积近似于高为 $f(x)-g(x)$，底为 $\mathrm{d}x$ 的窄矩形的面积，故面积元素为 $\mathrm{d}A=[f(x)-g(x)]\mathrm{d}x$.

③ 作定积分 $A=\displaystyle\int_{a}^{b}[f(x)-g(x)]\,\mathrm{d}x$. $\qquad\qquad$ (7-19)

同理，如图 7-15 所示，设 $x=\phi_1(y)$，$x=\phi_2(y)$ 在 $[c, d]$ 上连续且 $\phi_1(y)\leqslant\phi_2(y)$，$y\in[c, d]$，则由曲线 $x=\phi_1(y)$，$x=\phi_2(y)$ 和直线 $y=c$，$y=d$ 所围图形的面积为

$$A = \int_c^d [\phi_2(y) - \phi_1(y)] \, \mathrm{d}y. \tag{7-20}$$

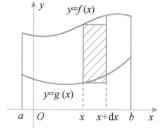

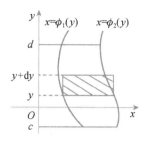

图 7-14 计算平面图形的面积之一　　　图 7-15 计算平面图形的面积之二

【方法 7-5-2】应用定积分计算旋转体的体积

设函数 $y=f(x) \geqslant 0$，$x \in [a, b]$，求由曲线 $y=f(x)$，直线 $x=a$，$x=b$ 及 x 轴所围成的曲边梯形绕 x 轴旋转一周所得旋转体的体积，如图 7-16 所示.

任取 $x \in [a, b]$，用过点 x 且垂直于 x 轴的平面去截旋转体，则截面为圆. 这个截面圆的面积为 $A(x) = \pi y^2 = \pi f^2(x)$.

代入公式（7-18），得旋转体体积为

$$V = \pi \int_a^b f^2(x) \mathrm{d}x. \tag{7-21}$$

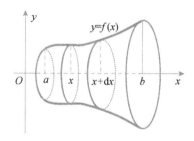

图 7-16 旋转体

同理，设函数 $x=\phi(y) \geqslant 0$，$y \in [c, d]$，由曲线 $x=\phi(y)$，直线 $y=c$，$y=d$ 及 y 轴所围成的曲边梯形绕 y 轴旋转一周所得的旋转体的体积为

$$V = \pi \int_c^d \phi^2(y) \mathrm{d}y. \tag{7-22}$$

【方法 7-5-3】应用定积分计算函数的平均值

【定理 7-8】曲线 $y = f(x)$ 在区间 $[a, b]$ 上的平均高度

> 如果函数 $y=f(x)$ 在区间 $[a, b]$ 上连续，那么曲线 $y = f(x)$ 在区间 $[a, b]$ 上的平均高度为
> $$\bar{y} = \frac{1}{b-a} \int_a^b f(x) \mathrm{d}x. \tag{7-23}$$

也就是函数 $y=f(x)$ 在区间 $[a, b]$ 上的平均值.

这个定理的正确性可用图 7-6 说明.

函数 $y = f(x)$ 的平均值 $\bar{y}$ 在图 7-6 中表示曲边梯形的"平均高度",因而曲边梯形的面积 S 可以写成 $S = \bar{y}(b-a)$.

另一方面,由定积分的几何意义可知,曲边梯形的面积 S 可以写成下式:

$$S = \int_a^b f(x)\mathrm{d}x .$$

因而有 $S = \bar{y}(b-a) = \int_a^b f(x)\mathrm{d}x$,即

$$\bar{y} = \frac{1}{b-a}\int_a^b f(x)\mathrm{d}x .$$

【方法实例 7-10】

求函数 $y = x^3$ 在区间 $[0, 2]$ 上的平均值.

解:$\bar{y} = \frac{1}{2-0}\int_0^2 x^3\mathrm{d}x = \frac{1}{2} \cdot \frac{1}{4}[x^4]_0^2 = \frac{1}{8} \times 16 = 2$.

自主训练

本模块的自主训练题包括基本训练和提升训练两个层次,未标注*的为基本训练题,标注*的为提升训练题.

【训练实例 7-1】利用牛顿—莱布尼兹公式计算定积分

1.利用定积分定义计算下列积分.

(1) $\int_a^b x\mathrm{d}x \, (a < b)$.   (2) $\int_0^1 \mathrm{e}^x\mathrm{d}x$.

2.已知 $\int_0^2 x^2\mathrm{d}x = \frac{8}{3}$,$\int_0^2 x\mathrm{d}x = 2$,计算下列各式的值.

(1) $\int_0^2 (x+1)^2\mathrm{d}x$.   *(2) $\int_0^2 (x-\sqrt{3})(x+\sqrt{3})\mathrm{d}x$.

3.利用定积分定义计算由抛物线 $y = x^2 + 1$,两直线 $x=a$,$x=b$($b>a$)及横轴所围成的图形的面积.

【训练实例 7-2】利用定积分表示图形面积

利用定积分表示图 7-17 所示图形的面积.

【训练实例 7-3】利用定积分的几何意义求定积分

(1) $\int_0^2 4\mathrm{d}x$.   *(2) $\int_1^3 (x-1)\mathrm{d}x$.

【训练实例 7-4】利用定积分的基本公式和运算法则计算定积分

(1) $\int_1^3 x^3\mathrm{d}x$.   (2) $\int_0^a (3x^2 - x + 1)\mathrm{d}x$.

(3) $\int_1^2 \left(x^2 + \frac{1}{x^4}\right)\mathrm{d}x$.   (4) $\int_4^9 \sqrt{x}(1+\sqrt{x})\mathrm{d}x$.

*（5）$\int_{-\mathrm{e}-1}^{-2}\dfrac{\mathrm{d}x}{1+x}$.

*（6）$\int_{\frac{1}{\sqrt{3}}}^{\sqrt{3}}\dfrac{\mathrm{d}x}{1+x^2}$.

*（7）$\int_{-\frac{1}{2}}^{\frac{1}{2}}\dfrac{\mathrm{d}x}{\sqrt{1-x^2}}$.

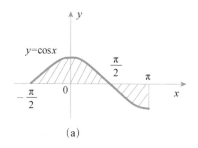

(a)

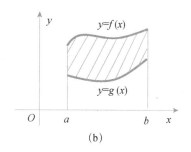

(b)

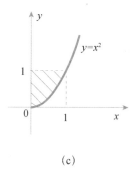

(c)

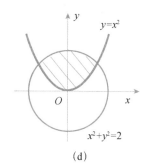

(d)

图 7-17 【训练实例 7-2】图

【训练实例 7-5】对被积函数进行恒等变形后，再利用定积分的基本公式和运算法则计算定积分

（1）$\int_0^{\sqrt{3}a}\dfrac{\mathrm{d}x}{a^2+x^2}$.

【提示】$\displaystyle\int_0^{\sqrt{3}a}\frac{\mathrm{d}x}{a^2+x^2}=\int_0^{\sqrt{3}a}\frac{\dfrac{1}{a}\mathrm{d}x}{1+\left(\dfrac{x}{a}\right)^2}=\left[\frac{1}{a}\arctan\left(\frac{x}{a}\right)\right]_0^{\sqrt{3}a}$

（2）$\int_0^1\dfrac{\mathrm{d}x}{\sqrt{4-x^2}}$.

【提示】$\displaystyle\int_0^1\frac{\mathrm{d}x}{\sqrt{4-x^2}}=\int_0^1\frac{\dfrac{1}{2}\mathrm{d}x}{\sqrt{1-\left(\dfrac{x}{2}\right)^2}}=\left[\arcsin\left(\frac{x}{2}\right)\right]_0^1$

*（3）$\int_{-1}^0\dfrac{3x^4+3x^2+1}{x^2+1}\mathrm{d}x$.

【提示】 $\int_{-1}^0 \dfrac{3x^4 + 3x^2 + 1}{x^2 + 1}\,\mathrm{d}x = \int_{-1}^0 \dfrac{3x^2(x^2 + 1) + 1}{x^2 + 1}\,\mathrm{d}x = \int_{-1}^0 3x^2\,\mathrm{d}x + \int_{-1}^0 \dfrac{1}{x^2 + 1}\,\mathrm{d}x$

$$= [x^3]_{-1}^0 + [\arctan x]_{-1}^0 .$$

*（4） $\displaystyle\int_0^{\frac{\pi}{4}} \tan^2\theta\,\mathrm{d}\theta$.

【提示】 $\displaystyle\int_0^{\frac{\pi}{4}} \tan^2\theta\,\mathrm{d}\theta = \int_0^{\frac{\pi}{4}} \dfrac{\sin^2\theta}{\cos^2\theta}\,\mathrm{d}\theta = \int_0^{\frac{\pi}{4}} \dfrac{1 - \cos^2\theta}{\cos^2\theta}\,\mathrm{d}\theta = \int_0^{\frac{\pi}{4}} \dfrac{1}{\cos^2\theta}\,\mathrm{d}\theta - \int_0^{\frac{\pi}{4}} 1\,\mathrm{d}\theta$

$$= [\tan x - x]_0^{\frac{\pi}{4}} .$$

【训练实例 7-6】利用积分区间的可加性计算定积分

设 $f(x) = \begin{cases} x + 1, & (x \leqslant 1), \\ \dfrac{1}{2}x^2, & (x > 1), \end{cases}$ 求 $\displaystyle\int_0^2 f(x)\,\mathrm{d}x$.

【训练实例 7-7】利用定积分的换元积分法计算定积分

（1） $\displaystyle\int_{\frac{\pi}{3}}^{\pi} \sin\left(x + \dfrac{\pi}{3}\right)\mathrm{d}x$.　　　　　（2） $\displaystyle\int_0^{\frac{\pi}{2}} \sin t\, \cos^3 t\,\mathrm{d}t$.

（3） $\displaystyle\int_{\frac{\pi}{6}}^{\frac{\pi}{2}} \cos^2 u\,\mathrm{d}u$.　　　　【提示】 $\cos^2 u = \dfrac{1 + \cos 2u}{2}$

（4） $\displaystyle\int_0^1 t\mathrm{e}^{-\frac{t^2}{2}}\,\mathrm{d}t$.　　　　【提示】令 $u = -\dfrac{t^2}{2}$

*（5） $\displaystyle\int_{-1}^1 \dfrac{x\,\mathrm{d}x}{\sqrt{5 - 4x}}$.　　　　【提示】令 $t = 5 - 4x$

*（6） $\displaystyle\int_{\frac{3}{4}}^1 \dfrac{\mathrm{d}x}{\sqrt{1 - x} - 1}$.　　　　【提示】 $t^2 = 1 - x$

*（7） $\displaystyle\int_{-2}^0 \dfrac{\mathrm{d}x}{x^2 + 2x + 2}$.　　　　【提示】 $x^2 + 2x + 2 = (x + 1)^2 + 1$，令 $x + 1 = \tan\theta$

*（8） $\displaystyle\int_{-\sqrt{2}}^{\sqrt{2}} \sqrt{8 - 2y^2}\,\mathrm{d}y$.　　　　【提示】 $y = 2\sin x$

*（9） $\displaystyle\int_0^a x^2\sqrt{a^2 - x^2}\,\mathrm{d}x$.　　　　【提示】 $x = a\sin t$

【训练实例 7-8】利用定理 7-6 "偶函数和奇函数的积分运算规则" 计算定积分

（1） $\displaystyle\int_{-\pi}^{\pi} x^4\sin x\,\mathrm{d}x$.　　　（2） $\displaystyle\int_{-\frac{\pi}{2}}^{\frac{\pi}{2}} 4\cos^4 t\,\mathrm{d}t$.　　　*（3） $\displaystyle\int_{-5}^5 \dfrac{x^3\sin^2 x}{x^4 + 2x^2 + 1}\,\mathrm{d}x$.

【训练实例 7-9】利用定积分的分部积分法计算定积分

（1） $\displaystyle\int_0^1 x\mathrm{e}^{-x}\,\mathrm{d}x$.　　　　（2） $\displaystyle\int_0^{\frac{2\pi}{\omega}} t\sin\omega t\,\mathrm{d}t$ （ ω 为常数）.

（3） $\displaystyle\int_1^4 \dfrac{\ln x}{\sqrt{x}}\,\mathrm{d}x$.　　　*（4） $\displaystyle\int_0^{\frac{\pi}{2}} \mathrm{e}^{2x}\cos x\,\mathrm{d}x$.

*（5） $\displaystyle\int_0^{\pi} (x\sin x)^2\,\mathrm{d}x$.　　　*（6） $\displaystyle\int_{\frac{1}{\mathrm{e}}}^{\mathrm{e}} |\ln x|\,\mathrm{d}x$.

【**训练实例 7-10**】判别广义积分的收敛性，如果收敛，则计算广义积分的值

（1）$\int_1^{+\infty} \dfrac{\mathrm{d}x}{x^4}$．　　　　（2）$\int_1^{+\infty} \dfrac{\mathrm{d}x}{\sqrt{x}}$．　　　　（3）$\int_0^1 \dfrac{x\mathrm{d}x}{\sqrt{1-x^2}}$．

*（4）$\int_0^2 \dfrac{\mathrm{d}x}{(1-x)^2}$．　　　*（5）$\int_1^2 \dfrac{x\mathrm{d}x}{\sqrt{x-1}}$．　　　*（6）$\int_1^e \dfrac{\mathrm{d}x}{x\sqrt{1-(\ln x)^2}}$．

【**训练实例 7-11**】求各曲线（直线）围成的图形的面积

1．求由下列各曲线（直线）所围成的图形的面积．

（1）$y=2\sqrt{x}$，$x=4$，$x=9$，$y=0$．　　　　（2）$y=\cos x$，$x=0$，$x=\pi$，$y=0$．

（3）$y=1-x^2$，$y=0$．　　　　（4）$y=\dfrac{1}{x}$ 与直线 $y=x$ 及 $x=2$．

*（5）$y=\mathrm{e}^x$，$y=\mathrm{e}^{-x}$ 与直线 $x=1$．　　　*（6）$y=x^2$ 与直线 $y=x$ 及 $y=2x$．

*（7）$y=\ln x$，y 轴与直线 $y=\ln a$，$y=\ln b$（$b>a>0$）．

2．求下列各曲线所围成的图形（图 7-18 所示）的面积．

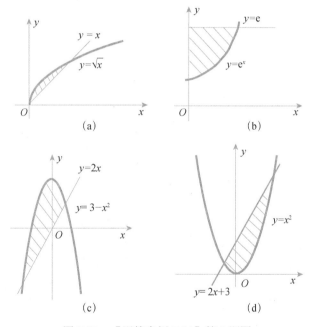

图 7-18　【训练实例 7-11】第 2 题图

【**训练实例 7-12**】利用定积分求旋转体的体积

1．求下列已知曲线所围成的图形，按指定的轴旋转所产生的旋转体的体积．

（1）$2x-y+4=0$，$x=0$ 及 $y=0$，绕 x 轴．

*（2）$y=x^2$，$x=y^2$，绕 y 轴．

*（3）$x^2+(y-5)^2=16$，绕 x 轴．

2．由 $y=x^3$，$x=2$，$y=0$ 所围成的图形，分别绕 x 轴及 y 轴旋转，计算所得两个旋转体的体积．

应用求解

【日常应用】

【应用实例 7-1】计算平面图形的面积

【实例描述】

（1）计算由两条抛物线 $y^2=x$，$y=x^2$ 所围成图形（如图 7-19 所示）的面积．

（2）计算抛物线 $y^2=2x$ 与直线 $y=x-4$ 所围成图形（如图 7-20 所示）的面积．

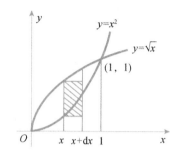

图 7-19　两条抛物线所围成的图形

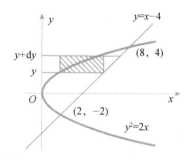

图 7-20　抛物线与直线所围成的图形

【实例求解】

（1）解：如图 7-19 所示，解方程组 $\begin{cases} y^2=x, \\ y=x^2, \end{cases}$ 得两抛物线的交点为（0，0）和（1，1）．

由式（7-19）得

$$A=\int_0^1(\sqrt{x}-x^2)\mathrm{d}x=\left[\frac{2}{3}x^{\frac{3}{2}}-\frac{1}{3}x^3\right]_0^1=\frac{1}{3}.$$

（2）解：如图 7-20 所示，解方程组 $\begin{cases} y^2=2x, \\ y=x-4, \end{cases}$ 得抛物线与直线的交点（2，−2）和（8，4）．

由公式（7-20）得

$$A=\int_{-2}^4\left(y+4-\frac{1}{2}y^2\right)\mathrm{d}y=\left[\frac{y^2}{2}+4y-\frac{y^3}{6}\right]_{-2}^4=18.$$

若用公式（7-19）来计算，则要复杂一些．可以发现，积分变量选得适当，计算会简便一些．

【应用实例 7-2】计算旋转体的体积

【实例描述】

（1）连接坐标原点 O 及点 $A(h,r)$的直线 OA，直线 $x=h$ 及 x 轴围成一个直角三角形．将它绕 x 轴旋转构成一个底面半径为 r，高为 h 的圆锥体，如图 7-21 所示．计算这个圆锥体的体积.

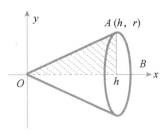

图 7-21　圆锥体

（2）求椭圆 $\dfrac{x^2}{a^2}+\dfrac{y^2}{b^2}=1$ 绕 y 轴旋转而成的旋转体（如图 7-22 所示）的体积.

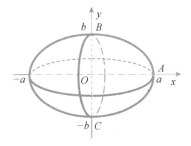

图 7-22　椭圆体

【实例求解】

（1）解：如图 7-21 所示，取圆锥顶点为原点，其中心轴为 x 轴建立坐标系. 圆锥体可看成是由直角三角形 ABO 绕 x 轴旋转而成的，直线 OA 的方程为

$$y=\frac{r}{h}x\quad(0\leqslant x\leqslant h).$$

代入公式（7-21）得圆锥体体积为

$$V=\int_0^h\pi\left(\frac{r}{h}x\right)^2\mathrm{d}x=\frac{\pi r^2}{h^2}\left[\frac{x^3}{3}\right]_0^h=\frac{1}{3}\pi r^2 h.$$

（2）解：如图 7-22 所示，旋转体是由曲边梯形 BAC 绕 y 轴旋转而成. 曲边 BAC 的方程为

$$x=\frac{a}{b}\sqrt{b^2-y^2}\,,\ x>0,\ y\in[-b,\ b].$$

代入公式（7-22），得

$$V=\int_{-b}^{b}\pi\left(\frac{a}{b}\sqrt{b^2-y^2}\right)^2\mathrm{d}y\frac{2\pi a^2}{b^2}\int_0^b(b^2-y^2)\mathrm{d}y=\frac{2\pi a^2}{b^2}\left[b^2y-\frac{1}{3}y^3\right]_0^b$$

$$=\frac{2\pi a^2}{b^2}\left(b^3-\frac{1}{3}b^3\right)=\frac{4}{3}\pi a^2 b.$$

【经济应用】

【应用实例 7-3】根据边际成本求总成本的增量

【实例描述】

某公司日产 q 件产品的总成本函数为 $C(q)$ 万元，已知边际成本为 $C'(q)=5+\dfrac{25}{\sqrt{q}}$（万元/件），试求日产量由 64 件增加到 100 件时的总成本的增量.

【实例求解】

由前微分学中边际分析可知，对于一已知经济函数 $F(x)$，其边际函数就是它的导数 $F'(x)$. 作为导数（微分）的逆运算，若对已知的边际函数 $F'(x)$ 求不定积分 $\int F'(x)\mathrm{d}x$，可求得原经济函数

$$F(x)=\int F'(x)\mathrm{d}x .$$

另外，利用牛顿—莱布尼兹公式可以求出经济函数从 a 到 b 的变动值（或称为增量），即

$$\Delta F = F(b)-F(a)=\int_a^b F'(x)\mathrm{d}x .$$

因为总成本 $C(q)$ 是边际成本 $C'(q)$ 的原函数，所以 $C(q)=\int_0^q C'(q)\mathrm{d}q + C_0$.

故日产量由 64 件增加到 100 件的总成本的增量为

$$C(100)-C(64)=\int_{64}^{100}C'(q)\mathrm{d}q=\int_{64}^{100}C'(q)\mathrm{d}q=\int_{64}^{100}\left(5+\frac{25}{\sqrt{q}}\right)\mathrm{d}q=\left[5q+50\sqrt{q}\right]\Big|_{64}^{100}$$

$$=5\times(100-64)+50\times(10-8)=180+100=280 \text{（万元）}.$$

【应用实例 7-4】根据边际收入求总收入和平均收入

【实例描述】

已知生产某产品 q 件时的边际收入为 $R'(q)=100-2q$（元/件），求生产 40 件时的总收入和平均收入，并求再增加生产 10 件时所增加的总收入.

【实例求解】

生产 q 件产品时的总收入函数为 $R(q)=\int_0^q R'(q)\mathrm{d}q$.

生产 40 件产品时的总收入为

$$R(40)=\int_0^{40}(100-2q)\mathrm{d}q=[100q-q^2]\big|_0^{40}=4000-1600=2400 \text{（元）}.$$

生产 40 件产品时的平均收入为

$$\overline{R(40)}=\frac{R(40)}{40}=\frac{2400}{40}=60 \text{（元/件）}.$$

在生产 40 件产品后再生产 10 件产品所增加的总收入为

$$\Delta R = R(50) - R(40) = \int_{40}^{50} R'(q)\mathrm{d}q = \int_{40}^{50}(100 - 2q)\mathrm{d}q$$

$$= [100q - q^2]\big|_{40}^{50} = 100\text{（元）}.$$

【应用实例 7-5】求利润增量及最大利润

【实例描述】

设某产品的边际收入函数为 $R'(q) = 9 - q$（万元/万台），边际成本函数为 $C'(q) = 4 + \dfrac{q}{4}$（万元/万台），其中产量 q 的单位为万台，产量为 0 时利润也为 0，求：

a. 当产量由 4 万台增加到 5 万台时利润的变化量.

b. 当产量为多少时利润最大？最大利润为多少万元？

【实例求解】

a. 边际利润为

$$L'(q) = R'(q) - C'(q) = (9 - q) - \left(4 + \frac{q}{4}\right) = 5 - \frac{5q}{4}.$$

当产量由 4 万台增加到 5 万台时利润的变化量为

$$L(5) - L(4) = \int_{4}^{5}\left(5 - \frac{5q}{4}\right)\mathrm{d}q = \left[5q - \frac{5q^2}{8}\right]\Bigg|_{4}^{5} = 5 - \left(\frac{125}{8} - \frac{80}{8}\right) = 5 - \frac{45}{8} = -\frac{5}{8}\text{（万元）}.$$

由此可见，在产量 4 万台的基础上再生产 1 万台，利润减少了 $\dfrac{5}{8}$ 万元.

b. 当 $L'(q) = 0$ 时利润最大，即 $5 - \dfrac{5q}{4} = 0$，得唯一驻点 $q = 4$（万台），即产量 4 万台时利润最大.

$$\text{利润} = \int\left(5 - \frac{5q}{4}\right)\mathrm{d}q = 5q - \frac{5q^2}{8} + C.$$

由于 $q = 0$ 时，利润也为 0，$C = 0$.

所以最大利润 $= 5 \times 4 - \dfrac{5 \times 4^2}{8} = 20 - 10 = 10$（万元）.

【应用实例 7-6】计算平均销售量

【实例描述】

有一家快餐连锁店在广告后第 t 天销售的快餐数量为 $S = S(t) = 20 - 10\,\mathrm{e}^{-0.1t}$，求该快餐连锁店广告后第 1 周内的日平均销售量.

【实例求解】

解：

该快餐连锁店在广告后第 1 周内的日平均销售量 $\overline{S}$ 为

$$\overline{S} = \frac{1}{7-0}\int_0^7 (20-10e^{-0.1t})dt = \frac{1}{7}\left(\int_0^7 20dt - 10\int_0^7 10\times 0.1\times e^{-0.1t}dt\right)$$

$$= 20 + \frac{100}{7}\int_0^7 e^{-0.1t}d(-0.1t) = 20 + \frac{100}{7}[e^{-0.1t}]\big|_0^7 = 20 + \frac{100}{7}(e^{-0.7}-1) \approx 12.808.$$

【电类应用】

【应用实例 7-7】求电容器上的电压

【实例描述】

图 7-23 所示的电路中，当开关 K 合上后，其电流为 $i(t) = \dfrac{E}{R}e^{-\frac{t}{RC}}$，求由 $t=0$ 开始到 T 时为止电容上的电压 U_C.

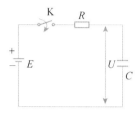

图 7-23　电容充电的电路

【实例求解】

由电工学知，$U_C = \dfrac{Q(\text{电量})}{C(\text{电容量})}$，所以需要先计算出由 0 至 T 时，电容上积累的电量 Q，由前面的讨论可知，

$$Q = \int_0^T i(t)dt = \int_0^T \frac{E}{R}e^{-\frac{t}{RC}}dt = -EC\int_0^T e^{-\frac{t}{RC}}d\left(-\frac{t}{RC}\right) = -ECe^{-\frac{t}{RC}}\big|_0^T$$

$$= -EC\left(e^{-\frac{T}{RC}}-e^0\right) = EC\left(1-e^{-\frac{T}{RC}}\right).$$

电容器的电压为 $U_C = E\left(1-e^{-\frac{T}{RC}}\right)$.

【应用实例 7-8】求交流电的平均功率和有效值

【实例描述】

1. 单相全波整流电路图如图 7-24 所示，其波形图如图 7-25 所示，交流电源电压经变压器及整流器供给负载（电阻）R 的电压 $U_{R_L} = U_0 = U_m|\sin\omega t|$，计算负责 R 的电压的平均值 $\overline{U_{R_L}}$.

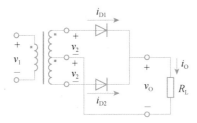

图 7-24 单相全波整流电路图 　　图 7-25 单相全波整流电路图的波形图

2. 计算纯电阻电路中正弦交流电 $i = I_{\mathrm{m}}\sin\omega t$ 在一个周期内功率的平均值.

3. 由电工学可知，如果交流电流 $i(t)$ 在一个周期内消耗在电阻 R 上的平均功率 $\overline{P}$ 与直流电流 I 消耗在电阻 R 上的功率相等，那么这个直流电流的数值 I 就叫作交流电流 $i(t)$ 的有效值. 计算交流电流 $i(t) = I_{\mathrm{m}}\sin\omega t$ 的有效值 I.

【实例求解】

1. 由函数平均值计算公式可得 $\overline{U_{R_{\mathrm{L}}}} = \dfrac{1}{T - 0}\displaystyle\int_0^T U_{\mathrm{m}}\,|\sin\omega t|\,\mathrm{d}t$.

交流电 $U_{\mathrm{m}}|\sin\omega t|$ 的周期为 2π，由图 7-25 可知，$2\pi = \omega T$，即 $T = \dfrac{2\pi}{\omega}$.

所以 $\overline{U_{R_{\mathrm{L}}}} = \dfrac{1}{T - 0}\displaystyle\int_0^T U_{\mathrm{m}}\,|\sin\omega t|\,\mathrm{d}t = \dfrac{1}{\dfrac{2\pi}{\omega} - 0}\displaystyle\int_0^{\frac{2\pi}{\omega}} U_{\mathrm{m}}\,|\sin\omega t|\,\mathrm{d}t$

$= \dfrac{U_{\mathrm{m}}}{2\pi}\displaystyle\int_0^{\frac{2\pi}{\omega}}|\sin\omega t|\,\mathrm{d}(\omega t) = \dfrac{U_{\mathrm{m}}}{2\pi}\cdot 2\displaystyle\int_0^{\frac{\pi}{\omega}}|\sin\omega t|\,\mathrm{d}(\omega t)$

$= \dfrac{U_{\mathrm{m}}}{\pi}[-\cos\omega t]\Big|_0^{\frac{\pi}{\omega}} = \dfrac{2}{\pi}U_{\mathrm{m}}$.

2. 设电阻为 R，那么在这个电路中，R 两端的电压为 $u = Ri = RI_{\mathrm{m}}\sin\omega t$.

功率 $P = ui = Ri^2 = RI_{\mathrm{m}}^2\sin^2\omega t$，由于交流电 $i = I_{\mathrm{m}}\sin\omega t$ 的周期为 $T = \dfrac{2\pi}{\omega}$，因此在一个周期 $\left[0,\dfrac{2\pi}{\omega}\right]$ 上，P 的平均值为

$$\overline{P} = \dfrac{1}{\dfrac{2\pi}{\omega} - 0}\int_0^{\frac{2\pi}{\omega}}RI_{\mathrm{m}}^2\sin^2\omega t\,\mathrm{d}t = \dfrac{\omega RI_{\mathrm{m}}^2}{2\pi}\int_0^{\frac{2\pi}{\omega}}\left(\dfrac{1 - \cos 2\omega t}{2}\right)\mathrm{d}t$$

$$= \dfrac{\omega RI_{\mathrm{m}}^2}{4\pi}\left[t - \dfrac{1}{2\omega}\sin 2\omega t\right]_0^{\frac{2\pi}{\omega}} = \dfrac{\omega RI_{\mathrm{m}}^2}{4\pi}\cdot\dfrac{2\pi}{\omega} = \dfrac{RI_{\mathrm{m}}^2}{2} = \dfrac{I_{\mathrm{m}}u_{\mathrm{m}}}{2}?\ \ (u_{\mathrm{m}} = I_{\mathrm{m}}R).$$

即纯电阻电路中，正弦交流电的平均功率等于电流、电压的峰值的乘积的一半.

3. 计算 $i(t)$ 在一个周期内消耗在电阻 R 上的平均功率（直接引用上一步的计算结果）

$$\overline{P} = \dfrac{1}{\dfrac{2\pi}{\omega} - 0}\int_0^{\frac{2\pi}{\omega}}RI_{\mathrm{m}}^2\sin^2\omega t\,\mathrm{d}t = \dfrac{RI_{\mathrm{m}}^2}{2}.$$

由电工学可知，$\overline{P} = I^2R$，即 $I^2R = \dfrac{RI_m^2}{2}$，故 $I = \dfrac{I_m}{\sqrt{2}} = \dfrac{\sqrt{2}I_m}{2}$．

【机类应用】

【应用实例 7-9】求变力所做的功

【实例描述】

1. 计算弹力所做的功

已知弹簧每拉长 0.02 m 要用 9.8N 的力，如图 7-26 所示，求把弹簧拉长 0.1 m 所做的功．

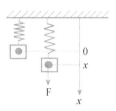

图 7-26　弹簧做功

2. 计算抽水时所做的功

一圆柱形的贮水桶高为 5 m，底圆半径为 3 m，桶内盛满了水，如图 7-27 所示．试问要把桶内的水全部抽出需做多少功？

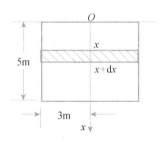

图 7-27　抽水做功

【实例求解】

1. 由物理学知道，在一个常力 F 的作用下，物体沿力的方向做直线运动，当物体移动一段距离 s 时，F 所做的功为 $W = F \cdot s$．

如果物体在运动过程中所受到的力是变化的，则不能直接使用上面的公式，这时必须利用定积分的思想解决这个问题．

如图 7-26 所示，我们知道，在弹性限度内，拉伸（或压缩）弹簧所需的力 F 与弹簧的伸长量（或压缩量）x 成正比，即 $F=kx$．式中 k 为比例系数．

根据题意，当 $x=0.02$ 时，$F=9.8$，故由 $F=kx$ 得 $k=490$．这样得到的变力函数为 $F=490x$．下面用元素法求此变力所做的功．

取 x 为积分变量，积分区间为 $[0, 0.1]$．在 $[0, 0.1]$ 上任取一小区间 $[x, x+dx]$，与它对应的变力 F 所做的功近似于把变力 F 看作常力所做的功，从而得到功元素为 $dW=490xdx$．

于是所求的功为

$$W = \int_0^{0.1} 490x\mathrm{d}x = 490\left[\frac{x^2}{2}\right]_0^{0.1} = 2.45\mathrm{J}.$$

2. 如图 7-27 所示，取深度 x 为积分变量，它的变化区间为[0，5]，在[0，5]上任取一小区间[x，$x+\mathrm{d}x$]，与它对应的一薄层水（圆柱）的底面半径为 3，高度为 $\mathrm{d}x$，故这薄层水的重量为 $9800\pi\times3^2\mathrm{d}x$.

因这一薄层水抽出贮水桶所做的功近似于克服这一薄层水的重量所做的功，所以功元素为 $\mathrm{d}W = 9800\pi\times3^2\mathrm{d}x \cdot x = 88200\pi x\mathrm{d}x$.

于是所求的功为

$$W = \int_0^5 88200\pi x\mathrm{d}x = 88200\pi\left[\frac{x^2}{2}\right]_0^5 = 88200\pi\times\frac{25}{2} \approx 3.462\times10^6\mathrm{J}.$$

【应用实例 7-10】计算发射火箭的最小初速度

【实例描述】

在地球表面垂直发射火箭，如图 7-28 所示，要使火箭克服地球引力无限远离地球，试问初速度 v_0 至少要多大？

图 7-28 发射火箭

【实例求解】

设地球半径为 R，火箭质量为 m，地面上的重力加速度为 g. 按万有引力定律，在距地心 $x(x > R)$ 处火箭所受的引力为 $F = \dfrac{mgR^2}{x^2}$.

于是火箭从地面上升到距离地心为 $x(x > R)$ 处须做的功为

$$\int_R^r \frac{mgR^2}{x^2} dx = mgR^2 \left(\frac{1}{R} - \frac{1}{r} \right).$$

当 $r \to +\infty$ 时，其极限 mgR 就是火箭无限远离地球须做的功．我们很自然地会把这极限写作上限为 $+\infty$ 的"积分"：$\int_R^{+\infty} \frac{mgR^2}{x^2} dx = \lim_{r \to +\infty} \int_R^r \frac{mgR^2}{x^2} dx = mgR$．

最后，由机械能守恒定律可求得初速度 v_0 至少应满足 $\frac{1}{2}mv_0^2 = mgR$．

取 $g = 9.8\mathrm{m/s}^2$，$R = 6.371 \times 10^6 \mathrm{m}$，代入得

$$v_0 = \sqrt{2gR} \approx 11.2\mathrm{km/s}.$$

应用拓展

【应用实例7-11】求限定图形的面积

【应用实例7-12】求机器零件旋转体的体积

【应用实例7-13】求汽车的刹车路程

【应用实例7-14】求新油井生产的石油总量

【应用实例7-15】求产品最佳销售时间及对应的总利润

【应用实例7-16】求产品指定时间范围内的总产量

【应用实例7-17】求产量增加时对应总成本与总收入的增加量

【应用实例7-18】求产品利润最大时的产量

【应用实例7-19】求规定时间间隔内流过导线横截面的电量

【应用实例7-20】求电烙铁的电流和平均功率

【应用实例7-21】求半波整流后电压的平均值

【应用实例7-22】求拉长金属杆所做的功

【应用实例7-23】求发射人造地球卫星所做的功

扫描二维码，浏览电子活页7-4，完成本模块拓展应用题的求解．

电子活页7-4

模块小结

1. 基本知识

（1）定积分的概念

$\int_a^b f(x)dx = \lim_{\lambda \to 0} \sum_{i=1}^n f(\xi_i)\Delta x_i$，它是一个定值，只与被积函数 $f(x)$ 与积分区间 $[a, b]$ 有关．

（2）定积分的性质

① $\int_a^b [f(x) \pm g(x)]dx = \int_a^b f(x)dx \pm \int_a^b g(x)dx$．

② $\int_a^b kf(x)dx = k\int_a^b f(x)dx$．

③ $\int_a^b 1 \cdot \mathrm{d}x = \int_a^b \mathrm{d}x = b-a$.

④ $\int_a^b f(x)\mathrm{d}x = \int_a^b f(x)\mathrm{d}x + \int_c^b f(x)\mathrm{d}x$.

⑤ 如果在闭区间$[a，b]$上，恒有$f(x) \leqslant g(x)$，那么$\int_a^b f(x)\mathrm{d}x \leqslant \int_a^b g(x)\mathrm{d}x$.

⑥ 如果 m 和 M 分别是$f(x)$在闭区间$[a，b]$上的最小值和最大值，那么 $m(b-a) \leqslant \int_a^b f(x)\mathrm{d}x \leqslant M(b-a)$.

⑦ 如果函数$f(x)$在闭区间$[a，b]$上连续，那么在区间$[a，b]$上至少存在一点ξ，使得 $\int_a^b f(x)\mathrm{d}x = f(\xi)(b-a)$ $(a \leqslant \xi \leqslant b)$.

（3）定积分的几何意义

① 当$y=f(x) \geqslant 0$，$x \in [a，b]$时，$\int_a^b f(x)\mathrm{d}x$ 表示曲边梯形的面积.

② 当$y=f(x) \leqslant 0$，$x \in [a，b]$时，$\int_a^b f(x)\mathrm{d}x$ 表示曲边梯形的面积的负值.

③ 对于一般情形，连续函数$y=f(x)$，$x \in [a，b]$，则$\int_a^b f(x)\mathrm{d}x$ 表示曲边所围成的各个小曲边梯形面积的代数和.

（4）积分上限函数的性质

如果函数$y=f(x)$在闭区间$[a，b]$上连续，那么积分上限函数一定可导，且

$$\frac{\mathrm{d}}{\mathrm{d}x}\int_a^x f(t)\mathrm{d}t = f(x)$$.

（5）定积分的计算公式

① 微积分基本定理——牛顿—莱布尼茨公式：$\int_a^b f(x)\mathrm{d}x = F(x)\big|_a^b = F(b)-F(a)$.

② 换元积分公式：$\int_a^b f(x)\mathrm{d}x = \int_\alpha^\beta f[\phi(t)]\phi'(t)\mathrm{d}t$.

③ 分部积分公式：$\int_a^b u\mathrm{d}v = [uv]\big|_a^b - \int_a^b v\mathrm{d}u$.

④ 如果$f(x)$为偶函数，那么$\int_{-a}^b f(x)\mathrm{d}x = 2\int_b^a f(x)\mathrm{d}x$.

⑤ 如果$f(x)$为奇函数，那么$\int_{-b}^b f(x)\mathrm{d}x = 0$.

（6）无穷区间的广义积分

① $\int_a^{+\infty} f(x)\mathrm{d}x = \lim\limits_{b \to +\infty} \int_a^b f(x)\mathrm{d}x$.

② $\int_{-\infty}^b f(x)\mathrm{d}x = \lim\limits_{a \to -\infty} \int_a^b f(x)\mathrm{d}x$.

③ $\int_{-\infty}^{+\infty} f(x)\mathrm{d}x = \lim\limits_{a \to -\infty} \int_a^0 f(x)\mathrm{d}x + \lim\limits_{b \to +\infty} \int_0^b f(x)\mathrm{d}x$.

（7）无界函数的广义积分

① $\int_a^b f(x)\mathrm{d}x = \lim\limits_{\varepsilon \to 0+0} \int_{a+\varepsilon}^b f(x)\mathrm{d}x$.

② $\int_a^b f(x)\mathrm{d}x = \lim\limits_{\varepsilon \to 0+0} \int_a^{b-\varepsilon} f(x)\mathrm{d}x (\varepsilon > 0)$.

③ $\displaystyle\int_a^b f(x)\mathrm{d}x = \lim_{\varepsilon_1 \to 0+0}\int_a^{c-\varepsilon_1} f(x)\mathrm{d}x + \lim_{\varepsilon_2 \to 0+0}\int_{c+\varepsilon_2}^b f(x)\mathrm{d}x\,(\varepsilon_1 > 0,\ \varepsilon_2 > 0)$.

2．基本方法

（1）微元法建立定积分的方法与步骤

第 1 步　根据问题的具体情况，选取一个变量，例如，x 为积分变量，并确定它的变化区间$[a,b]$．

第 2 步　写出 U 在任一小区间$[x，x+\mathrm{d}x]$上的微元 $\mathrm{d}U=f(x)\mathrm{d}x$，这里常运用"以常代变，以直代曲"等方法．

第 3 步　以所求量 U 的微元 $f(x)\mathrm{d}x$ 为被积表达式，写出在区间$[a，b]$上的定积分，得

$$U=\int_b^a f(x)\mathrm{d}x.$$

（2）求定积分的常用方法

求定积分常用方法的思维导图如图 7-29 所示．

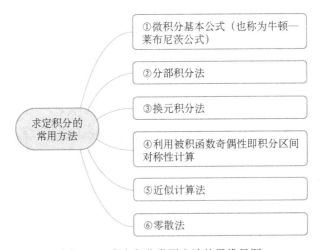

图 7-29　求定积分常用方法的思维导图

求定积分的常用方法主要有以下几种：

① 微积分基本公式（也称为牛顿—莱布尼茨公式）．这是求定积分的基本方法．通过找到被积函数的原函数，然后计算其在积分区间两端点的函数值之差，即可求得定积分的值．

② 分部积分法．分部积分法是由微分的乘法法则和微积分基本定理推导而来的．它的主要原理是将不易直接求结果的积分形式，转化为等价的易求出结果的积分形式．分部积分法主要适用于被积函数为两个不同类函数乘积的情况．它通过将一个函数视为微分项，另一个函数视为积分项，利用乘积的微分法则进行积分，从而达到简化计算的目的．

③ 换元积分法．换元积分法是通过变量替换的方式将复杂的积分转化成简单的积分，从而简化计算．在换元过程中，需要同时替换被积函数和积分区间．

④ 利用被积函数奇偶性即积分区间对称性计算．当被积函数具有奇偶性，或者积分区间具有对称性时，可以利用这些性质简化计算．例如，奇函数在关于原点对称的区间上的定积分为 0，偶函数在关于原点对称的区间上的定积分等于其在正半轴上定积分的两倍．

⑤ 近似计算法．当被积函数较为复杂或无法找到原函数时，可以使用近似计算法求解

定积分．这些方法通常将曲线下方的区域分割成若干个简单的几何形状（例如，梯形、三角形等），然后计算这些形状的面积总和作为定积分的近似值．

⑥ 零散法．这也是一种将曲线下方的面积进行分割求和的方法，包括矩形法和梯形法等．

在实际应用中，可以根据被积函数和积分区间的特点，灵活选择和应用上述方法．同时，也可以结合使用多种方法，以便更有效地求解定积分．

（3）积分法计算函数的平均值

$$\overline{y} = \frac{1}{b-a}\int_a^b f(x)\mathrm{d}x .$$

（4）积分法计算平面图形的面积

$$A = \int_a^b [f(x) - g(x)]\mathrm{d}x \quad \text{或} \quad A = \int_c^d [\phi_2(y) - \phi_1(y)]\mathrm{d}y .$$

（5）积分法计算旋转体的体积

$$V = \pi \int_a^b f^2(x)\mathrm{d}x .$$

 模块考核

扫描二维码，浏览电子活页 7-5，完成本模块的在线考核．

扫描二维码，浏览电子活页 7-6，查看本模块考核试题的答案．

电子活页 7-5

电子活页 7-6

模块 8　微分方程及其应用

　　研究许多实际问题时，常常需要求出问题涉及的变量之间的函数关系．一些较简单的函数关系可以由实际问题的特点直接确定，而对于一些较复杂的问题，我们只能根据具体实际问题的性质及遵循的规律，建立一个包含未知函数及其变化率（导数）的关系式，通过求解这样的关系式确定所求函数．这类问题就是微分方程所要讨论的问题．

　　微分方程是数学联系实际，并应用于实际的重要途径和桥梁，是各个学科进行科学研究的强有力工具．现实世界中的许多实际问题都可以抽象为微分方程问题，例如，物体的冷却、人口的增长、琴弦的振动、电磁波的传播等，这时微分方程也称为所研究问题的数学模型．

教学导航

教学目标	（1）理解微分方程及其阶、解、通解、初始条件和特解等基本概念 （2）熟练掌握变量可分离的微分方程及一阶线性微分方程的求解方法 （3）熟悉三种可降阶的二阶微分方程的求解方法 （4）理解二阶常系数线性齐次微分方程的求解方法
教学重点	（1）微分方程的基本概念 （2）求解变量可分离的微分方程 （3）求解一阶线性微分方程 （4）求解二阶常系数线性齐次微分方程
教学难点	（1）求解三种可降阶的二阶微分方程 （2）求解二阶常系数线性齐次微分方程

价值引导

　　直到 1739 年，随着克莱罗独立地引进积分因子的概念并建立相应理论，求解一阶常微分方程的所有初等方法都已清楚．17 世纪中叶到 18 世纪初期，伴随着质点运动学的发展，人们开启了对二阶常微分方程的研究．例如，对于伽利略研究的自由落体运动方程，利用可降阶的高阶微分方程求法得到物体的运动规律；对于约翰·伯努利研究的简谐运动方程，可用二阶常系数齐次线性微分方程求法得到运动规律等．

　　1740—1743 年，欧拉用变量代换求解一阶线性微分方程（即"欧拉方程"），后又给出了任意阶常系数齐次线性微分方程的古典解法. 1774—1775 年，拉格朗日发展了常数变易法，解决了一阶变系数常微分方程的求解问题，后又将常数变易法应用于解高阶常微分方程组.

在齐次方程、伯努利方程及欧拉方程的求解过程中，均用到了变量代换的方法，将未知转化为已知来解决. 这种思路的分析与归纳会启发我们认识问题的本质，培养发现问题、分析问题、解决问题的能力.

在学习常微分方程的过程中，我们要培养正确的理想信念和思想认同、良好的思维品质和科学精神，学会知识迁移和责任担当. 例如，在学习求解常微分方程时，要坚持"观察问题、发现规律、归纳总结"的科学方法，这符合科学精神和创新精神的要求；要运用抽象思维和逻辑推理能力，并且注重实际问题与数学模型之间的联系；要将数学模型与实际问题相结合，并且注重创新性地解决问题；要注重社会责任感，并且将自己所学应用于国家发展和社会进步之中.

引例导入

【引导实例8-1】求曲线方程

【引例描述】

已知某曲线上任意一点 (x, y) 处的切线斜率为 $x+2$，且该曲线过点 $(-2, 1)$，求该曲线的方程.

【引例求解】

设曲线方程为 $y = f(x)$，由导数的几何意义得 $y' = \dfrac{\mathrm{d}y}{\mathrm{d}x} = x+2$，即 $\mathrm{d}y = (x+2)\mathrm{d}x$，两边积分，得 $y = \dfrac{1}{2}x^2 + 2x + C$.

因为该曲线通过点 $(-2, 1)$，用 $y|_{x=-2} = 1$ 代入，得 $C=3$，则所求曲线方程为

$$y = \frac{1}{2}x^2 + 2x + 3.$$

【引导实例8-2】求列车制动时的行驶路程

【引例描述】

列车在平直线路上以 20m/s（相当于 72km/h）的速度行驶，当制动时列车获得加速度 $-0.4\,\mathrm{m/s^2}$，问开始制动后多少时间列车才能停住，以及列车在这段时间里行驶了多少路程.

【引例求解】

把列车制动的时刻记为 $t=0$，列车制动后 t s 行驶了 s m，列车运动规律的函数为 $s = s(t)$，则有 $\dfrac{\mathrm{d}^2 s}{\mathrm{d}t^2} = -0.4$.

另外，未知函数 $s = s(t)$ 还满足当 $t=0$ 时，$s=0$，$v(0) = s'(0) = 20$.

两边同时对 t 积分，得

$$\frac{\mathrm{d}s}{\mathrm{d}t} = -0.4t + C_1.$$　　　　　　（8-1）

再一次对 t 积分，得

$$s = -0.2t^2 + C_1 t + C_2.$$　　　　　　（8-2）

其中 C_1 和 C_2 都是任意常数.

把 $t = 0$ 时，$v = \dfrac{\mathrm{d}s}{\mathrm{d}t} = 20$ 代入式（8-1），故 $20 = -0.4 \times 0 + C_1$，求得 $C_1 = 20$.

把 $t=0$ 时，$s=0$，代入式（8-2），得 $C_2 = 0$，于是，列车制动后的运动方程为

$$s = -0.2t^2 + 20t.$$　　　　　　（8-3）

速度方程为

$$v = \frac{\mathrm{d}s}{\mathrm{d}t} = -0.4t + 20.$$　　　　　　（8-4）

当车停住时速度为零，将 $v = \dfrac{\mathrm{d}s}{\mathrm{d}t} = 0$，代入式（8-4），可得 $0 = -0.4t + 20$，解得 $t = 50\text{s}$，即列车从开始制动到完全刹住的时间为 50s.

此时，$s = -0.2 \times 50^2 + 20 \times 50 = 500\text{m}$，即列车制动后行驶的路程为 500m.

上面的两个引例，尽管实际意义不相同，但解决问题的方法，都可以归结为首先建立一个含有未知函数的导数的方程，然后通过所建立的方程，求出满足所给的附加条件的未知函数，这就是微分方程及其解微分方程.

 概念认知

【概念8-1】微分方程

【定义8-1】微分方程

> 含有自变量，未知函数及未知函数导数（或微分）的方程称为微分方程.

例如，$y' + y + x = 1$，$y'' + 1 = 0$ 等都是微分方程，而 $y + x = 1$ 不是微分方程.

微分方程的一般形式：$F(x, \ y, \ y', \cdots, \ y^{(n)}) = 0$.

微分方程的标准形式：$y^{(n)} = f(x, \ y, \ y', \cdots, \ y^{(n-1)})$.

如果微分方程中的未知函数只含有一个自变量，则这样的微分方程称为常微分方程；未知函数含有多个自变量的微分方程称为偏微分方程. 本模块中，我们只讨论常微分方程，为方便起见简称为微分方程或方程. 要注意的是，微分方程中必须含有未知函数的导数（或微分）.

【概念8-2】微分方程的阶

【定义8-2】微分方程的阶

> 微分方程中出现的未知函数的导数（或微分）的最高阶数称为微分方程的阶.

例如，$y'+y+x=1$ 是一阶微分方程，$y''+1=0$ 是二阶微分方程，$y'''-x=2$ 是三阶微分方程，$y^{(5)}-4y'''-10y'=\sin x$ 是五阶微分方程.

【说明】n 阶微分方程形式 $F(x, y, y', \cdots, y^{(n)})=0$ 是 $n+2$ 个变量的函数，其中 $y^{(n)}$ 必须出现，其他变量可以不出现.

本模块主要讨论几种特殊类型的一阶微分方程和二阶微分方程.

【概念8-3】微分方程的解与通解

【定义8-3】微分方程的解

设 $y=\varphi(x)$ 在区间 D 上有 n 阶连续导数，若在 D 上有

$$F[x, \varphi(x), \varphi'(x), \cdots, \varphi^{(n)}(x)] \equiv 0 \text{ 成立,}$$

则函数 $y=\varphi(x)$ 称为微分方程 $F(x, y, y', \cdots, y^{(n)})=0$ 在区间 D 上的解.

简而言之，如果将一个函数 $y=\varphi(x)$ 代入微分方程后，能使该方程成为恒等式，则称这个函数为该微分方程的解.

【定义8-4】微分方程的通解

如果微分方程的解中含有任意常数，并且相互独立的任意常数的个数与该方程的阶数相等，则称这样的解为微分方程的通解.

【说明】所谓相互独立的任意常数，是指它们不能通过合并而使得解中的任意常数的个数减少. 例如，$y=x^2+C$ 是微分方程 $y'=2x$ 的通解，$s=-0.2t^2+C_1t+C_2$ 是微分方程 $s''=-0.4$ 的通解.

【验证实例8-1】

设一个微分方程的通解为 $(x-C)^2+y^2=1$，求对应的微分方程.

解：对通解两端求导数得

$$2(x-C)+2yy'=0,$$

即 $x-C=-yy'$ 或 $C=x+yy'$.

将 $C=x+yy'$ 代入原方程，得

$$y^2(y')^2+y^2=1.$$

【概念8-4】微分方程的初始条件与特解

1. 微分方程的初始条件

用于确定微分方程通解中任意常数的附加条件称为初始条件.

通常一阶微分方程的初始条件写成

$$\text{当 } x=x_0 \text{ 时, } y=y_0, \ y|_{x=x_0}=y_0,$$

由此可以确定通解中的一个任意常数.

通常二阶微分方程的初始条件写成

$$\text{当 } x=x_0 \text{ 时, } y=y_0, \ y'=y_0' \text{ 或 } y|_{x=x_0}=y_0 \text{ 及 } y'|_{x=x_0}=y_0',$$

由此可以确定通解中的两个任意常数.

例如，$y|_{x=2}=1$，$s|_{t=0}=S_0$，$s'|_{t=0}=V_0$ 都是初始条件.

2. 微分方程的特解

在微分方程的通解中，利用初始条件确定任意常数后，所得到的解称为微分方程的特解. 即不含任意常数的解称为特解，要从通解中确定任意常数得到特解，需要有与任意常数个数相同的初始条件.

【验证实例8-2】

已知函数 $y=C_1+C_2x^2$ 是微分方程 $y=y'x-\dfrac{1}{2}y''x^2$ 的通解，求满足初始条件 $y|_{x=-1}=1$，$y'|_{x=1}=-1$ 的特解.

解：将 $y|_{x=-1}=1$ 代入通解中，得 $C_2-C_1=1$，$y'=2C_2x$，将 $y'|_{x=1}=-1$ 代入，得 $C_1+2C_2=-1$，

联立 $\begin{cases}C_2-C_1=1,\\2C_2=1,\end{cases}$ 解得 $\begin{cases}C_1=-1,\\C_2=0,\end{cases}$ 所以，满足初始条件的特解为 $y=-x$.

【验证实例8-3】

已知 $x=c_1\cos kt+c_2\sin kt$，当 $k\neq0$ 时是方程 $\dfrac{d^2x}{dt^2}+k^2x=0$ 的通解，求满足初始条件 $x|_{t=0}=A$，$\dfrac{dx}{dt}\Big|_{t=0}=0$ 的特解.

解：将 $x|_{t=0}=A$ 代入 $x=c_1\cos kt+c_2\sin kt$，得 $c_1=A$，又

$$x'=-kc_1\sin kt+kc_2\cos kt.$$

将 $\dfrac{dx}{dt}\Big|_{t=0}=0$ 代入上式，求得 $c_2=0$，所以 $x=A\cos kt$ 是方程的特解.

【概念8-5】解微分方程

求微分方程的解的过程称为解微分方程.

例如，求微分方程 $\dfrac{dy}{dx}=\dfrac{1}{x}$ 的解为 $y=\ln x+C$.

【概念8-6】积分曲线与积分曲线簇

微分方程的每个解的图形是一条曲线称为微分方程的积分曲线.

微分方程特解的图形是一条曲线，叫微分方程的积分曲线，而微分方程的通解图形是一簇曲线，称为积分曲线簇. 显然，特解图形就是积分曲线簇中满足某个初始条件的一条确定的曲线.

一阶微分方程问题 $\begin{cases}y'=f(x,y),\\y|_{x=x_0}=y_0\end{cases}$ 的几何意义是，求微分方程通过点 (x_0,y_0) 的那条积分曲线.

二阶微分方程的问题 $\begin{cases} y'' = f(x, \ y, \ y'), \\ y\big|_{x=x_0} = y_0, \ y'\big|_{x=x_0} = y_0' \end{cases}$ 的几何意义是，求微分方程通过点 $(x_0, \ y_0)$

且在该点处的切线斜率为 y_0' 的那条积分曲线.

【概念8-7】验证微分方程的解

验证一个函数 $y = \varphi(x)$ 是某微分方程 $F(x, \ y, \ y', \cdots, \ y^{(n)}) = 0$ 的解，只须将 $y = \varphi(x)$ 代入方程，方程恒成立即可.

【验证实例8-4】

验证函数 $y = C_1 \sin x - C_2 \cos x$ 是 $y'' + y = 0$ 的通解，其中 C_1，C_2 是任意常数.

解：因为 $y' = C_1 \cos x + C_2 \sin x$，$y'' = -C_1 \sin x + C_2 \cos x$，将 y，y'，y'' 代入原方程左端，得 $-C_1 \sin x + C_2 \cos x + C_1 \sin x - C_2 \cos x = 0$.

所以，$y = C_1 \sin x - C_2 \cos x$ 是 $y'' + y = 0$ 的解.

又因为解中含有两个任意常数，其个数与方程阶数相等，所以 $y = C_1 \sin x - C_2 \cos x$ 是 $y'' + y = 0$ 的通解.

📖 知识疏理

【知识8-1】可分离变量的一阶微分方程及求解方法

一阶微分方程的一般形式为 $F(x, \ y, \ y') = 0$ 或 $y' = f(x, \ y)$，可分离变量的一阶微分方程只是一阶微分方程的一种特殊类型.

【定义8-5】可分离变量的一阶微分方程

> 一般地，形如
>
> $$y' = \frac{\mathrm{d}y}{\mathrm{d}x} = f(x)g(y) \qquad (8\text{-}5)$$
>
> 或
>
> $$g(y)\mathrm{d}y = f(x)\mathrm{d}x \qquad (8\text{-}6)$$
>
> 的一阶微分方程或经变形后可以写成如上形式的方程称为可分离变量的一阶微分方程.

例如，$\dfrac{\mathrm{d}y}{\mathrm{d}x} = \dfrac{y}{x}$，$x(y^2 - 1)\mathrm{d}x + y(x^2 - 1)\mathrm{d}y = 0$ 等都是可分离变量的微分方程. 而 $\cos(xy)\mathrm{d}x + xy\mathrm{d}y = 0$ 不是可分离变量的微分方程.

【验证实例8-5】

求微分方程 $\dfrac{\mathrm{d}y}{\mathrm{d}x} = \dfrac{y}{x^2}$ 的通解.

解：

将原方程分离变量，得 $\dfrac{\mathrm{d}y}{y} = \dfrac{\mathrm{d}x}{x^2}$.

两边积分，得 $\int\dfrac{\mathrm{d}y}{y}=\int\dfrac{\mathrm{d}x}{x^2}$.

求出积分，得 $\ln|y|=-\dfrac{1}{x}+C_1$ ，即 $y=\pm\mathrm{e}^{C_1-\frac{1}{x}}$ ，所以，原方程的通解为 $y=c\mathrm{e}^{-\frac{1}{x}}$.（其中 $c=\pm\mathrm{e}^{C_1}$ ）.

【验证实例8-6】

求微分方程 $\cos y\sin x\mathrm{d}x-\sin y\cos x\mathrm{d}y=0$ 满足 $y|_{x=0}=\dfrac{\pi}{4}$ 的特解.

解：

将原方程两端同除以 $\cos x\cos y$ ，得 $\tan x\mathrm{d}x=\tan y\mathrm{d}y$.

两边积分，得 $\int\tan x\mathrm{d}x=\int\tan y\mathrm{d}y$.

求出积分，得 $-\ln|\cos x|+\ln|\cos y|=C_1$ ，即 $\ln\left|\dfrac{\cos y}{\cos x}\right|=C_1$.

求通解：

将解化为 $\left|\dfrac{\cos y}{\cos x}\right|=\mathrm{e}^{C_1}$ ，得 $\left|\dfrac{\cos y}{\cos x}\right|=\pm\mathrm{e}^{C_1}$ ，变换为 $\dfrac{\cos y}{\cos x}=C(C=\pm\mathrm{e}^{C_1})$ ，所以，原方程的通解为 $cosy-Ccosx=0(C=\pm\mathrm{e}^{C_1})$.

求特解：

将 $x=0,y=\dfrac{\pi}{4}$ 代入，得 $C=\cos\dfrac{\pi}{4}=\dfrac{\sqrt{2}}{2}$ ，所以，原方程的特解为 $\sqrt{2}\cos y=\cos x=0$.

【知识8-2】一阶线性微分方程及求解

【定义8-6】一阶线性微分方程

$$\frac{\mathrm{d}y}{\mathrm{d}x}+P(x)y=Q(x) \qquad (8\text{-}7)$$

的微分方程称为一阶线性微分方程.

当 $Q(x)\equiv 0$ 时， $\dfrac{\mathrm{d}y}{\mathrm{d}x}+p(x)y=0$ 是它对应的一阶线性齐次微分方程.

当 $Q(x)\lneqq 0$ 时， $\dfrac{\mathrm{d}y}{\mathrm{d}x}+p(x)y=Q(x)$ 为一阶线性非齐次微分方程.

这里的线性是指 y 及 $\dfrac{\mathrm{d}y}{\mathrm{d}x}$ 的次数都是一次， $P(x)$ ， $Q(x)$ 是已知函数. 如果 $Q(x)\equiv 0$ ，则方程称为齐次方程；如果 $Q(x)\neq 0$ ，则方程称为非齐次方程.

例如， $(x^2-y^2)\mathrm{d}x+2xy\mathrm{d}y=0$ 就是齐次方程，而 $(x^2-y^2)\mathrm{d}x+2xy^2\mathrm{d}y=0$ 不是齐次微分方程.

8.2.1　一阶线性齐次微分方程及求解方法

形如 $\dfrac{\mathrm{d}y}{\mathrm{d}x}+P(x)y=0$ 的齐次微分方程是可分离变量的方程，可变形为

$$\frac{\mathrm{d}y}{\mathrm{d}x}=-P(x)y=f(x,\ y)=\phi\left(\frac{y}{x}\right).$$

【定义8-7】齐次微分方程

> 形如
>
> $$\frac{\mathrm{d}y}{\mathrm{d}x}=f(x,\ y)=\varphi\left(\frac{y}{x}\right) \tag{8-8}$$
>
> 的一阶微分方程称为齐次微分方程.

要解齐次微分方程式（8-8），只须引入新的未知函数 $u=\dfrac{y}{x}$ ，则式（8-4）就可化成关于新未知函数 $u(x)$ 的可分离变量的微分方程.

【验证实例8-7】

解微分方程 $x^2\dfrac{\mathrm{d}y}{\mathrm{d}x}=xy-y^2$.

解：原方程变形为 $\dfrac{\mathrm{d}y}{\mathrm{d}x}=\dfrac{y}{x}-\left(\dfrac{y}{x}\right)^2$ ，令 $u=\dfrac{y}{x}$ ，则 $y=xu$ ， $\dfrac{\mathrm{d}y}{\mathrm{d}x}=u+x\dfrac{\mathrm{d}u}{\mathrm{d}x}$ ，即

$$u+x\frac{\mathrm{d}u}{\mathrm{d}x}=u-u^2,\ x\frac{\mathrm{d}u}{\mathrm{d}x}=-u^2.$$

分离变量，得 $-\dfrac{\mathrm{d}u}{u^2}=\dfrac{\mathrm{d}x}{x}$.

两端积分，得 $\dfrac{1}{u}=\ln x+C$ ， $u=\dfrac{1}{\ln x+C}$.

将 u 换成 $\dfrac{y}{x}$ ，并解出 y .

得原方程的通解为 $y=\dfrac{x}{\ln x+C}$.

8.2.2　一阶线性非齐次微分方程及求解方法

① 先求方程 $\dfrac{\mathrm{d}y}{\mathrm{d}x}+P(x)y=Q(x)$ 对应的齐次微分方程的通解，即令 $Q(x)=0$ ，得

$$\frac{\mathrm{d}y}{\mathrm{d}x}+P(x)y=0, \tag{8-9}$$

方程式（8-9）称为与方程式（8-3）对应的齐次方程.

我们先求方程式（8-9）的通解，为此将式（8-9）分离变量得

$$\frac{\mathrm{d}y}{y}=-P(x)\mathrm{d}y.$$

两端积分，得 $\ln y=-\int P(x)\mathrm{d}x+\ln C$ ，即得式（8-9）的通解为

$$y = Ce^{-\int P(x)\,dx}.$$

② 使用常数变易法.

令式（8-9）的解为 $y = C(x)e^{-\int p(x)dx}$，则

$$\frac{dy}{dx} = C'(x)e^{-\int p(x)\,dx} + C(x)e^{-\int p(x)\,dx}[-p(x)] = C'(x)e^{-\int p(x)\,dx} - p(x)c(x)e^{-\int p(x)\,dx},$$

代入式（8-7），有 $C'(x)e^{-\int p(x)\,dx} - p(x)C(x)e^{-\int p(x)\,dx} + p(x)C(x)e^{-\int p(x)\,dx} = Q(x)$，即

$$C'(x)e^{-\int P(x)\,dx} = Q(x).$$

变形得 $C'(x)e = Q(x)e^{\int P(x)dx}$，积分可得

$$C(x) = \int Q(x)e^{\int p(x)\,dx}dx + C_2.$$

得方程式（8-9）的通解为

$$y = e^{-\int p(x)dx}\left(\int Q(x)e^{\int p(x)\,dx}dx + C\right), \tag{8-10}$$

即式（8-10）为方程 $\dfrac{dy}{dx} + p(x)y = Q(x)$ 的通解.

分析 $y = Ce^{-\int p(x)dx} + e^{-\int p(x)dx}\int Q(x)e^{\int p(x)dx}dx$ 可知，第一项对应齐次方程的通解，第二项对应非齐次方程的一个特解.

即一阶线性微分方程的通解等于对应的齐次方程的通解与非齐次方程的一个特解之和.

上面求方程式（8-7）的通解的方法称为常数变易法.

【验证实例8-8】

解微分方程 $y' + \dfrac{y}{x} = \sin x$.

解：这里，$p(x) = \dfrac{1}{x}$，$Q(x) = \sin x$，利用通解式（8-8）得

$$y = e^{-\int \frac{1}{x}dx}\left(\int \sin x e^{\int \frac{1}{x}dx}dx + C\right) = \frac{1}{x}(\int x\sin x dx + C) = \frac{\sin x}{x} - \cos x + \frac{C}{x}.$$

【知识8-3】可降阶的高阶微分方程及求解

本节讨论二阶和二阶以上的微分方程，即所谓高阶微分方程. 解这类微分方程的基本思想是通过某些变换把高阶方程降为低阶方程，再用前面的方法求解.

对一般的二阶微分方程没有普遍的解法，本节讨论三种特殊形式的二阶微分方程，它们有的可以通过积分求得，有的经过适当的变量替换可降为一阶微分方程，然后求解一阶微分方程，再将变量回代，从而求得所给二阶微分方程的解.

8.3.1 求解 $y^{(n)} = f(x)$ 型微分方程

$y^{(n)} = f(x)$ 这种高阶微分方程只要通过 n 次积分就可求得通解.

第一次积分可得 $y^{(n-1)} = \int f(x)dx + C_1$，积分一次则降一阶，连续积分 n 次，得到含 n 个任意常数的通解.

例如，在方程 $y'' = f(x)$ 两端积分，得

$$y' = \int f(x)\mathrm{d}x + C_1,$$

再次积分，得

$$y = \int[\int f(x)\mathrm{d}x + C_1]\mathrm{d}x + C_2.$$

【验证实例 8-9】

求微分方程 $y''' = \mathrm{e}^{2x} - 1$ 的通解.

解： 对原微分方程连续积分三次得

$$y'' = \frac{1}{2}\mathrm{e}^{2x} - x + C_1,$$

$$y' = \frac{1}{4}\mathrm{e}^{2x} - \frac{1}{2}x^2 + C_1 x + C_2,$$

$$y = \frac{1}{8}\mathrm{e}^{2x} - \frac{1}{6}x^3 + \frac{C_1}{2}x^2 + C_2 x + C_3.$$

8.3.2　求解 $y'' = f(x,\ y')$ 型微分方程

这种微分方程右端不显含未知函数 y，若令 $y' = p(x)$ 则 $y'' = p'(x)$，原方程化为以 $p(x)$ 为未知函数的一阶微分方程.

$$p' = f(x,\ p),$$

这是一个关于变量 $x,\ p$ 的一阶微分方程，可用前面的方法求解，设其通解为

$$p = \varphi(x,\ C_1).$$

然后再根据关系式 $p = \dfrac{\mathrm{d}y}{\mathrm{d}x}$，又得到一个一阶微分方程 $\dfrac{\mathrm{d}y}{\mathrm{d}x} = \varphi(x,\ C_1)$.

对上式进行积分，即可得到原方程的通解为

$$y = \int \varphi(x,\ C_1)\mathrm{d}x + C_2.$$

【验证实例 8-10】

求微分方程 $y'' = \dfrac{2xy'}{1+x^2}$ 满足初始条件 $y|_{x=0} = 1,\ y'|_{x=0} = 3$ 的特解.

解： 令 $y' = p$，则 $y'' = p'$，代入原方程，并分离变量，得 $\dfrac{\mathrm{d}p}{p} = \dfrac{2x\mathrm{d}x}{1+x^2}$，两边积分，得

$$\ln p = \ln(1+x^2) + \ln C_1,\quad p = C_1(1+x^2),$$

即 $y' = C_1(1+x^2)$.

将 $y'|_{x=0} = 3$ 代入，得 $C_1 = 3$，因此有 $y' = 3x^2 + 3$，再积分，得

$$y = x^3 + 3x + C_2.$$

将 $y|_{x=0} = 1$ 代入，得 $C_2 = 1$，于是原方程的特解为

$$y = x^3 + 3x + 1.$$

8.3.3　求解 $y'' = f(y,\ y')$ 型的微分方程

这种微分方程右端不显含自变量 x，其一般求解方法如下：

把 y 暂时看作自变量，并做变换 $y' = p(y)$，于是，由复合函数的求导法则有

$$y'' = \frac{\mathrm{d}y'}{\mathrm{d}x} = \frac{\mathrm{d}p}{\mathrm{d}y} \cdot \frac{\mathrm{d}y}{\mathrm{d}x} = p\frac{\mathrm{d}p}{\mathrm{d}y} = pp'.$$

于是原方程就化为 $p\dfrac{\mathrm{d}p}{\mathrm{d}y} = f(y, \ p)$，这是一个关于变量 y，p 的一阶微分方程.

设它的通解为 $y' = p = \varphi(y, \ C_1)$，这是可分离变量的方程，对其积分即得到原方程的通解为

$$\int \frac{\mathrm{d}y}{\varphi(y, \ C_1)} = x + C_2.$$

【验证实例 8-11】

求微分方程 $yy'' - y'^2 = 0$ 的通解.

解：令 $p = y'$，则 $y'' = pp'$，原式为 $ypp' - p^2 = 0$，即 $\dfrac{\mathrm{d}p}{\mathrm{d}y} = \dfrac{p}{y}$，分离变量 $\dfrac{\mathrm{d}p}{p} = \dfrac{\mathrm{d}y}{y}$，两边求积分，得

$$\ln|p| = \ln|y| + \ln C_1 \Rightarrow p = C_1 y$$

$$\Rightarrow \frac{\mathrm{d}y}{\mathrm{d}x} = C_1 y \Rightarrow \frac{\mathrm{d}y}{y} = C_1 \mathrm{d}x \Rightarrow \ln|y| = C_1 x + C_2 \Rightarrow y = C_2 \mathrm{e}^{C_1 x}.$$

这是原方程的通解.

【知识 8-4】二阶线性微分方程及求解

1. 二阶线性微分方程的基本概念

【定义 8-8】二阶线性微分方程

形如

$$y'' + p(x)y' + q(x)y = f(x) \tag{8-11}$$

的方程称为二阶线性微分方程. 其中 $P(x)$，$q(x)$，$f(x)$ 都是已知连续函数. $f(x)$ 称为微分方程式（8-11）的自由项.

若 $f(x) \equiv 0$，则方程

$$y'' + p(x)y' + q(x)y = 0 \tag{8-12}$$

称为与微分方程式（8-11）对应的二阶线性齐次微分方程.

若 $f(x) \neq 0$，则微分方程式（8-11）称为二阶线性非齐次微分方程.

若 $p(x) = p$，$q(x) = q$ 是常数，则微分方程式（8-11）和式（8-12）分别称为二阶常系数线性非齐次方程和二阶常系数线性齐次微分方程.

2. 二阶常系数线性齐次微分方程

二阶常系数线性齐次微分方程为

$$y'' + py' + qy = 0 \tag{8-13}$$

其中 p，q 为已知实常数.

这种方程的解法不需要积分，而只用代数方法就可求出通解.

【验证实例8-12】

求微分方程 $y'' - 6y' - 7y = 0$ 的通解.

解：特征方程 $r^2 - 6r - 7 = 0$ 的特征根为 $r_1 = -1$，$r_2 = 7$，

故原方程的通解为

$$y = C_1 \mathrm{e}^{-x} + C_2 \mathrm{e}^{7x}.$$

【验证实例8-13】

求微分方程 $y'' - 10y' + 25y = 0$ 满足初始条件 $y|_{x=0} = 1$，$y'|_{x=0} = -1$ 的特解.

解：特征方程 $r^2 - 10r - 25 = 0$ 的特征根为 $r_1 = r_2 = r = 5$，故原方程的通解为

$$y = (C_1 + C_2 x)\mathrm{e}^{5x}.$$

将 $y|_{x=0} = 1$ 代入，得 $C_1 = 1$，故 $y = \mathrm{e}^{5x} + C_2 x \mathrm{e}^{5x}$，$y' = 5\mathrm{e}^{5x} + C_2(\mathrm{e}^{5x} + 5x\mathrm{e}^{5x})$.

将 $y'|_{x=0} = -1$ 代入，得 $C_2 = -6$，于是所求特解为

$$y = \mathrm{e}^{5x}(1 - 6x).$$

 问题解惑

【问题8-1】微分方程中必须含有未知函数的导数(或微分)吗？

微分方程中一般包含自变量、未知函数、未知函数导数（或微分）及常数，其中未知函数的导数（或微分）在微分方程中必须包含，但自变量、未知函数及常数可以包含，也可不包含. 例如，形如 $y^{(n)} = f(x)$ 的微分方程不显含未知函数 y，形如 $y'' = f(x, y')$ 的微分方程不显含未知函数 y，形如 $y'' = f(y, y')$ 的微分方程不显含自变量 x.

【问题8-2】微分方程的阶是指微分方程中自变量的最高次数吗？

微分方程的阶是指微分方程中出现的未知函数的导数（或微分）的最高阶数，而不是指自变量的最高次数.

例如，$y' + y + x^2 = 1$ 是一阶微分方程，$y'' + 1 = 0$ 是二阶微分方程，$y''' - x^4 = 2$ 是三阶微分方程，$y^{(5)} - 4y''' - 10y' = \sin x$ 是五阶微分方程.

【问题8-3】微分方程的解中含有任意常数就一定是其通解吗？

不一定，微分方程的解中含有任意常数，并且相互独立的任意常数的个数与该方程的阶数要求相等，这样的解称为微分方程的通解.

例如，$y = x^2 + C$ 是微分方程 $y' = 2x$ 的通解，该解中含有 1 个任意常数，并且微分方程的阶数也是 1. $s = -0.2t^2 + C_1 t + C_2$ 是微分方程 $s'' = -0.4$ 的通解，该解中含有 2 个任意常数，并且微分方程的阶数也是 2.

【问题8-4】微分方程 $(x^2 - y^2)\mathrm{d}x + 2xy^2\mathrm{d}y = 0$ 是一阶线性齐次微分方程吗？

形如 $\dfrac{\mathrm{d}y}{\mathrm{d}x} + p(x)y = Q(x)$ 的微分方程称为一阶线性微分方程.

当 $Q(x) \equiv 0$ 时，$\dfrac{dy}{dx} + p(x)y = 0$ 是它对应的一阶线性齐次微分方程.

当 $Q(x) \not\equiv 0$ 时，$\dfrac{dy}{dx} + p(x)y = Q(x)$ 为一阶线性非齐次微分方程.

形如 $\dfrac{dy}{dx} + P(x)y = 0$ 的齐次微分方程是可分离变量的方程，可变形为

$$\frac{dy}{dx} = -P(x)y = f(x,\ y) = \phi\left(\frac{y}{x}\right).$$

但微分方程 $(x^2 - y^2)dx + 2xy^2 dy = 0$ 无法分离变量变成 $\phi\left(\dfrac{y}{x}\right)$ 的形式，所以不是齐次微分方程.

 ## 方法探析

【方法 8-1】求解可分离变量微分方程的方法

求解可分离变量方程的方法称为分离变量法.

（1）微分方程式（8-5）的求解过程

由 $\dfrac{dy}{dx} = f(x)g(y)$ 分离变量，得 $\dfrac{dy}{g(y)} = f(x)dx$.

两边积分，得 $\displaystyle\int \frac{dy}{g(y)} = \int f(x)dx$.

求出积分，得通解 $G(y) = F(x) + C$，即为原方程的隐式通解.

其中 $G(y)$，$F(x)$ 分别是 $\dfrac{1}{g(y)}$，$f(x)$ 的原函数，利用初始条件求出常数 C，可得特解.

（2）微分方程式（8-6）的求解过程

分离变量 $g(y)dy = f(x)dx$.

两边同时积分 $\displaystyle\int g(y)dy = \int f(x)dx$.

求出积分，得通解 $G(y) = F(x) + C$，即为原方程的隐式通解.

其中 $G(y)$，$F(x)$ 分别是 $g(y)$，$f(x)$ 的原函数，利用初始条件求出常数 C，可得特解.

【方法实例 8-1】

求微分方程 $\dfrac{dy}{dx} = 2xy^2$ 的通解.

解：分离变量 $\dfrac{dy}{y^2} = 2xdx$，两边积分 $\displaystyle\int \frac{dy}{y^2} = \int 2xdx$，得

$$-\frac{1}{y} = x^2 + C.$$

所以求得的通解为 $y = -\dfrac{1}{x^2 + C}$.

【方法实例8-2】

求微分方程 $\dfrac{\mathrm{d}y}{\mathrm{d}x} = 2xy$ 的通解.

解：分离变量 $\dfrac{\mathrm{d}y}{y} = 2x\mathrm{d}x$，两边积分 $\displaystyle\int \dfrac{\mathrm{d}y}{y} = \int 2x\mathrm{d}x$，得

$$\ln|y| = x^2 + C_1,$$
$$y = \pm e^{x^2 + C_1} = \pm e^{C_1} e^{x^2} = C e^{x^2}.$$

所以求的通解为 $y = C e^{x^2}$.

【方法8-2】求解一阶线性齐次微分方程的方法

一般地，一阶线性齐次微分方程的求解过程如下：

先将方程写成 $\dfrac{\mathrm{d}y}{\mathrm{d}x} = y' = \phi\left(\dfrac{y}{x}\right)$.

令 $u = \dfrac{y}{x}$，则由 $y = ux$，得 $\dfrac{\mathrm{d}y}{\mathrm{d}x} = u + x\dfrac{\mathrm{d}u}{\mathrm{d}x}$，所以 $u + x\dfrac{\mathrm{d}u}{\mathrm{d}x} = \phi(u)$，变形得 $\dfrac{\mathrm{d}u}{\phi(u)-u} = \dfrac{\mathrm{d}x}{x}$.

两边同时积分，得 $\displaystyle\int \dfrac{\mathrm{d}u}{\phi(u)-u} = \int \dfrac{\mathrm{d}x}{x}$.

积出结果后，再用 $\dfrac{y}{x}$ 代替 u，便得所给方程的通解.

【方法实例8-3】

求微分方程 $(1 + 2e^{\frac{x}{y}})\mathrm{d}x + 2e^{\frac{x}{y}}\left(1 - \dfrac{x}{y}\right)\mathrm{d}y = 0$ 的通解.

解：原方程变形为

$$\frac{\mathrm{d}x}{\mathrm{d}y} = \frac{2e^{\frac{x}{y}}\left(\dfrac{x}{y} - 1\right)}{1 + 2e^{\frac{x}{y}}}.$$

令 $v = \dfrac{x}{y}$，则 $x = yv$，$\dfrac{\mathrm{d}x}{\mathrm{d}y} = v + y\dfrac{\mathrm{d}v}{\mathrm{d}y}$，得到 $v + y\dfrac{\mathrm{d}v}{\mathrm{d}y} = \dfrac{2e^v(v-1)}{1 + 2e^v}$，即

$$\frac{1 + 2e^v}{2e^v + v}\mathrm{d}v = -\frac{\mathrm{d}y}{y}, \quad \frac{\mathrm{d}(v + 2e^v)}{v + 2e^v} = -\frac{\mathrm{d}y}{y}.$$

两边积分，得

$$\ln(2e^v + v) = -\ln y + \ln C.$$

于是 $y(2e^v + v) = C$，将 $v = \dfrac{x}{y}$ 代回上式，得到通解为

$$2ye^{\frac{x}{y}} + x = C.$$

【方法实例8-4】

求微分方程 $y^2 + x^2\dfrac{\mathrm{d}y}{\mathrm{d}x} = xy\dfrac{\mathrm{d}y}{\mathrm{d}x}$ 的通解.

解：原方程变形为

$$\frac{\mathrm{d}y}{\mathrm{d}x} = \frac{y^2}{xy - x^2} = \frac{\left(\dfrac{y}{x}\right)^2}{\dfrac{y}{x} - 1}.$$

令 $u = \dfrac{y}{x}$ ，则 $y = xu$，$\dfrac{\mathrm{d}y}{\mathrm{d}x} = u + x\dfrac{\mathrm{d}u}{\mathrm{d}x}$，$u + x\dfrac{\mathrm{d}u}{\mathrm{d}x} = \dfrac{u^2}{u-1}$，故

$$x\frac{\mathrm{d}u}{\mathrm{d}x} = \frac{u}{u-1} \Rightarrow \left(1 - \frac{1}{u}\right)\mathrm{d}u = \frac{\mathrm{d}x}{x}.$$

两端积分，得 $u - \ln|u| = \ln|x| + C$ ，即原方程的通解为

$$\frac{y}{x} - \ln\left|\frac{y}{x}\right| = \ln|x| + C \Rightarrow \frac{y}{x} = \ln|y| + C.$$

【方法实例8-5】

利用变量代换法求方程 $\dfrac{\mathrm{d}y}{\mathrm{d}x} = (x+y)^2$ 的通解.

解：令 $x + y = u$ ，则 $\dfrac{\mathrm{d}y}{\mathrm{d}x} = \dfrac{\mathrm{d}u}{\mathrm{d}x} - 1$ ，代入原方程中，$\dfrac{\mathrm{d}u}{\mathrm{d}x} = 1 + u^2$，分离变量，积分 $\displaystyle\int\frac{\mathrm{d}u}{1+u^2} = \int \mathrm{d}x$ ，得 $\arctan u = x + C$ ，回代 $x + y = u$ ，得 $\arctan(x+y) = x + C$.

所以原方程的通解为

$$y = \tan(x + C) - x.$$

【方法实例8-6】

求解微分方程 $\dfrac{\mathrm{d}y}{\mathrm{d}x} = \dfrac{y}{x} + \tan\dfrac{y}{x}$ 满足初始条件 $y|_{x=1} = \dfrac{\pi}{6}$ 的特解.

解：设 $u = \dfrac{y}{x}$ ，则由 $y = ux$ ，得 $\dfrac{\mathrm{d}y}{\mathrm{d}x} = u + x\dfrac{\mathrm{d}u}{\mathrm{d}x}$ ，代入原方程，得 $u + x\dfrac{\mathrm{d}u}{\mathrm{d}x} = u + \tan u$ ，分离变量，并积分 $\displaystyle\int\cot u \, \mathrm{d}u = \int\frac{1}{x}\mathrm{d}x$ ，得 $\ln|\sin u| = \ln|x| + \ln|C|$.

即 $\sin u = Cx$ ，将 $u = \dfrac{y}{x}$ 回代，原方程的通解为 $\sin\dfrac{y}{x} = Cx$.

将初始条件 $y|_{x=1} = \dfrac{\pi}{6}$ 代入通解中，$C = \dfrac{1}{2}$.

故所求的特解为 $\sin\dfrac{y}{x} = \dfrac{1}{2}x$.

【方法8-3】求解一阶线性非齐次微分方程的方法

【方法实例8-7】

求方程 $\dfrac{\mathrm{d}y}{\mathrm{d}x} - \dfrac{2y}{x+1} = (x+1)^{\frac{5}{2}}$ 的通解.

解：先求对应的齐次方程的通解

$$\frac{\mathrm{d}y}{\mathrm{d}x} - \frac{2y}{x+1} = 0 \Rightarrow \frac{\mathrm{d}y}{2y} = \frac{\mathrm{d}x}{x+1} \Rightarrow \ln|y|$$

$$= 2\ln|x+1| + C_1 \Rightarrow y = C(x+1)^2 .$$

用常数变易法：令 $y = C(x)(x+1)^2$ 是原方程通解，则

$$\frac{\mathrm{d}y}{\mathrm{d}x} = C'(x)(x+1)^2 + 2C(x)(x+1) ,$$

$$C'(x)(x+1)^2 + 2C(x)(x+1) - \frac{2C(x)(x+1)^2}{x+1} = (x+1)^{\frac{5}{2}} .$$

故 $C'(x) = (x+1)^{\frac{1}{2}}$，$C(x) = \frac{2}{3}(x+1)^{\frac{3}{2}} + C$．

所以原非齐次方程的通解为

$$y = \left[\frac{2}{3}(x+1)^{\frac{3}{2}} + C \right](x+1)^2 .$$

【方法实例8-8】

求方程 $y' + \dfrac{1}{x}y = \dfrac{\sin x}{x}$ 的通解.

解：令 $p(x) = \dfrac{1}{x}$，$Q(x) = \dfrac{\sin x}{x}$，则

$$y = \mathrm{e}^{-\int \frac{1}{x}\mathrm{d}x} \left[\int \frac{\sin x}{x} \mathrm{e}^{\int \frac{1}{x}\mathrm{d}x} \mathrm{d}x + C \right] = \frac{1}{x}(-\cos x + C) .$$

【方法实例8-9】

求方程 $y^3\mathrm{d}x + (2xy^2 - 1)\mathrm{d}y = 0$ 的通解.

解：将 x 看作 y 的函数：方程 $y^3 \dfrac{\mathrm{d}x}{\mathrm{d}y} + 2y^2x = 1$ 为一阶线性非齐次微分方程.

对应的齐次方程为 $y^3 \dfrac{\mathrm{d}x}{\mathrm{d}y} + 2y^2x = 0$，分离变量，并积分 $\displaystyle\int \frac{\mathrm{d}x}{x} = -\int \frac{2\mathrm{d}y}{y}$，即 $x = C_1 \dfrac{1}{y^2}$．

利用常数变易法：令 $x = C(y)\dfrac{1}{y^2}$，代入原方程得 $C'(y) = \dfrac{1}{y}$，积分得 $C(y) = \ln|y| + C$．

故原方程的通解为

$$x = \frac{1}{y^2}(\ln|y| + C) .$$

【方法实例8-10】

求方程 $\dfrac{\mathrm{d}y}{\mathrm{d}x} = \dfrac{1}{x+y}$ 的通解.

解：$\dfrac{\mathrm{d}x}{\mathrm{d}y} = x + y$，此为一阶线性非齐次方程，则其解为

$$x = \mathrm{e}^{\int p(x)\mathrm{d}y}\left[Q(y)\mathrm{e}^{-\int p(x)\mathrm{d}y}\mathrm{d}y + C \right] .$$

又 $p(y)=1, Q(y)=y$，有

$$x = \mathrm{e}^y(\int y\mathrm{e}^{-y}\mathrm{d}y + C) = \mathrm{e}^y(-\int y\mathrm{d}\mathrm{e}^{-y} + C) = \mathrm{e}^y(-y\mathrm{e}^{-y} + \int \mathrm{e}^{-y}\mathrm{d}y + C) = -y-1+C\mathrm{e}^y.$$

【方法8-4】求解可降阶的高阶微分方程的方法

$y^{(n)} = f(x)$ 这种高阶微分方程只要通过 n 次积分就可求得通解.

【方法实例8-11】

求微分方程 $y'' = \mathrm{e}^{2x} - \cos x$ 满足初始条件 $y(0)=0$，$y'(0)=1$ 的特解.

解：对原微分方程连续积分二次可得

$$y' = \frac{1}{2}\mathrm{e}^{2x} - \sin x + C_1.$$

$y = \frac{1}{4}\mathrm{e}^{2x} + \cos x + C_1 x + C_2$ 为方程通解.

代入初始条件得 $C_1 = \frac{1}{2}$，$C_2 = -\frac{5}{4}$，故所求微分方程的特解为 $y = \frac{1}{4}\mathrm{e}^{2x} + \cos x + \frac{1}{2}x - \frac{5}{4}$.

【方法实例8-12】

求微分方程 $(1+x^2)y'' = 2xy'$ 满足初始条件 $y|_{x=0}=1$，$y'|_{x=0}=3$ 的特解.

解：设 $y'=p$，代入方程并分离变量有 $\int \frac{\mathrm{d}p}{p} = \int \frac{2x}{1+x^2}\mathrm{d}x$，积分得

$$\ln|p| = \ln(1+x^2) + \ln C_1，\quad 即 \ p = y' = C_1(1+x^2).$$

由条件 $y'|_{x=0}=3$ 得 $C_1 = 3$，所以 $y' = 3(1+x^2)$，再一次积分得 $y = x^3 + 3x + C_2$.

又由条件 $y|_{x=0}=1$ 得 $C_2 = 1$，故所求微分方程的特解为 $y = x^3 + 3x + +1$.

【方法8-5】求解二阶常系数线性齐次微分方程的方法

求二阶常系数齐次线性微分方程 $y'' + py' + qy = 0$ 的通解步骤如下：

① 写出对应的特征方程 $r^2 + pr + q = 0$.

② 求出特征根 r_1，r_2，并写出通解.

③ 根据 r_1，r_2 的三种不同情况，按表 8-1 写出对应的通解.

表 8-1 $y'' + py' + qy = 0$ 的通解

特征方程 $r^2 + pr + q = 0$ 有根 r_1，r_2	微分方程 $y'' + py' + qy = 0$ 的通解
两个相异实根 $r_1 \neq r_2$	$y = C_1\mathrm{e}^{r_1 x} + C_2\mathrm{e}^{r_2 x}$
两个相等实根 $r_1 = r_2 = r$	$y = (C_1 + C_2 x)\mathrm{e}^{rx}$
一对共轭虚根 $r_{1,2} = \alpha \pm \beta\mathrm{i}$	$y = \mathrm{e}^{\alpha x}(C_1\cos\beta x + C_2\sin\beta x)$

【方法实例8-13】

微分方程 $y'' - 2y' + 5y = 0$ 的一条积分曲线通过点（0，1），且在该点和直线 $x + y = 1$ 相

切，求这条曲线.

解：特征方程 $r^2 - 2r + 5 = 0$ 的特征根为 $r_1 = 1 + 2i$，$r_2 = 1 - 2i$，故原方程的通解为

$$y = e^x (C_1 \cos 2x + C_2 \sin 2x).$$

求通解的导数得

$$y' = e^x (C_1 \cos 2x + C_2 \sin 2x) + e^x (-2C_1 \sin 2x + 2C_2 \cos 2x).$$

将初始条件 $y|_{x=0} = 1$，切线斜率 $k = y'|_{x=0} = -1$ 分别代入 y 及 y' 得 $C_1 = 1$，$C_2 = -1$，故所求曲线方程为

$$y = e^x (\cos 2x - \sin 2x).$$

 自主训练

本模块的自主训练题包括基本训练和提升训练两个层次，未标注*的为基本训练题，标注*的为提升训练题.

【训练实例8-1】指出微分方程的阶数

（1）$x(y')^2 - yy' + x = 0$.　　　　（2）$y''' + x = 1$.

*（3）$\dfrac{d^2 x}{dt^2} - x = \sin t$.　　　　*（4）$(x-1)dx - (y+1)dy = 0$.

【训练实例8-2】验证指定函数是否为所给方程的解

验证下列函数是否为所给方程的解，若是解，指出是通解，还是特解.

（1）微分方程为 $xy' = 2y$，待判断的解为 $y = 5x^2$.

（2）微分方程为 $y'' - (\lambda_1 + \lambda_2)y' + \lambda_1 \lambda_2 y = 0$，待判断的解为 $y = C_1 e^{\lambda_1 x} + C_2 e^{\lambda_2 x}$.

*（3）微分方程为 $y'' = x^2 + y^2$，待判断的解为 $y = \dfrac{1}{x}$.

*（4）微分方程为 $y'' - 2y' + y = 0$，待判断的解为 $y = xe^x$.

【训练实例8-3】根据微分方程的通解求其对应的微分方程

设微分方程的通解是下列函数，求其对应的微分方程.

（1）$y = Ce^{\arcsin x}$.　　　　【提示】$y' = Ce^{\arcsin x} \cdot \dfrac{1}{\sqrt{1-x^2}} = y \cdot \dfrac{1}{\sqrt{1-x^2}}$

*（2）$y = C_1 x + C_2 x^2$.　　　　【提示】$y' = C_1 + 2C_2 x$，$y'' = 2C_2$

【训练实例8-4】求解可分离变量微分方程的通解

（1）$xy^2 dx + (1 + x^2)dy = 0$.　　　　【提示】原方程分离变量得 $\dfrac{x}{1+x^2}dx = -\dfrac{1}{y^2}dy$

（2）$\dfrac{dy}{dx} = 2xy$.　　　　*（3）$\sec^2 x \tan y dx + \sec^2 y \tan x dy = 0$.

*（4）$y' = 10^{x+y}$.

【训练实例8-5】求解可分离变量微分方程的特解

求下列微分方程满足初始条件的特解.

（1）$(1+\mathrm{e}^x)yy' = \mathrm{e}^x$，$y|_{x=1} = 1$．　　　　【提示】原方程分离变量得 $\dfrac{\mathrm{e}^x}{1+\mathrm{e}^x}\mathrm{d}x = y\mathrm{d}y$

*（2）$\dfrac{x}{1+y}\mathrm{d}x - \dfrac{y}{1+x}\mathrm{d}y = 0$，$y|_{x=0} = 1$．

【训练实例8-6】求解一阶线性齐次微分方程的通解

（1）$y' = \dfrac{y}{x} + \tan\dfrac{y}{x}$．　　　　　　　（2）$xy' - x\sin\dfrac{y}{x} - y = 0$．

*（3）$x\dfrac{\mathrm{d}y}{\mathrm{d}x} + y = 2\sqrt{xy}$．　　　　　*（4）$x^2y\mathrm{d}x - (x^3 + y^3)\mathrm{d}y = 0$．

【训练实例8-7】求解一阶线性齐次微分方程的特解

求下列微分方程满足初始条件的特解．

（1）$y' = \dfrac{x}{y} + \dfrac{y}{x}$，$y|_{x=-1} = 2$．

*（2）$(x^2 + 2xy - y^2)\mathrm{d}x + (y^2 + 2xy - x^2)\mathrm{d}y = 0$，$y_{x=1} = 1$．

【训练实例8-8】求解一阶线性非齐次微分方程的通解

（1）$xy' + y = x^2 + 3x + 2$．　　　　（3）$(y^2 - 6x)y' + 2y = 0$．

*（2）$y' + y\tan x = \sin 2x$．　　　　*（4）$(2\mathrm{e}^y - x)y' = 1$．

【训练实例8-9】求解一阶线性非齐次微分方程的特解

求下列微分方程满足所给初始条件的特解．

（1）$\dfrac{\mathrm{d}y}{\mathrm{d}x} + \dfrac{y}{x} = \dfrac{\sin x}{x}$，$y|_{x=\pi} = 1$．

*（2）$\dfrac{\mathrm{d}y}{\mathrm{d}x} + 3y = 8$，$y|_{x=0} = 2$．

*（3）$xy' + y = \dfrac{\ln x}{x}$，$y|_{x=1} = \dfrac{1}{2}$．

【训练实例8-10】求解可降价的高阶微分方程的通解

（1）$y'' = x + \sin x$．　　　　　　（2）$y''' = x\mathrm{e}^x$．

*（3）$xy'' + y' = 0$．　　　　　　*（4）$y'' = (y')^3 + y'$．

【训练实例8-11】求解可降价的高阶微分方程的特解

求下列微分方程满足所给初始条件的特解．

（1）$y^3y'' + 1 = 0$，$y|_{x=1} = 1$，$y'|_{x=1} = 0$．

*（2）$y'' = y' + x$，$y|_{x=0} = y'|_{x=0} = 1$．

【训练实例8-12】求解二阶常系数线性齐次微分方程的通解

（1）$y'' - 2y' - 3y = 0$．　　　　　*（2）$y'' + 6y' + 9y = 0$．

【训练实例8-13】求曲线的方程

（1）一曲线通过点（1，1），且曲线上任意点 $M(x, y)$ 的切线与直线 OM 垂直，求此曲线的方程．

*（2）一曲线通过原点，并且它在点 (x, y) 处的切线斜率为 $2x+y$，求这条曲线的方程.

*（3）试求 $y''=x$ 经过点 $M（0，1）$ 且在此点与直线 $y=\dfrac{x}{2}+1$ 相切的曲线方程.

应用求解

【日常应用】

【应用实例8-1】求曲线方程

【实例描述】

如图 8-1 所示，曲线 L 上每一点 $P(x, y)$ 的切线与 y 轴交于点 A，OA，OP，AP 构成一个以 AP 为底边的等腰三角形，求曲线 L 的方程.

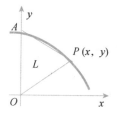

图 8-1　曲线 L

【实例求解】

设曲线 L 的方程为 $y=f(x)$，其上任意一点 $P(x, y)$ 的切线 AP 的方程为
$$Y-y=y'(X-x).$$

该切线 AP 交 y 轴正半轴于点 $A(0,\ y-xy')$，由题意知，$|OP|=|OA|$，即有
$$x^2+y^2=(y-xy')^2,$$

即 $\dfrac{\mathrm{d}y}{\mathrm{d}x}=\dfrac{y}{x}\pm\dfrac{\sqrt{x^2+y^2}}{x}$.

（i）对方程 $\dfrac{\mathrm{d}y}{\mathrm{d}x}=\dfrac{y}{x}+\dfrac{\sqrt{x^2+y^2}}{x}$ 变形得

$$\frac{\mathrm{d}y}{\mathrm{d}x}=\frac{y}{x}+\frac{\sqrt{x^2+y^2}}{x}=\frac{y}{x}+\sqrt{1+\left(\frac{y}{x}\right)^2}.$$

令 $u=\dfrac{y}{x}$，则

$$x\frac{\mathrm{d}u}{\mathrm{d}x}=u+\sqrt{1+u^2}-u=\sqrt{1+u^2},$$

即 $\dfrac{\mathrm{d}u}{\sqrt{1+u^2}}=\dfrac{\mathrm{d}x}{x}$.

两边积分，得

$$\ln \left| u + \sqrt{1+u^2} \right| = \ln x + \ln C ,$$

$$u + \sqrt{1+u^2} = Cx .$$

将 $u = \dfrac{y}{x}$ 代入，得

$$\frac{y}{x} + \sqrt{1 + \left(\frac{y}{x}\right)^2} = Cx .$$

所以，曲线 L 的方程为

$$y + \sqrt{x^2 + y^2} = Cx^2 .$$

（ii）对方程 $\dfrac{\mathrm{d}y}{\mathrm{d}x} = \dfrac{y}{x} - \dfrac{\sqrt{x^2+y^2}}{x}$ 来说，类似地可求得曲线 L 的方程为 $y + \sqrt{x^2+y^2} = C$．所以，曲线 L 的方程为 $y + \sqrt{x^2+y^2} = Cx^2$ 和 $y + \sqrt{x^2+y^2} = C$．

【应用实例8-2】求降落伞下落速度与时间的函数关系

图8-2　跳伞

【实例描述】

设质量为 m 的跳伞者在降落伞张开时所受到的空气阻力与下落速度成正比，如图8-2所示，并设降落伞张开时（$t=0$）速度为 0，即 $v|_{t=0} = 0$，求降落伞下落速度 v 与时间 t 的函数关系，并分析降落过程的运动规律．

【实例求解】

① 建立微分方程．

设跳伞者及降落伞下落速度为 $v(t)$，伞在空中下落过程中，同时受到重力 P 与空气阻力 $f_{阻}$ 的作用，其中重力方向与 $v(t)$ 的方向一致，空气阻力为 $f_{阻} = -kv$（k 为比例系数，且 $k>0$），负号表示阻力方向与 $v(t)$ 的方向相反．跳伞者降落过程中，所受的合为为 $F = mg - kv$．

由牛顿第二运动定律，得 $F = ma = mg - f_{阻}$．

又由 $a = \dfrac{\mathrm{d}^2 s}{\mathrm{d}t^2} = \dfrac{\mathrm{d}v}{\mathrm{d}t}$，得微分方程为 $m\dfrac{\mathrm{d}v}{\mathrm{d}t} = mg - kv$．

② 求通解．

分离变量，得 $\dfrac{\mathrm{d}v}{mg - kv} = \dfrac{\mathrm{d}t}{m}$，两边积分，得 $\displaystyle\int \frac{\mathrm{d}v}{mg - kv} = \int \frac{\mathrm{d}t}{m}$．因为 $mg - kv > 0$，求积分，得微分方程的通解为

$$-\frac{1}{k}\ln|mg - kv| = \frac{1}{m}t + C_1 .$$

③ 求特解．

根据已知条件，降落伞离开跳伞塔时（$t=0$）速度为 0，即 $v|_{t=0} = 0$，可求出常数

$C_1 = -\dfrac{1}{k}\ln mg$，所以 $-\dfrac{1}{k}\ln|mg-kv| = \dfrac{t}{m} - \dfrac{1}{k}\ln mg$，等式两边同乘（$-k$）得

$$\ln|mg-kv| = -\dfrac{kt}{m} + \ln mg.$$

变形得 $mg - kv = \mathrm{e}^{\ln mg}\,\mathrm{e}^{-\frac{k}{m}t} = mg\,\mathrm{e}^{-\frac{k}{m}t}$，即 $mg - kv = mg\,\mathrm{e}^{-\frac{k}{m}t}$.

所以降落伞下落速度与时间的函数关系为 $v(t) = \dfrac{mg}{k}\left(1 - \mathrm{e}^{-\frac{k}{m}t}\right)$.

当下落时间 t 充分大时，有 $\lim\limits_{t\to+\infty} \mathrm{e}^{-\frac{k}{m}t} = 0$，因此下落的速度 $\dfrac{mg}{k}\left(1 - \mathrm{e}^{-\frac{k}{m}t}\right)$ 逐渐接近于速度 $\dfrac{mg}{k}$. 跳伞者在开始时做加速运动，随后逐渐近似做匀速运动，这样才会安全无损地降落到地面.

【经济应用】

【应用实例 8-3】求国民生产总值

【实例描述】

1999 年，我国的国民生产总值（GDP）为 80423 亿元人民币，如果能保持每年 8% 的相对增长率，试求 2020 年我国的 GDP 是多少？

【实例求解】

① 建立微分方程.

记 $t=0$ 为 1999 年，并设第 t 年我国的 GDP 为 $P(t)$，由题意可知，从 1999 年起，$P(t)$ 的相对增长率为 8%，即 $\dfrac{\frac{\mathrm{d}P(t)}{\mathrm{d}t}}{P(t)} = 8\%$.

得微分方程

$$\begin{cases} \dfrac{\mathrm{d}P(t)}{\mathrm{d}t} = 8\% P(t), \\ P(0) = 80423. \end{cases}$$

② 求通解.

分离变量，得 $\dfrac{\mathrm{d}P(t)}{P(t)} = 8\%\mathrm{d}t$.

方程两边同时积分，得

$$\int \dfrac{\mathrm{d}P(t)}{P(t)} = \int 0.08\mathrm{d}t.$$

求积分，得

$$\ln P(t) = 0.08t = \ln C，即 P(t) = C\,\mathrm{e}^{0.08t}.$$

③ 求特解.

将 $P(0)=80423$ 代入通解，得 $C=80423$，所以从 1999 年起，第 t 年我国的 GDP 为

$$P(t)=80423\,\mathrm{e}^{0.08t}.$$

将 $t=2020-1999=21$ 代入上式，得 2020 年我国 GDP 的预测值为

$$P(21)=80423\,\mathrm{e}^{0.08\times21}\approx80423\times2.71828^{0.08\times21}\approx431513.6\ \text{亿元}.$$

【应用实例8-4】根据边际成本函数求解成本函数

【实例描述】

已知某商品的生产成本为 $C=C(x)$，它与产量 x 满足微分方程 $C'(x)=1+ax$（a 为常数），且当 $x=0$ 时，$C=100$，即固定成本为 100 单位，求成本函数 $C(x)$.

【实例求解】

解：由题意列出方程为
$$\begin{cases}\dfrac{\mathrm{d}C(x)}{\mathrm{d}x}=1+ax,\\ C(0)=100\end{cases}$$

分离变量，积分得 $\displaystyle\int\mathrm{d}C(x)=\int(1+ax)\mathrm{d}x$，解得 $C(x)=x+\dfrac{1}{2}ax^2+C$，由初始条件 $C(0)=100$，可求得 $C=100$.

故成本函数为 $C(x)=\dfrac{1}{2}ax^2+x+100$.

【应用实例8-5】求公司产品的纯利润 L 与广告费 x 之间的函数关系

【实例描述】

已知某公司产品的纯利润 L 对广告费 x 的变化率 $\dfrac{\mathrm{d}L}{\mathrm{d}x}$ 与正常数 A 和纯利润 L 之差成正比. 当 $x=0$ 时，$L=L_0\,(0<L_0<A)$，试求纯利润 L 与广告费 x 之间的函数关系.

【实例求解】

由题意列出方程为

$$\begin{cases}\dfrac{\mathrm{d}L}{\mathrm{d}x}=k(A-L),\\ L\big|_{x=0}=L,\end{cases}\quad\text{其中}\ k>0，\text{为比例常系数}.$$

分离变量、积分，得 $\displaystyle\int\dfrac{\mathrm{d}L}{A-L}=\int k\mathrm{d}x$.

解得 $\qquad\qquad -\ln(A-L)=kx-\ln C$，

即 $\qquad\qquad A-L=C\mathrm{e}^{-kx}$.

所以 $\qquad\qquad L=A-C\mathrm{e}^{-kx}$.

由初始条件 $L\big|_{x=0}=L_0$，解得 $C=A-L_0$.

故公司产品的纯利润与广告费的函数关系为

$$L(x) = A - (A - L_0)\mathrm{e}^{-kx}.$$

显然，公司产品的纯利润 L 随广告费 x 增加而趋于常数 A.

【电类应用】

【应用实例8-6】求 RC 电路中电压 U_C 随时间 t 变化的规律

【实例描述】

RC 充电电路如图 8-3 所示，已知在开关 K 合上之前电容 C 上没有电荷，电容 C 两端的电压为零，电源电压为 E，把开关 K 合上，电源对电容 C 充电，电容 C 上的电压 U_C 逐渐升高，求电压 U_C 随时间 t 变化的规律.

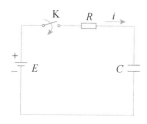

图 8-3　RC 充电电路

【实例求解】

①　建立微分方程.

根据回路电压定律可得 $U_R + U_C = E$. 因为 $U_R = Ri$，根据电容性质，Q 与 U_C 有关系式 $Q = CU_C$，于是

$$i(t) = \frac{\mathrm{d}Q}{\mathrm{d}t} = \frac{\mathrm{d}(CU_C)}{\mathrm{d}t} = C\frac{\mathrm{d}U_C}{\mathrm{d}t}.$$

得微分方程

$$RC\frac{\mathrm{d}U_C}{\mathrm{d}t} + U_C = E.$$

②　求通解.

分离变量得 $\dfrac{\mathrm{d}U_C}{E - U_C} = \dfrac{\mathrm{d}t}{RC}$.

两边积分得 $-\ln(E - U_C) = \dfrac{t}{RC} + \ln\lambda$（$\lambda$ 为任意常数），化简后，得通解

$$U_C = E + \lambda\,\mathrm{e}^{-\frac{t}{RC}}.$$

③　求特解.

由初始条件 $U_C|_{t=0} = 0$ 代入通解中得 $0 = E + \lambda\,\mathrm{e}^0$，即 $\lambda = -E$，于是所求的充电电路的电压 U_C 的变化规律为

$$U_C = E\ (1 - e^{-\frac{t}{RC}}).$$

上式的图象曲线如图 8-4 所示，由此可知，充电时 U_C 随时间 t 的增加越来越接近于电源电压 E.

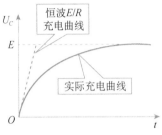

图 8-4　充电曲线

【应用实例 8-7】求 RL 电路中电流 i 和时间 t 的函数关系

【实例描述】

图 8-5 所示的 RL 电路由电阻、电感、电源串联而成，其中电源电动势 $E = E_m \sin \omega t = 20\sin 5t$，电阻 $R = 10\Omega$，电感 $L = 2H$，设 $t = 0$ 时合上开关 K，开关 K 闭合后，电路中有电流通过，其初始条件为 $i(t)|_{t=0} = 0$，求电流 i 和时间 t 的函数关系.

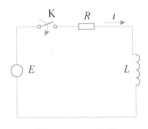

图 8-5　RL 电路

【实例求解】

① 建立微分方程.

根据回路电压定律可得 $U_R + U_L = E$.

因为 $U_R = Ri$，由电学知识可知，当回路中电流变化时，L 上有感应电动势 $U_L = L\dfrac{di}{dt}$，所以

$$Ri + L\frac{di}{dt} = E，\text{即 } E - L\frac{di}{dt} - Ri = 0.$$

将已知条件 $E = 20\sin 5t$V，电阻 $R = 10\Omega$，电感 $L = 2H$ 代入上式可得

$$20\sin 5t - 2\frac{di}{dt} - 10i = 0，$$

整理上式得 $\dfrac{di}{dt} + 5i = 10\sin 5t$.

② 求通解.

与一元非齐次方程的通项表达式 $\dfrac{\mathrm{d}y}{\mathrm{d}x} + P(x)y = Q(x)$ 比较可得 $p(t)=5$，$Q(t)=10\sin 5t$.

由公式 $i(t) = \mathrm{e}^{-\int p(t)\mathrm{d}t}[\int Q(t)\mathrm{e}^{\int p(t)\mathrm{d}t}\mathrm{d}t + C]$ 可得

$$i(t) = \mathrm{e}^{-\int 5\mathrm{d}t}[\int 10\sin(5t)\mathrm{e}^{\int 5\mathrm{d}t}\mathrm{d}t + C] = \mathrm{e}^{-5t}[\int 10\sin(5t)\mathrm{e}^{5t}\mathrm{d}t + C]$$
$$= \mathrm{e}^{-5t}[2\int \sin(5t)\mathrm{d}\mathrm{e}^{5t} + C]$$

单独求积分 $\int \sin(5t)\mathrm{d}\mathrm{e}^{5t}$ 可得

$$\int \sin(5t)\mathrm{d}\mathrm{e}^{5t} = \frac{1}{2}\mathrm{e}^{5t}[\sin(5t) - \cos(5t)] + C.$$

所以 $i(t) = \mathrm{e}^{-5t}\left\{2\times\dfrac{1}{2}\mathrm{e}^{5t}[\sin(5t) - \cos(5t)] + C\right\} = \sin 5t - \cos 5t + C\mathrm{e}^{-5t}$.

③ 求特解.

将初始条件 $i(t)\vert_{t=0} = 0$ 代入上式得 $C=1$，故电流 i 与时间 t 的函数关系为

$$i(t) = \mathrm{e}^{-5t} + \sin 5t - \cos 5t = \mathrm{e}^{-5t} + \sqrt{2}\sin\left(5t - \frac{\pi}{4}\right).$$

上式中 e^{-5t} 称为瞬时电流，因为当 $t\to\infty$，它变为零；$\sin 5t - \cos 5t$ 称为稳态电流，当 $t\to\infty$ 时，电流趋于稳态电流的值.

【应用实例8-8】求 *RLC* 电路中电流的微分方程

【实例描述】

图 8-6 所示的电路由电阻 R、自感 L、电容 C 和电源 E 串联而成其中 R、L、C 为常数，电源 E 为交流电动势，电路在电动势作用下，不断发生振荡. 假设在初始时刻 $t=0$，电路中没有电流，电容上没有电量，电源 E 为交流电动势，$E(t) = E_{\mathrm{m}}\sin \omega t = 200\cos 100t\mathrm{V}$，$L = \dfrac{1}{2}\mathrm{H}$，$C=0.01\mathrm{F}$，$R=10\,\Omega$，求此电路中的电流所满足的微分方程.

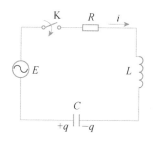

图 8-6　*RLC* 电路

【实例求解】

设电路中的电流为 $i=i(t)$，电容器极板上的电量为 $q=q(t)$，自感电动势为 $E(t)$，由基尔霍夫定律可知，在闭合回路中，所有支路上的电压的代数和等于零，已知经过电阻、电容和电感的电压分别为 Ri、$\dfrac{q}{C}$、$L\dfrac{\mathrm{d}i}{\mathrm{d}t}$，其中 q 是电容器上的电量，通过电源的电压降为 $-E$，

于是，由基尔霍夫定律可得

$$E(t) - Ri - \frac{q}{C} - L\frac{\mathrm{d}i}{\mathrm{d}t} = 0 . \tag{8-14}$$

在式（8-14）中，R、C、L 均为常数，式（8-14）两边关于 t 求导，得

$$\frac{\mathrm{d}E(t)}{\mathrm{d}t} - R\frac{\mathrm{d}i}{\mathrm{d}t} - \frac{1}{C}\frac{\mathrm{d}q}{\mathrm{d}t} - L\frac{\mathrm{d}^2i}{\mathrm{d}t^2} = 0 . \tag{8-15}$$

由于 $\dfrac{\mathrm{d}q}{\mathrm{d}t} = i$，将式（8-15）化简得

$$\frac{\mathrm{d}^2i}{\mathrm{d}t^2} + \frac{R}{L}\frac{\mathrm{d}i}{\mathrm{d}t} + \frac{1}{LC}i = \frac{1}{L}\frac{\mathrm{d}E(t)}{\mathrm{d}t} . \tag{8-16}$$

现将已知条件 $E(t)=200\cos 100t\text{V}$，$L = \dfrac{1}{2}$H，$C=0.01$F，$R=10\,\Omega$ 代入式（8-16），得电流 $i(t)$ 所满足的微分方程为

$$\frac{\mathrm{d}^2i}{\mathrm{d}t^2} + 20\frac{\mathrm{d}i}{\mathrm{d}t} + 200i - 40000\sin 100t = 0.$$

由已知条件可知，在初始时刻 $t=0$，电路中没有电流，电容上没有电量，即当 $t=0$ 时，$i=0$，$q=0$，于是得初始条件为

$$i(0)=0, \quad \frac{\mathrm{d}i}{\mathrm{d}t}\Big|_{t=0}=0.$$

即电路中的电流所满足的微分方程为

$$\begin{cases} i'' + 20i' + 200i - 40000\sin 100t = 0, \\ i\,|_{t=0} = 0, \\ i'\,|_{t=0} = 0. \end{cases}$$

【机类应用】

【应用实例8-9】试求物体的自由振动方程

【实例描述】

设一弹簧下挂有一质量为 10kg 的重物，弹簧比自然状态伸长了 0.7m，假设弹簧重力可以忽略不计，空气阻力与速度成正比，比例系数 μ 为 90，如果使物体具有一个初始速度 $v_0=1$m/s，物体便离开平衡位置，并在平衡位置附近做上下振动. 试确定物体的自由振动方程 $x = x(t)$，并求出该微分方程的通解.

【实例求解】

① 建立微分方程.

由力学知识可知，弹簧使物体回到平衡位置的弹性恢复力 $f=-kx$，其中 k 为弹性系数，负号表示恢复力的方向与位移方向相反. 又因为 $k = \dfrac{mg}{l}$（l 为弹簧比自然状态伸长的长度），

取 $g=9.8\,\text{m}/\text{s}^2$，所以 $k = \dfrac{10 \times 9.8}{0.7} = 140$N/m.

物体在运动的过程中受到阻尼介质（空气，油等）的阻力作用，$R = -\mu\dfrac{\mathrm{d}x}{\mathrm{d}t}$，其中 μ 为比例系数，负号表示阻力的方向与运动方向相反.

由已知条件可得 $\mu=90$，所以 $R = -90\dfrac{\mathrm{d}x}{\mathrm{d}t}$.

这里不考虑竖直方向其他的干扰力，由牛顿第二定律 $F=ma$，得

$$m\frac{\mathrm{d}^2 x}{\mathrm{d}t^2} = -\mu\frac{\mathrm{d}x}{\mathrm{d}t} - kx.$$

将上式化简可得物体在任一时刻 t 的位移满足微分方程

$$\frac{\mathrm{d}^2 x}{\mathrm{d}t^2} + \frac{\mu}{m}\frac{\mathrm{d}x}{\mathrm{d}t} + \frac{k}{m}x = 0.$$

即物体的自由振动方程为

$$\frac{\mathrm{d}^2 x}{\mathrm{d}t^2} + 9\frac{\mathrm{d}x}{\mathrm{d}t} + 14x = 0.$$

② 求通解.

上式对应的特征方程为 $r^2 + 9r + 14 = 0$，其特征根为 $r_1 = -2$，$r_2 = -7$，物体自由振动微分方程的通解为

$$x = C_1 \mathrm{e}^{-2t} + C_2 \mathrm{e}^{-7t}.$$

③ 求特解.

根据题意，初始条件为 $x(0)=0$（物体从平衡位置开始运动）和 $v_0 = 1\mathrm{m/s}$，把初始条件代入通解，得 $C_1 = \dfrac{1}{5}$，$C_2 = \dfrac{1}{5}$.

于是，物体自由振动微分方程的特解为

$$x = \frac{1}{5}\left(\mathrm{e}^{-2t} - \mathrm{e}^{-7t}\right).$$

由于当 $t \to \infty$ 时，$x \to 0$，因此弹簧的自由振动是瞬时的.

应用拓展

【应用实例 8-10】根据曲线的切线斜率求其方程

【应用实例 8-11】求物体的运动方程

【应用实例 8-12】求商品的销售量函数

【应用实例 8-13】求实现城市人均年收入增长目标的相对增长率

【应用实例 8-14】求产品的成本函数

【应用实例 8-15】求电路中的电流函数及电流大小

【应用实例 8-16】求 RC 回路中电容上的电量和电路中的电流

【应用实例 8-17】求受外力作用时质点的速度

【应用实例 8-18】求置于油中的弹簧的位移方程

扫描二维码，浏览电子活页 8-1，完成本模块拓展应用题的求解.

电子活页 8-1

模块小结

1. 基本知识

（1）微分方程

含有自变量、未知函数及未知函数导数（或微分）的方程称为微分方程.

（2）微分方程的阶

微分方程中出现的未知函数的导数（或微分）的最高阶数称为微分方程的阶.

（3）微分方程的通解

如果微分方程的解中含有任意常数，并且相互独立的任意常数的个数与该方程的阶数相等，则称这样的解为微分方程的通解.

（4）微分方程的特解

在微分方程的通解中，利用初始条件确定任意常数后，得到的解称为微分方程的特解.

2. 基本方法

（1）一阶线性微分方程的解法

一阶线性微分方程的解法如表 8-2 所示.

表 8-2　一阶线性微分方程的解法

微分方程类型		微分方程形式	解法
可分离变量		$\dfrac{\mathrm{d}y}{\mathrm{d}x}=f(x)g(y)$	分离变量 $\dfrac{1}{g(x)}\mathrm{d}y=f(x)\mathrm{d}x$ 两边积分 $\displaystyle\int\dfrac{1}{g(x)}\mathrm{d}y=\int f(x)\mathrm{d}x$，得方程的通解
一阶线性	齐次	$y'+p(x)y=0$	分离变量，两边积分或用公式 $y=Ce^{-\int p(x)\mathrm{d}x}$
	非齐次	$y'+p(x)y=q(x)$	通解公式 $y=e^{-\int p(x)\mathrm{d}x}[\int q(x)e^{\int p(x)\mathrm{d}x}\mathrm{d}x+C]$

（2）二阶常系数齐次线性微分方程的解法

二阶常系数齐次线性微分方程的一般形式如下

$$y''+py'+qy=0 .$$

其中 p、q 为常数，其求通解的步骤如下：

① 写出对应的特征方程 $r^2+pr+q=0$.

② 求出特征根 r_1，r_2，并写出通解.

③ 根据 r_1，r_2 的三种不同情况，按表 8-2 写出对应的通解.

 模块考核

扫描二维码，浏览电子活页 8-2，完成本模块的在线考核.

扫描二维码，浏览电子活页 8-3，查看本模块考核试题的答案.

电子活页 8-2

电子活页 8-3

模块9 级数及其应用

无穷级数是高等数学的重要组成部分，它是研究无限个离散量之和的数学模型．级数分为数项级数与函数项级数，函数项级数是表示函数，特别是表示非初等函数的一个重要工具，又是研究函数性质的一个重要手段，在数值计算方面有着不可替代的作用．随着计算机的广泛应用，它在工程技术和近似计算中的作用日趋明显．数项级数是函数项级数的特殊情况，它又是函数项级数的基础．

 教学导航

教学目标	（1）掌握常数项级数、函数项级数、幂级数的概念 （2）掌握级数收敛和发散的概念，理解级数审敛法 （3）掌握常数项级数的基本性质，掌握判别正项级数收敛性的各种判别法 （4）掌握幂级数收敛性的判别法，掌握幂级数的运算及性质，掌握交错级数及莱布尼兹定理，理解绝对收敛与条件收敛 （5）理解泰勒级数与麦克林级数，会将函数展开成幂级数，会函数幂级数展开式的应用 （6）熟悉三角级数系的正交性，会将函数展开为傅里叶级数
教学重点	（1）常数项级数的概念和基本性质 （2）正项级数敛散性的各种判别法 （3）幂级数的收敛区间，幂级数的运算及性质 （4）函数幂级数展开式的应用 （5）将函数展开为傅里叶级数
教学难点	（1）用级数的收敛定义判断其敛散性 （2）幂级数收敛域的判定 （3）将函数展开成幂级数 （4）将函数展开为傅里叶级数

价值引导

众所周知，在正项级数中，如果大的级数收敛，则比其小的级数必收敛；如果小的级数发散，则比其大的级数必发散．这一敛散性判别方法就在告诉我们上行下效的做人道理．

学习无穷级数，探讨数列的求和问题时，结合银行储蓄的复利问题探讨利息计算时发现"利滚利"的可怕. 近年来, 危害极深的"校园贷""套路贷"给陷入其中的同学带来了严重不良后果, 我们要旗帜鲜明地抵制享乐主义, 自觉养成理性消费习惯, 远离非法贷款.

引例导入

【引导实例9-1】探析一尺之棰, 日取其半之和

【引导实例9-2】探析弹球运动的总路程

扫描二维码, 浏览电子活页 9-1, 学习本模块"引例导入"的相关内容.

电子活页 9-1

概念认知

【概念9-1】常数项级数及其收敛性

【概念9-2】函数项级数及其敛散性

扫描二维码, 浏览电子活页 9-2, 学习本模块"概念认知"的相关内容.

电子活页 9-2

知识疏理

【知识9-1】常数项级数及其审敛法

9.1.1 常数项级数的基本性质
9.1.2 常数项级数的审敛法

【知识9-2】幂级数及其收敛性

9.2.1 幂级数收敛性的判别
9.2.2 幂级数的运算及性质

【知识9-3】函数展开成幂级数

9.3.1 泰勒级数与麦克林级数
9.3.2 函数展开成幂函数
9.4.1 三角函数系
9.4.2 傅里叶系数和傅里叶级数
9.4.3 狄利克雷（Dirichlet）定理
9.4.4 函数展开为傅里叶级数

扫描二维码, 浏览电子活页 9-3, 学习本模块"知识疏理"的相关内容.

电子活页 9-3

问题解惑

【问题9-1】收敛级数去括号之后所得到的级数一定为收敛级数吗？

【问题9-2】级数 $\sum\limits_{n=1}^{\infty} u_n$ 的通项的极限为零则该级数一定收敛吗？

【问题9-3】设两个级数 $\sum\limits_{n=1}^{\infty} u_n$ 与 $\sum\limits_{n=1}^{\infty} v_n$ ，若有 $\lim\limits_{n\to\infty}\dfrac{u_n}{v_n}=k(>0)$ ，则它们具有相同的收敛性吗？

【问题9-4】交错级数 $\sum\limits_{n=1}^{\infty}(-1)^{n-1}u_n$ 满足莱布尼茨定理中的条件时一定收敛，若它不满足条件 $u_n \geqslant u_{n+1}(n=1,\ 2,\ \cdots)$ ，那么是否一定发散呢？

电子活页 9-4

扫描二维码，浏览电子活页 9-4，学习本模块"问题解惑"的相关内容.

 方法探析

【方法9-1】利用级数的收敛定义判断其收敛性的方法

【方法9-2】利用级数的基本性质判断其收敛性的方法

【方法9-3】利用正项级数审敛法判断级数收敛性的方法

【方法9-4】求幂级数收敛域的方法

【方法9-5】将函数 $f(x)$ 展开为幂级数的方法

【方法9-6】将函数 $f(x)$ 展开为傅里叶级数的方法

电子活页 9-5

扫描二维码，浏览电子活页 9-5，学习本模块"方法探析"的相关内容.

 自主训练

电子活页 9-6

本模块的自主训练题包括基本训练和提升训练两个层次，未标注*的为基本训练题，标注*的为提升训练题.

扫描二维码，浏览电子活页 9-6，学习本模块的"实例训练"相关内容.

应用求解

【日常应用】

【应用实例9-1】计算 e 的近似值

【经济应用】

【应用实例9-2】求增加投资带来的消费总增长量

【应用实例9-3】计算等额分付终值

【电类应用】

【应用实例9-4】将锯齿脉冲信号函数展开为傅里叶级数

【机类应用】

【应用实例9-5】计算定积分的近似值

扫描二维码，浏览电子活页 9-7，学习本模块"应用求解"的相关内容.

电子活页 9-7

应用拓展

【应用实例 9-6】计算 e^{-1} 的近似值
【应用实例 9-7】计算银行存款的本息和
【应用实例 9-8】求正弦交流电函数的傅里叶级数展开式
【应用实例 9-9】将脉冲三角信号函数展开为傅里叶级数
【应用实例 9-10】求设备供应商应支付的维修预备金
扫描二维码，浏览电子活页 9-8，完成本模块拓展应用题的求解.

电子活页 9-8

模块小结

1. 基本知识

（1）数项无穷级数
（2）函数项无穷级数
（3）幂级数
（4）数项级数
（5）常用数项级数的敛散性
（6）幂级数的收敛半径
（7）泰勒级数与麦克林级数
（8）傅里叶级数

2. 基本方法

判别正项级数收敛性的常用方法的思维导图如图 9-1 所示.

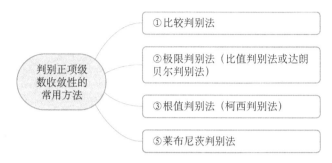

图 9-1　判别正项级数收敛性的常用方法的思维导图

扫描二维码，浏览电子活页 9-9，学习本模块"模块小结"的相关内容.

电子活页 9-9

 模块考核

扫描二维码，浏览电子活页 9-10，完成本模块的在线考核.
扫描二维码，浏览电子活页 9-11，查看本模块考核试题的答案.

电子活页 9-10

电子活页 9-11

附录 A 实例过关情况统计

验证实例、方法实例、训练实例、应用实例过关情况统计表如表 A-1 所示.

表 A-1 实例过关情况统计表

实例序号	1	2	3	4	5	6	7	8	9	10
过关情况										
实例序号	11	12	13	14	15	16	17	18	19	20
过关情况										
实例序号	21	22	23	24	25	26	27	28	29	30
过关情况										
实例序号	31	32	33	34	35	36	37	38	39	30
过关情况										
实例序号	41	42	43	44	45	46	47	48	49	50
过关情况										

【说明】1 次做对标识√，2 次做对标识△，不会做的标识×

附录 B　三角函数公式

扫描二维码，浏览电子活页 B-1，熟悉常用的三角函数公式.

电子活页 B-1

参考文献

[1] 刘丽瑶，陈承欢. 高等数学及其应用. 北京：高等教育出版社，2015.

[2] 刘丽瑶. 高等数学. 北京：中国水利水电出版社，2012.

[3] 罗成林，章曙雯. 电路数学. 北京：人民邮电出版社，2012

[4] 王玉华，赵坚. 高等数学基础. 北京：中央广播电视大学出版社，2011

[5] 侯风波. 高等数学（第四版）. 北京：高等教育出版社，2014

[6] 沈为兴. 机械加工高等数学. 北京：金盾出版社，2009

[7] 宣明. 应用高等数学（工科类）. 北京：国防工业出版社，2014

[8] 张克新，邓乐斌，向健极. 应用高等数学（第二版）. 北京：高等教育出版社，2014

[9] 应惠芬，金开正. 经济高等数学基础. 杭州：浙江大学出版社，2010

[10] 陈笑缘. 经济数学（第二版）. 北京：高等教育出版社，2014

[11] 田洁. 微积分及其应用全程学习指导. 北京：机械工业出版社，2014

[12] 冯翠莲. 经济高等数学. 北京：高等教育出版社，2014

[13] 晋其纯，林文焕. 机械制造高等数学. 北京：北京大学出版社，2010

[14] 魏寒柏，骈俊生. 高等数学（工科类）. 北京：高等教育出版社，2014

[15] 张利芝. 高等数学（财经类）. 北京：中央广播电视大学出版社，2012

[16] 顾静相. 经济数学基础. 北京：高等教育出版社，2014

[17] 谭绍义. 经济数学基础——微积分及应用. 北京：人民邮电出版社，2010

[18] 陈文灯. 高等数学复习指导. 北京：清华大学出版社，2011

[19] 张晓明. 创业高等数学. 北京：中央广播电视大学出版社，2013

[20] 周颖. 程序员的数学思维修炼. 北京：清华大学出版社，2014

[21] 颜文勇. 高等数学（第二版）. 北京：高等教育出版社，2014